Water Always Wins

Thriving in an Age of Drought and Deluge

慢　水

Erica Gies
［美］埃丽卡·吉斯　著

左安浦　译

 浙江人民出版社

献给水，献给关于水的一切：
矿物或者微生物，河狸或者双足动物。
献给水文侦探——献给他们的好奇心、
见识，以及对宜居未来的努力。

单位换算表

1 磅≈453 克

1 英寸≈2.54 厘米

1 英尺≈0.30 米

1 码=3 英尺≈0.91 米

1 英里≈1.61 千米

1 平方英尺≈0.09 平方米

1 平方英里≈2.59 平方千米

1 英亩≈4046.86 平方米

1 加仑≈3.79 升

1 立方英尺≈28.32 升

1 英亩英尺≈325851 加仑≈1234.96 立方米

1 盎司≈28.35 克

华氏度转为摄氏度：$℃=（℉-32）/1.8$

目　录

中文版推荐序
慢水润万物

　　我常常惊悚于4000年前的青海喇家遗址的悲剧，泥石流掩埋整个村庄的瞬间；惊悚于近2000年来黄河无数次改道、横扫中原大地的恐怖。季风气候主导的华夏大地，多山地而少平原，旱涝季节交替、降水南北不均。人多地少，洪水、城镇和田园的空间互相交叠与冲突。自然的力量一直挑战着中国人的生存智慧和社会韧性，从而演绎了一幕幕惊心动魄的灾难悲剧，以及一幕幕人水和谐共生的曼妙喜剧。或悲或喜，原因在何处？《慢水》将为我们揭示其秘密。

　　我们可能以为在人类与水的较量中，当代的工业文明已让我们比古人更有胜算；但是且看11年前北京的"7·21"特大暴雨夺去了79条生命，两年前郑州的"7·20"特大暴雨导致全城瘫痪和380人死亡失踪，去年长江和鄱阳湖干旱见底的新闻尚未消退，今年北京和涿州的洪涝灾害又抢占了国内外媒体的头条……仅仅是发生在中国的这些例子就告诉我们，事实并非如此。严重程度相当或更甚的旱涝悲剧每年都在世界各地轮番上演：从2022年巴基斯坦致使三分之一国土受淹和1700多人死亡的洪灾，到导致非洲大面积饥荒的连年干旱；从2005年导致美国新奥尔良整个城市瘫痪和千余人死亡的密西西比河决堤之灾，再到近年来接连发生在欧洲诸国的破纪录洪涝灾害。可以说，无论古代或当代，无论富有或贫穷，无论科技有多么发达，也无论治水工程有多么强大，在人水较量时，"水永远是赢家"（Water Always Wins)！这个论断正是《慢水》作者埃丽卡·吉斯给这本书的英文版原著取的书名。

因此，掌握最新科技、能量和机械的人类，尤其是相关专业人员和决策者需要接受的拷问是：在全球气候变化、旱涝风险加剧的今天，人类应该用什么样的哲学、科学和技术来对待水，方可实现人水和谐？是更加坚固的千年标准的防洪大堤，恢宏高耸的水库大坝，绵延千里的长距离调水工程，快速直排入海的泄洪渠，超大尺度的城市雨水管网和超强功能水泵，还是有别的更明智、更可持续和更文明的途径？从世界各地种种灰色治水工程的失败，到美国加州灌溉农业的困境；从水獭拦河筑堰营造生境的自然智慧，到古印度和秘鲁的水文化智慧；从肯尼亚水塔的保护行动，到中国的"海绵城市"建设。埃丽卡·吉斯向我们全方位呈现了一部关于水的故事：泉水汩汩的羞涩，江河绵延千里的奔放，水与岩石、生物和人类相依为命，基于自然而获得的人水和谐共生，漠视自然而最终失败的治水工程，回归自然和复兴传统文化、使被毁的水系统得以重生……她为我们阐明了与当代工业文明理念下的工程治水完全不同的理念和路径：慢水。

人类自以为是的控制和征服水的种种工程和行为是荒谬无

知的，《慢水》控诉了这一点，阐述了其必然导致的灾难性后果，也揭露了工程思维的根本性误区所在——人类只顾满足一己私利：为了局部利益，人类拦河建高坝以聚水；为应对局地洪涝，人类将河道裁弯取直、束窄滩地而高筑河堤，构建超尺度的城市雨水管网和深隧工程；为应对旱季，人类攫取地下水、跨流域远距离调水。这样的工程往往不顾上下游的人和水栖动植物，不顾他们与水经过漫长时间建立的和谐共生关系，不考虑地下水需要宽广的河滩来慢慢补充，也不考虑本地和他乡的生物都需要与水的季节性涨落繁衍共生。这便是近代以来工业文明的"快水"思维，它自诩为人类文明进步的单一目标工程思维。埃丽卡·吉斯告诉我们，即使是那些有短暂效益、看起来能迅速解决单一问题的工程，最终都将以失败告终，正如水利工作者之间的那个笑话："世界上只有两种河堤，一种是已经决堤的，一种是将要决堤的。"因为种种工程都试图与水对抗、与水为敌；因为人类在进行这样的工程时，从来不问水需要什么，都在违背水的意愿！水需要慢下来：从天上落在地上，渗入土地，潜入植被；激流婉转，在岩石之间跌宕起伏而慢下来；江河蜿蜒于平原之上，深潭浅滩一路吟唱，于树林之中与田园之上曲折回环，留下沙砾和泥土，滋育大地和城镇。最终,历经跌宕与奔涌的水流需要在低洼之处汇聚歇息，而成湖荡沼泽，沉淀营养，润泽生命。"慢水"强调水的在地性，强调水与岩石、土壤、微生物、植物、动物和人类之间不可分割的生态关系。

　　千百年来的灾害经验，使人类积累了丰富的"慢水"智慧，各民族都有与当地"水性"相适应的"慢水"文化遗产，它们体现在哲学、方法和工程技术各个方面。而这些基于自然的"慢水"文化遗产，已经或正在被大工业文明的"快水"理念和工程替代。重拾"慢水"智慧并将其科学化，将为全球适应气候变化、修复被工业文明冲击和破坏的地球生命、实现人水和谐带来新的希望。

如果说《慢水》是作者在科学、环境伦理、社会公平和审美等联合法庭上对"快水"的起诉和控告，我则非常愿意作为证人，用我个人的亲身经历来陈述我的证词；如果作者是在以她对自然和人类的深爱来倡导全球的"慢水"运动，我则非常愿意用我的切身经验来鼓吹和布道。

我的家乡是金衢盆地里的一个偏僻小村，村子在婺江和白沙溪的交汇处，在那里我度过了从儿童到少年的17个年头。白沙溪发源自南山，2000年前的东汉初年，辅国大将军卢文台弃官隐退到此，开始在溪水上修筑低堰，灌溉两岸良田。此后，在长45公里、落差近170米的溪流之上，先民们先后筑低堰共36道，减缓溪流，引灌百余个村庄和万顷良田。在白沙溪放牛、摸鱼和游泳戏水几乎伴随我童年的每一天。村子里有七口水塘，满足村民日常所需，调节旱涝，水塘畔也是村民们聚会、故事发生和传诵的地方；田野上也分布着许多大大小小的水塘，像海绵一样滞蓄雨水，旱季则灌溉四周农田。这些无处不在的水塘和湿地，总有乌桕树丛和灌丛相伴，总有四季不绝的野花交替开放。大雁南飞途中在此歇脚，斑鸠、喜鹊在此栖息，青蛙在此产卵……农闲时我常随父辈们在此垂钓、网泥鳅，从来不会空手而归。

每当梅雨季节，村子里总会弥漫起一种激动和兴奋，因为此时白沙溪水涨，成群的鲤鱼自婺江逆流而上，掠过溪滩，进入深潭、稻田和水塘，正是捕鱼的好时机！这36道低堰并不试图将洪水拦断，而仅仅是让洪流慢下来，也并不会截断游鱼的通道。从我有记忆的时候起，每年溪流两侧的滩地或多或少都会被洪水淹掉，偶尔也会有部分良田绝收，但村民们坚信，第二年这些土地会有更好的收成。六七岁那年，溪水暴涨，与同伴们观潮水为乐的我不慎落入溪中，很快被卷进洪涛。所幸，经过一片溪滩上的柳树时，激流变缓，使我得以生还，有惊无险。童年的切身体验让我懂得"四水归明堂，财水不外流"的含义，懂得"畎亩之间，若十亩而废一亩以为池，则九亩可以无灾患"的智慧，感慨"民知与水争地而不知与田蓄水，一遇亢旱，则坐视苗槁，见小利而失大利，愚亦甚矣"（《吴中水利全书·梁寅论田中凿池》，〔明〕张国维撰）。正是这个以低堰、水潭、池塘为主体构成的"慢水"系统，滋育了一个丰产、美丽且趣味无穷的"桃花源"，2000年来经久不衰。

直到1970年左右的某一天，我突然看到白沙溪水面上漂浮起一层白花花的死鱼，这是我所见到的家乡首次使用农药灭杀"害虫"和毒杀溪中钉螺的后果。接着，水岸边的草和灌木被汽油喷射枪清除得一干二净。20世纪70年代末80年代初，轰轰烈烈的"园田化"将那些源自白沙溪堰、随地形蜿蜒而下的水渠全部替代为横平竖直的水渠；曾经让每一丘田都方便灌溉的缓缓水流，一夜之间变为直泻而下的急流，需要用许多钢筋水泥水闸和无数台水泵才能让两侧的稻田得以灌溉。接着，分布在田野上的水塘都被填掉，树丛也随之消失，形成了所谓"田成方、路成框、渠成网"的"高标准"农田。村中的"七星"水塘也相继消失，先成为污水和垃圾场，最后被填平盖上了房，随之失去的是听奶奶讲故事的水埠。于是，田里泥鳅和青蛙也日渐减少，到了今天几乎灭绝，家乡的田园再无昔日的多姿和妩媚。

20世纪90年代末当我再次回到家乡时，母亲河白沙溪也已经面目全非。"三面光"的水泥河堤将曾经灵动的溪流变成了光秃、僵硬的水渠；溪滩上再无成片柳树和枫杨林；溪上的低堰变成了高坝，再也见不到逆水而上的鲤鱼。一切与白沙溪相关的生命、社区生活、文化故事和美感几乎消失殆尽。我想，如果我再次不幸落入洪水，那就注定不能生还了！

儿时的"慢水"皆已消失，所能感知的地表水和地下水已经被污染，唯有从白沙溪上游经水管而来的"自来水"维持着村民的日常生活。工业化和工程化的"快水"在带给我们"安全"和"方便"的同时，几乎让我们失去所有水能提供的其他高品质的生态服务。每当梅雨季节，暴雨来临，防洪抗洪便成为当地领导干部们的头等大事，尤其是白沙溪下游的城市和乡村。记忆中，我从来没有看到过人们像今天这样恐惧洪水。而那些经常在手机屏幕上弹出的暴雨黄色预警，也不断在告诉我们，这种对雨水的恐惧在现代化的北京等各大城市似乎更加强烈。

请不要误解，我并非否定工业文明和现代工程的成果；工业革命赋予人类对抗自然破坏力的能力，我强调的是如何节制行使这种能力。水需要空间，水需要慢下来，水需要与生命在一起，这样的水方可"利万物而不争"。也需要澄清的是，"慢水"理念绝不是完全放任自然，而是理解水性、懂得水需要什么，从而适应水，因势利导、节制地使用工程治水，而非对抗水、无节制地控制水或剥夺水的权利。我们需要清醒地认识到，当被逼入绝境时，水才会成为"猛兽"，而一旦人水对抗，水将永远是赢家！

埃丽卡·吉斯是《自然》《科学美国人》《美国国家地理》和《纽约时报》等权威媒体的科学与环境专题资深撰稿人，她行走于世界各地，酷爱自然，尤其对水情有独钟。多年来她在世界各地采访科学家和研究者，集世界智者之大成，所获心得加上她的研究成果尽在此书中呈现；她以侦探的敏锐、哲学家的洞察、科学家的求真、媒体人的客观和公正、文学家的深情、探险家的执着和热爱，将"慢水"与"快水"的利弊在这本书中娓娓道来，讲述"水利万物而不争,而万物莫能与之争"的哲学理念，试图唤醒利令智昏而自恃的人类，启蒙一场关于水生态文明的全球行动。

很高兴浙江人民出版社能第一时间将《慢水》翻译成中文出版，中文版书名更是突出了对"快水"的现代性批判，以及对"慢水"作为走向水生态文明的建设性后现代主义途径的倡导。"慢水"理念应该成为我们对中国当前水文化的一种适应。本书值得国人、特别是涉水专家和决策者放下对水的傲慢，认

真品读和思考。我期望它能推动治水理念的变革。果如此，则
善莫大焉。乐为之序。

　　　　　　俞孔坚　北京大学教授、美国艺术与科学院院士
　　　　　　　　　2023 年 9 月 9 日星期六，于西雅图

引　言

这是一个晴朗的冬日，乔尔·波梅兰茨（Joel Pomerantz）在旧金山的阿拉莫广场公园附近刹住了自行车，前面是著名的维多利亚式房屋"彩绘女士"[①]——它正对着这座城市的现代天际线。

"你有没有注意到什么？"他问我。

我也刹住了车，茫然地环顾四周。我已经在这座城市生活了17年，无数次到过这个公园。似乎一切都很平常。我们脚下是一条铺砌的小路，波梅兰茨指着一个长方形的水坑。我认为这是上次洒水时留下的。

"那个?!"我难以置信地问。

"仔细看，"他指着水坑里的一圈藻绿说，"它标志着这些水一直在这里。"他告诉我，我可能多次路过但从来没有注意到的这些小水坑，实际上证明公园下面正在不断地渗出天然泉水。这个不起眼的迹象表明，水里隐藏着生命，这种维持生命

[①] 彩绘女士，美国建筑的专业术语，指用三种以上颜色使建筑细节更加美化并具吸引力的维多利亚式及爱德华式房屋。这里指的是阿拉莫广场对面、位于施泰纳街710至720号的一排维多利亚式房屋。（若无特殊说明，本书脚注均为译注。）

的化合物仍在发挥作用——尽管我们幻想能够控制它。随着气候变化加剧了洪水和干旱，波梅兰茨这样的人开始重视这些细节，它们突出了水的能动性。

在闲暇时间，波梅兰茨开始寻找和绘制"幽灵河"——所谓"幽灵河"，就是曾经蜿蜒穿过旧金山半岛的小溪与河流，后来人们在里面填满泥土和垃圾，或者把它套进管道，并在上面修路和盖房子。这是城市处理水道的标准做法，像这样的城市容纳了全世界一半以上的人口。30年来，波梅兰茨致力于探索城市的水，因此成了"水文侦探"。他能看到其他人忽略的东西，比如这个小水坑，或者某些亲水的植物——它们是失落溪流的线索。波梅兰茨指着公园靠富尔顿街一侧的树。他说："柳树就像一面信号旗。"事实上，这个公园的名称也是一条植物线索：álamo（阿拉莫）在西班牙语中的意思是"白杨"，白杨是一种与柳树等河滨树木有亲缘关系的物种。[1]

他确认了交通状况，然后带着我穿过几个街区，来到繁忙的迪维萨德罗街附近的艾迪街，去看居民区中间的一个井盖。我们竖起耳朵，听到了哗哗的水声。他说，如果这种声音持续不断——尤其是在半夜——那就说明是下水道里困着一条溪流，而不是有人在冲马桶。

后来，波梅兰茨和我骑车去了杜伯斯三角区的另一个小公园，它夹在下海特和卡斯楚街之间。杜伯斯三角区位于旧金山著名的自行车道威骑路的下端。虽然没有路标，但骑自行车的人长期以来一直沿着这条路线[2]在山谷里穿梭。威骑路上最早的行路者，是一条现在已经被掩埋的小溪；它穿过了杜伯斯三角区。为了容纳暴雨时的径流，这座城市在这里建立了生态湿地，也就是有植被的沟渠。我经常在这条路上骑行，但我从来都不知道这里原来是一条小溪。现在想想是有道理的。骑自行车的人，会和水一样寻找最小阻力路径。

波梅兰茨在他的网站 Seep City 上发布了一张旧金山的"失落水道"地图，他曾经是当地机构的咨询顾问，如今也会带队徒步旅行分享他来之不易的知识。他并不是唯一痴迷于这个领域的人。在纽约布鲁克林，城市规划师埃蒙德·迪格尔（Eymund Diegel）绘制了戈瓦纳斯溪①的失落水域。在加拿大不列颠哥伦比亚省的维多利亚，为了吸引人们关注地下溪河流动的地方，艺术家、诗人和环境活动家多萝西·菲尔德（Dorothy Field）与当地的历史学家、原住民合作，追踪岩湾溪的隐秘路径，安装路标和街道中央分隔带——这些设施还镶嵌了鲑鱼马赛克。随着大众对地下水道越来越好奇，这种古怪的热情现在已经成为一种全球现象。在 2012 年的纪录片《失落的河流》（Lost Rivers）中，地下探险家在寻找埋藏在多伦多、蒙特利尔和意大利布雷西亚的地下管道中的河流。伦敦博物馆在 2019 年举办了一个"神秘河流展"，让伦敦人重新认识他们已经失去的河流。

神秘的河流、幽灵般的小溪、隐藏的溪流：了解它们的存在，唤醒了我们对神秘事物的天然热爱，以及对脚下土地的热情。我们的日常景观已经发生了翻天覆地的变化，所以我们了

---

① "戈瓦纳斯溪"（Gowanus Creek）是过去的名称。在 19 世纪中期，它被改造成现在的"戈瓦纳斯运河"（Gowanus Canal）。

解到的过去让人感到惊异。我们也极大地改变了城市以外的水道。为了航运我们拉直蜿蜒曲折的河流，为了加速水流我们伸展小溪，为了创造更多的农田和建筑用地，我们抽干湖泊、填平湿地、封锁洪泛区。

但我们之所以好奇水的真正性质，并不是因为闲着无聊，也不是因为任性地想要回到过去。水似乎是可塑的、是协作的，愿意流向我们引导的方向。但随着人类的发展和气候的变化，水越来越多地淹没城市，或者下降到农田之下遥不可及的深度，威胁着人类和其他物种的生命。如果我们刻意关注水的持久性，就会发现许多迹象。已经被征服的水道以非常倔强的方式重新涌现，给人们带来诸多不便。在多伦多，克里斯蒂公园附近的邵街上的斜屋一直是当地的一种新奇现象，但很少有人知道是加里森溪的"幽灵"使它们歪斜。在世界范围内，地下室出现的季节性水流是房屋侵占地下河的证据。在波士顿郊区我朋友妈妈所在的社区，所有房子都配备抽水机，原因是这个开发项目建在当地的"大沼泽"[3]之上。而在飓风"桑迪"或飓风"哈维"等灾难的残骸中，我们发现建在湿地上的房屋首先被淹没。

我们反复尝试控制水但没有成功，这提醒我们水有自己的用心，有自己的生命。水在景观中找到自己的路径；水塑造景观，景观反过来引导水。水与岩石、土壤、动物、植物都有关联——无论是微生物，还是河狸、人类等哺乳动物。今天，随着气候变化带来愈发频繁、愈发严重的干旱和洪水，水也越来越频繁地暴露出自己的本性。为了减轻这些现象的影响，水文侦探——波梅兰茨和别的幽灵河爱好者、恢复生态学家、水文地质学家、生物学家、人类学家、城市规划师、景观设计师和工程师——都在问一个关键的问题：水想要什么？

加利福尼亚：我开始迷恋水的地方

弄清楚水想要什么，并在人类景观中满足水的需求，是一个至关重要的生存策略。我对水的关注可以追溯到我的童年时期。我在美国加利福尼亚州（以下简称"加州"）长大；早在建州①以前，争夺每一个水分子就已经成为加利福尼亚的非官方运动。我第一次关注水是在1976年至1977年的干旱时期，当时的小学集会教导我们要淋浴而不要泡澡。我的父亲在马桶水箱里放了一块砖，目的是占据体积，减少冲水量。这种关于稀缺的信息，说明这种至关重要的资源非常珍贵；这种信息深深地刻在我的脑海里。

我也沾染了水的野性一面。我们家经常和另一家人一起露营，他们有一个和我同龄的女儿。作为在海滩和红杉之间长大的加州女孩，我们非常自豪能够在任何水体中游泳，无论是圣克鲁兹的巨浪，还是海拔8000英尺的部分被冰覆盖的高山湖泊。因此，当我成为一名记者时，我很自然地被吸引去报道加州没完没了的水务纠纷。

---

① 1846年，加利福尼亚曾经短暂地作为"加利福尼亚共和国"存在。直到1850年，加利福尼亚才正式成为美国联邦的第31个州。

　　我明白的第一件事情是，我们今天看到的大部分水都不是它的自然状态，尤其是在工业化国家。这听起来很明显，但我之前没有多想。人类在努力地控制水，创造了大坝后面的巨大湖泊，惊涛拍岸、快速流动的江河，远低于河岸的狭直溪流，把灌溉用水输送到农田的笔直运河。人类也完全抹去了许多湖泊和沼泽。在世界范围内，长度超过620英里的河流中，只有1/3不受阻碍地流入海洋。⁴那些自由河流大多流经北极、亚马孙和刚果的偏远地区。剩下的都筑起了水坝，建起了河堤，或者被疏浚成船运通道。

　　我们许多人认为的"河流"只是一条蹒跚的水渠，它们不再挟着淤泥游荡在洪泛区——这些肥沃的淤泥最终会形成陆地。小时候，我所知道的最狂野的河流是萨克拉门托河（Sacramento River）。在旧金山湾区东部的安条克市附近，萨克拉门托河的河口有近1英里宽，但它和它的主要支流在很大程度上被北部的巨大堤坝（沙斯塔坝、坎宁坝、奥罗维尔大坝、佛森坝）驯服，而且它的干流在流入大海前的400多英里内也受到了严重的限制。即使在它的扇形三角洲，一条条状如手指的河流也围着一个世纪前修建的泥土堤坝。如今，由于泥炭的流失（泥炭在干涸时就会腐烂），①以及河流自然输送泥沙造成的堵塞（泥沙不断地形成陆地），这些封锁线内的农田已经下沉了26英尺。⁵

　　在访问阿拉斯加的迪纳利国家公园时，我第一次看到了真

---

① 泥炭是植物遗体在沼泽中经过生物化学变化和物理变化而形成的堆积物，松散而富有水分，其有机质含量一般不低于30%，因此会有腐烂一说。——编注

正的野生河流。8月末，我和朋友徒步穿越松软的苔原，秋色几乎点燃了那里的矮化灌木。我们一边走路一边大声聊天，以免突然惊吓到灰熊，直到我们来到麦金利河[6]。河面大概有40英尺宽。我们只计划了一天的徒步，没有准备好迎接挑战，只好折返。我注视着它流经的山谷，我看到挡住我们的障碍物只是宽阔的编织物中的一缕，它慵懒地散布在洪泛区，水流先是分开，然后又缠绕成一股。当时我对水文学也就是水的科学知之甚少，但在某种本能的层面上，我理解这是一条自由的河流。而我所知道的其他河流都明显地被制服了。

放开对自然的控制

综观历史，人类一直试图控制我们的环境。当我检索控制（control）的反义词，我找到了混乱、违法、失序、忽视、软弱、无力、无助。这是从语言学上反映了我们多么渴望控制，又多么害怕放手。但是，如果想解决我们今天面临的水问题，我们需要开放自己的思想。我们与水的相处模式并非不可避免。事实上，我们的基础设施，我们的分配规则，我们的努力控制，都在放大这些问题。通过问"水想要什么?"，水文侦探的工作理念植根于好奇心、尊重和谦逊，而不是太过寻常的傲慢。他们也在接受现实：水总是赢家。

从地质时间来看，这当然是正确的。如果把"水"加入"石头、剪刀、布"的游戏中，那么水每次都会获胜。我们对大峡谷[①]感到敬畏，部分是因为我们脑海中萦绕着这样一个事实：在我们脚下一英里的地方，反光的波浪曲线在岩石上雕刻出了这座历经数百万年的自然教堂。水迟早会赢得胜利，迟早会突破我们的水坝与河堤——在几个月后、几年后或几十年后。今天的水文侦探都承认水的力量，希望顺从它的力量而不是对抗它的力量。

水文侦探首先追问，在几代人如此彻底地改造我们的景观和水道之前，水是什么样子的？在被人类扰乱之前，水如何与当地的岩石和土壤互动，如何与当地的生态系统和气候环境互动？

有很多方法可以了解水的习性以及水与其他实体的关系。其中之一就是波梅兰茨的近距离观察法。我们在本书中遇到的其他水文侦探，将使用磁共振成像、卫星数据、化学分析、土壤核心样本、人类学研究、生物学、生态学等方法来研究水的行为。历史生态学家通过一种类似于法医生态学的方法来探求这方面的知识。当水文侦探寻找如何解答水的真正性质然后有了耐人寻味的发现时，我们开始理解为什么某些地区会反复发生洪水，或者我们加速水流离开地表的倾向如何剥夺了我们迫切需要的降雨。然后，我们开始创造性地思考，如何通过在我们现有的栖息地中给水留出空间来解决这些问题。

早期的水文侦探的一些见解令我们震惊，而且应该刺激我们改变自己的生活方式。例如，储存在一些湿地中的二氧化碳

---

① 大峡谷位于美国西南部、亚利桑那州西北角，峡谷所在的大峡谷国家公园被列入世界自然遗产名录。——编注

远远多于储存在森林中的二氧化碳。[7]地表水和地下水的源头不是彼此独立的，两者属于同一个互动的系统。当大河萎缩成涓涓细流的时候，地下水可以通过河床底部向上推，为河流补充水源。反过来，当人们抽取地下水导致水位下降时，河水可以通过河床底部往下渗透，从而补充地下水。如果潮沼①有足够的泥沙，它们实际上可以跟上海平面上升的步伐，保护内陆地区——但由于大量的水坝建设与河道渠化，泥沙已经变得稀缺。

　　水文侦探在城市、田野、湿地、沼泽、洪泛区、山脉和森林（我们将在本书中穿越这些地方）中找到的答案，在于保护和修复自然系统，或者通过模仿自然来恢复部分自然功能——而不是建造更多的基础设施。这些生态系统通过吸水和蓄水，使我们免受更大的暴雨和更久的干旱。如果把它们抹去，我们的家园就会变得脆弱，这些灾难就会成倍地加强。

　　对于世界各地的水文专家，这些修复方法有各种各样的名称，包括基于自然的系统或解决方案、绿色或自然基础设施、海绵城市、低影响开发，以及对水敏感的城市设计。由于这些解决方案谋求与自然系统合作，或模拟自然系统，它们除了减少洪水和干旱，还提供了无数的好处。例如，它们有助于解决我们所知的另一个生命威胁：由人类造成的其他物种数量的急剧下降。此外，由于自然系统将二氧化碳储存在植物和土壤中，它们不仅帮助我们适应气候变化，还能减缓气候变化的过

---

① 潮沼即潮汐沼泽，是沿着河口和海岸分布的沼泽，会随着潮汐运动被淹没或排水。——编注

程。对于解决水的问题，保护生物多样性和储存碳并不是无关紧要的；它们是健康的水系统必不可少的部分。

慢水运动宣言

那么，水究竟想要什么？大多数现代人已经忘了，水的本性是随着地球的节奏变化，随着陆地的永恒之舞而不断地扩张和退缩。如果有足够的数量或重力，液态的水就可以在陆地上形成湍急的江河，也可以在令人敬畏的瀑布中翻腾不息。但它也倾向于停留在原处，其程度令我们大多数人感到惊异，因为我们的传统基础设施消除了太多的慢速阶段，相反，它们限制水流，让水加速离开。慢速阶段的水特别容易受到我们的干扰，因为这里通常是吸引人类定居的平地——曾经的洪泛区和湿地。

但是，当陆地上的水停滞不前的时候，神奇的事情就发生了：水在地下循环，为包括人类在内的许多生命形式提供栖息地和食物。水文侦探说，提高恢复力的关键是设法让水如其所是，为水开辟空间，让它和土地进行互动。我在世界各地访问的创新水管理项目都旨在以某种近乎自然的方式减缓陆地上的水流。因此，我把这个运动称为"慢水运动"（Slow Water）。

类似于20世纪末起源于意大利的、反对快餐及其所有弊端的"慢食运动"（Slow Food），"慢水运动"的方法需要因地制宜：与当地的景观、气候及文化合作，而不是试图控制或改变它们。"慢食运动"的目的是保护当地的饮食文化，并提醒人们注意食物的来源，以及食物的生产过程对人类和环境的影响。同样地，"慢水运动"试图揭示，加速水流离开地表的方式如何造成问题。它的目标是使之恢复到自然的慢速阶段，以支持当地的可用水、洪水控制、碳储存等事业，也支持当地无数的生命形式。对于许多深入研究水的人，[8]这些价值是显而易见的。

"慢食运动"是当地的，支持当地农民，从而保护该地区的农村土地不受工业发展的影响，减少食品的运输里程和碳足迹。在理想情况下，"慢水运动"也是如此。为了应对水荒，工程反应是从其他地方引入更多的水。但是，海水淡化或长途输水需要消耗大量的能源：例如在加州，从萨克拉门托三角洲向南方抽水的巨型水泵，是加州最大的电力消耗源头。把一个流域的水转移到另一个流域，可能会消耗供体的生态系统，或者将入侵物种引入受体的生态系统。

也许，从其他地方引入水的最大问题是，它给人一种虚假的安全感。如果我们生活在离水很远的地方，不了解水供应的极限，我们就不太可能节约用水。我们也不了解我们使用的水如何支持当地的生态系统。由于人口和人类活动的过度扩张——特别是在当地没有足够水的地方，比如美国西南部、南加州和中东地区——人类和人类活动自身特别容易失去恢复力，受到水循环的影响。

"慢水运动"也体现了20世纪由林务员转变为环保主义者的奥尔多·利奥波德（Aldo Leopold）所阐述的土地伦理精神。[9]

它呼吁我们尊重土壤、水、植物和动物，并加强与它们的关系，因为它们是社会的一部分，我们对它们负有道德责任。他的儿子、水文学家卢纳·利奥波德（Luna Leopold）将这些思想扩展为一种水伦理，呼吁"对河流的敬畏"[10]。这两种伦理都表达了一种养育和需求的交织：要自然供养我们，我们必须爱护自然。

奥尔多·利奥波德受到了更古老传统的启发。凯尔茜·伦纳德（Kelsey Leonard）是辛纳科克人[①]，也是加拿大安大略省滑铁卢大学的环境、资源和可持续学院的助理教授。她在2020年的一次线上讲座[11]中向我及一群河流研究者解释，许多原住民的传统并不探讨水是"什么"——一种商品；而探讨它是"谁"。许多原住民不仅相信水是有生命的，而且把它当成亲人。她说："在决定如何保护水时，这种态度改变了我们。保护它，就像保护你的祖母、你的母亲、你的姐妹、你的婶姨。"

认为自然事物——包括河流、岩石、树木、动物——是有生命的，或是有灵魂的，这种信仰通常被称为"泛灵论"，在全世界的古代思想中都很常见。其他地方的许多人至今仍然持有这种类似的信仰，包括藏传佛教的前身苯教，以及凯尔特人和北欧人相信的仙女和精灵（草原和森林的神灵）。从这种世界观出发，原住民水资源保护者的口号是："水就是生命。"

相比之下，今天的主流文化植根于一种人类至上的意识形态：人类（尤其是有特权的人类）的需求和愿望，比其他物种

---

① 辛纳科克（Shinnecock）是美国原住民部落之一，其成员主要聚居地位于纽约长岛东端。——编注

的生存权更重要。（这种至上论也延伸到将特定的人群"他者化"。）这种"我们先来"的立场并没有给人类带来任何好处。我们一心一意地满足自己的需求，忽视了我们所改变的系统中其他相互关联的实体，造成了无数意想不到的后果，从气候变化到物种灭绝再到水危机。这也是一个道德问题，正如利奥波德父子和伦纳德所指出的：事实上，人类并不比其他生物更重要。它们和我们一样有生存的权利。

伦纳德说，存在很多关于水的不正义，解决方法之一是承认水是法人，具有存在、繁荣和自然发展的固有权利。这个概念并不像它听起来那么激进：在美国，公司被授予法人资格（legal personhood），并拥有这个身份意味着的所有权利。根据原住民的信仰，水实际上是有生命的，而公司没有生命。"正义是为了什么？只是为了人类吗？"伦纳德反问道。原住民的法律体系已经保护了包括水在内的非人类亲属。

事实上，一场自然权利运动已经开始渗透到欧陆法系中。该运动可追溯到20世纪70年代，它认为自然界有存在的基本权利。总部位于宾夕法尼亚州的法律倡议组织，环境保护共同体法律基金会，利用这一论点主张社会有权阻止企业污染其领土。厄瓜多尔和玻利维亚拥有大量原住民，这两个国家的宪法明文规定了自然拥有的权利。在新西兰，对原住民毛利人来说很神圣的旺阿努伊河（Whanganui River），已经获得了法人资格。在印度非常有名的恒河，以及对因努人很神圣的魁北克的喜鹊河（Magpie River）也是如此。北加州的尤洛克部落已经赋予了克拉马斯河（Klamath River）法人资格。世界各地的其他社会也在为他们的河流、湿地和水域争取法律权利。河流的"权利"可以包括流动的权利、循环得到尊重的权利、自然演化得到保护的权利、不受污染的权利、保持其生物多样性的权利、履行其生态系统基本功能的权利。有了法人资格，如果这些权利受到侵犯，人们就可以代表河流提起诉讼。

本书中的水文侦探是一个多元化的群体，并非所有人都持有这些信念。但他们都愿意从控制的心态转变为尊重的心态。他们的开放态度是本书的核心。长期以来我们幻想自己能够控制水，但不断升级的灾难打破了这种幻想，于是我们从内心深处明白，水总是赢家。鉴于这一事实，最好的策略是学会适应水，学会与水合作，并享受合作带来的好处。

政治和金融是这个世界上所有事情的基础，但它们不是本书的重点。同样，尽管全球范围内的人类用水主要集中在农业，但我不会深入研究水—能源—食物之间的工业关系，因为这个话题本身就是一个大部头。相反，本书希望通过观察水与其他实体的物理关系，来激发人们对"水想要什么"的好奇心。

本书的写作没有严格的时间顺序。第一章列出了目前由人类造成的水问题。本书的其余部分介绍了世界各地的"慢水"方法，围绕着水与不同自然元素的时间关系进行组织。第二章主要讨论地下岩石和土壤中的水：地质时期。第三章着眼于水和早期生命的互动：微生物和稍大的生物，小型动物和小型无脊椎动物。第四章关注更大的动物，特别是著名的毛茸茸的水利工程师，河狸。第五章和第六章讲述了人类如何恢复古老技术，与自然合作从而管理水。第七章讨论工业时代：主流文化对水的态度是如何改变的。第八章、第九章和第十章简单地审视了不久的将来和人们的适应性：天然水塔、沿海恢复，以及撤退。

"慢水"解决方案在全球范围内变得越来越流行，因此，我们在本书中访问的国家——美国、加拿大、伊拉克、英国、印度、秘鲁、中国、荷兰、肯尼亚、越南——并不全面。相反，它们代表了一些大陆、人群、生态系统和水问题。通过它们我们看到每个地方如何都是独特的——但又有共同的关切。在这些章节中，人们努力应对干旱和洪水，冰川融化和季风①减少，地面下沉、土壤侵蚀、其他物种减少，海平面上升，海水向内陆移动。本书介绍的地方不一定都想出了办法。一些大胆的想法正在被零散地实施，人们正在努力让这些想法落地、得到推广。一些政府的政策与他们的有远见的"慢水"方法相矛盾。修复人类与水的关系是一个过程。在与水文侦探相处的过程中，我知道了很多关于"水想要什么"的答案，以及水如何随着时间的推移塑造各种实体，并且被各种实体塑造。我希望这些创新的故事能够激励我们以不同的方式思考水和我们共享的生态系统，使我们收获一些想法，在自己的地方进行尝试。

---

① 原文为monsoon，特指东亚和东南亚冬夏两季节干湿不同的季风。——编注

第一章 陷入混乱

让许多纽约人感到震惊的是水的速度。2012年10月29日，当飓风"桑迪"冲向美国东海岸时，约翰·科里（John Cori）[1]决定耐心等待。他一生都住在纽约皇后区的洛克威海滩，在离海岸大约700英尺的自家房子里度过了很多次暴风雨。但随后风暴来袭，猛烈地冲击海岸。

"水像河流一样沿着街道滚滚而下，水势变得越来越大、越来越大。"科里在电话中向我回忆了那次超现实的经历。在20分钟的时间里，他看着水从1英尺深上涨到5英尺，轰开了邻居家的栅栏。"它看起来就像是来自海洋的尼亚加拉大瀑布。"洛克威海滩的部分木板路像一艘巨大的驳船漂浮在街上，并撞上他的门廊，这时他开始怀疑留在原处是否明智。然后水使木板松动，把它推向邻居的房子，木板就卡在那里："这是最可怕的地方，因为它就像一道水坝。"汽车、沙子和其他碎片堵在它面前。这太过惊人，以至于科里想起了另一件不可思议的事情。"对我来说，这就像看着世贸中心倒下一样，"他解释说，"我无法想象这正在发生。"

将一场风暴与"9·11"事件相提并论，这听起来可能是一种亵渎。但科里并不是唯一一个做这种类比的纽约人。2019年初，我参加了一个专注于恢复力的新闻研究基金[2]，访问了这座城市，许多人对我讲述了飓风"桑迪"带来的创伤。在一次电话回访中，我与乔纳森·布尔韦尔（Jonathan Boulware）上校[3]交谈，他是曼哈顿下城的南街海港博物馆的执行董事，该博物馆讲述了纽约作为港口城市的历史。"这完全不同于恐怖袭击，但也有相似之处，"他告诉我，"我清楚地知道飓风'桑迪'来袭时我在哪里。我也知道'9·11'事件发生时我在哪里。这是我人生中的一件大事。而且它永远地改变了这座博物馆，改变了这座城市，改变了我。"飓风"桑迪"过后，至少有233人遇难，[4]经济损失超过600亿美元[5]。

布尔韦尔受训成为一名海军上校，这体现在他的精准举止和对海洋的深刻了解上。"桑迪"来袭时，他正在博物馆里。"我当时在大厅，我能听到这种可怕的声音，就像一场大瀑布。它通过地板上的通风口涌出。"这让布尔韦尔感到困惑，因为外面的街道仍然是干的。你可能认为，飓风会推着汹涌的海浪穿过陆地，但在曼哈顿下城，首先被淹没的是地下室。风暴潮、东河（East River）的水流，以及被月亮放大的高潮，①这三者产生的上升水位对地下水造成了压力，将其推入地铁系统，进入建筑物内相互连接的雨水渠和下水道。"桑迪"的风暴锋②跨越了1000英里，是2005年淹没新奥尔良的史诗级风暴

---

① 风暴潮，由风暴的强风作用而引起港湾水面急速异常升高的现象。高潮，在一个潮汐涨落周期内，海面上升到最高潮位的现象。

② 在气象学中，风暴锋指的是两种不同气团之间的边界或过渡区域，这些气团具有不同的特征，例如温度、湿度和压力。——编注

飓风"卡特里娜"的3倍多。飓风的规模增加了风暴潮的高度，"桑迪"的风暴潮约为14英尺高，打破了1960年飓风"唐娜"期间的10英尺的记录[6]。布尔韦尔和一名同事在楼上观看，大厅里的水位越涨越高，深度超过6英尺，淹没了博物馆的正门。这时，水也在外面的街道上流淌。

"你害怕吗?"我问。

他吸了口气，停顿了很长时间。"我甚至没有想过要问自己这个问题。"他终于说。作为一名水手，看到水涌入不应该涌入的地方，一个本能的反应是：准备弃船。"然后我想，这是个愚蠢的想法。我们能去哪里呢? 我们位于一栋建筑物，周围是五六七英尺深的快速流动的油性毒水。"他深思之后说。"是的，我认为当时有一些恐惧。我们不能移动，我们被困住了，而且我们对此无能为力。"

最后，布尔韦尔睡了几个小时，他在黎明前醒来，发现水已经消失了。他走到被油污和碎玻璃覆盖的街道。商店的窗户在内部洪水的压力下向外爆裂。"就像是这些建筑物吐出了里面的东西……这些东西满大街都是。"

在更遥远的内陆，在哈得孙河的对岸——新泽西州的霍博肯，我的朋友兼同行、环境记者莎伦·盖努普（Sharon Guynup）[7]在市中心的公寓里追踪风暴，那里距离哈得孙河大约1英里。晚上9点，她走到外面四处看了看。"我看到一个半街区外有怒涛滚滚形成一堵水墙，深3到4英尺，沿着街道汹涌而来，"她回忆道，"这看起来就像一部灾难片。"她转过身，看到另一股潮水从西边涌来，穿过城镇并绕了回来，这时她的震惊变成了恐惧和紧张。这两股波浪十分强大，轰开了地下室的金属门的铰链，毁掉了她家储藏的所有东西。

第二天早晨，她的大楼和城市的大部分地区都淹没在一个巨大的湖泊中。因为她的公寓在二楼，她离水面有1英尺。她和家人在那里露营了整整四天，没有自来水和电，靠配给的水生存，在洪水退后用煤气炉做饭。然后温度降至冰点，他们都因为吸入了污水中的强烈烟雾而头痛欲裂。盖努普、她的丈夫和她的成年儿子挤在一辆汽车里，带着他们的狗和猫开了一整天，寻找有电和空房的旅馆。他们最终找到的那间单人房，是接下来三周的家。

盖努普已经写了15年关于气候变化的文章。"但是由于飓风'桑迪'，气候变化成为一种个人体验。它发生在你身上，它非常非常不同。现在，每次我看到洪水（如今，洪水几乎常态性地发生在世界的某个地方），我能感觉到它，从我的内心，"她说，强调了最后几个音节，"我感觉到了灾难。那是我随身携带的创伤。"

*

与此同时，加州的各个县即将开始一场进展缓慢得多的灾难：一场将持续5年之久的严重干旱，这场干旱又将导致严重的火灾和持续的水荒。水库底部的死水正在干涸，船只搁浅在不断后退的海岸线以下脱水的淤泥中，草坪变得松脆（部分草坪上有宣扬节约用水的标志："棕色是新的绿色"），松树林死亡——它们的橙色针叶是一种视觉警报。月复一月，年复一年，整个州都处于干旱之中。在一次夏季公路旅行中，我沿着加州西北角典型的潮湿的红木公路行驶，流经5个县、长达200英里的鳗鱼河（Eel River）的状况让我感到震惊。在高耸的树木下，鳗鱼河已经变成了一条棕色的小溪。露营者坐在河床上的草坪椅上，以便接近河流的残骸。所有这些标志都在潜意识里敲起了鼓点：水荒，水荒，水荒。这种恐惧是很明显的：我们能继续住在这里吗？我们能支持更多的新居民吗？农业占用了加州80%的人类用水[8]，而农作物只占其经济总量的1.4%[9]——在这种情况下，我们是否还应该种植粮食出口到世界各地？

除了对水荒的文化焦虑，干旱还促使现实世界的水资源减少。2015年，当时的加州州长杰里·布朗（Jerry Brown）要求全州的供水机构减少25%的用水量，更多的城市致力于废水再利用或重启了海水淡化装置。但考虑到农业对水的巨大需求，这些举措似乎有点微不足道（加州并不是特例；在全世界范围内，农业用水量占人类用水量的70%[10]）。一州的水权①首先归属于最早主张权利的人，所以在2015年，拥有"较低"水权的农民发现自己的配额被削减为零，超过100万英亩的中央谷地休耕[11]——NASA研究人员基于卫星估计，休耕的面积大约是2011年的2.5倍。对于仍在耕种的土地，农民抽取不受管制的

---

① 水权，在法律中代表用户从水源取用水的权利。在水资源不充足的地区，如何分配农业、工业和民生用水是很重要的问题，往往涉及谁有权优先使用水。美国的水权法律有几条重要的原则，比如：首先占用原则——最先占据这片土地的人（如印第安人）拥有优先水权；有益用途原则——首先将水用于"有益用途"的人可以继续享有水权。

地下水来补充大部分缺口。结果，2011年至2015年，加州的地下含水层损失了超过5万亿加仑的水[12]，延续了几十年来的趋势。现在，长期的地下水"借贷"已经到期：在2019年的一份报告中，加州公共政策研究所决定，到2040年，南加州干旱的圣华金河谷的53.5万英亩土地必须永久休耕，以恢复被抽空的含水层。[13]

自有记录以来，加州已经有6次大的干旱，其中3次发生在21世纪。2020年，它正在进入另一场干旱。气候变化导致大气层"更加干渴"，从土壤和水库中蒸发出更多的水，从而使干旱时期更加严重。1976年至1977年的干旱让我第一次注意到了水，那场干旱比21世纪头10年的干旱更加严重，但时间更短，因此对供水的影响较小。

2016年底，就在"干渴"真正变成"绝望"的时候，大气河来了。这些巨大的"冷凝蒸汽列车"自西向东穿过太平洋，长1200至6000英里，就像天空中的河流，能够携带的平均水流量是密西西比河入海口平均水流量的15倍。如果它们撞到加州的山脉，就可以倾泻出飓风般的降雨量。大气河引发的风暴在加州并不新鲜，但它们在全球范围内的频率越来越高，到21世纪末可能会翻倍。而且模型显示，随着地球持续变暖，加州大气河的储水量将增加大约10%到40%，[14]洪水和泥石流的风险也会大大增加。

在2016年和2017年的冬天，15条强劲的大气河袭击了加州，水浸透山坡，滑到公路上。"（加州）17号高速公路关闭了，天际线公路关闭了，9号公路关闭了，152号公路也关闭了"，那年2月，我妈妈[15]向我一一列举旧金山湾区和太平洋海岸之间的高速公路，我原本已经决定第二天早上开车去那里。在一年多的时间里，泥石流切断了大苏尔（Big Sur）岩石峭壁上的社区。在萨克拉门托北部，由于奥罗维尔大坝的溢流在溢洪道①上侵蚀出一个巨大的坑，该州最大的水库可能会突然泄洪，于是超过18.8万人被迫搬离家园。尽管避免了灾难，修复却需要11亿美元。在多年的极度匮乏之后，突如其来的洪水让人神魂颠倒。起初，洪水带来了解脱，为皲裂的山丘涂上了非同寻常的新绿，并在整个荒地上催生出大量的花朵。但随着水库的水溢出到暴涨的小溪中，这种感觉变得越来越不安。"我不记得曾经看过这样的景象。"我妈妈说。数百万长期居住在加州的人也表达了同样的惊奇。

*

随着气候变化的加剧，世界上越来越多的人面临着这种艰难而昂贵的灾难。全球由洪灾造成的经济损失，从20世纪80年代的年均5亿美元上升到2020年的760亿美元。[16]世界气象组织预计，到2050年，面临洪水威胁的人数将增加近5亿。[17]至于干旱，全世界已经有20多亿人生活在严重或极端的水资源短缺中。随着气候持续变暖，预计全球2/3的人口将经历更加严重的干旱。[18]人类的开发决策也使问题变得更糟。例如，纽约已经填埋并硬化了大约85%的海滨湿地，[19]消除了它们吸水的

---

① 溢洪道，人为设置的泄水建筑物，目的是宣泄超过水库调蓄能力的洪水或降低库水位，保证工程安全。

能力，并以危险的方式建立了新的住宅区。加州目前的干旱更加令人绝望，因为不断增长的人口和庞大的粮食生产系统对水的需求巨大，而这些供水主要来自该州偏北的那1/3地区和其他地方。

水是复杂的，所以解决这些问题的方法也是复杂的；但它也是迷人的。而且现在亡羊补牢还不算太晚。但我们需要以不同的方式思考和行动。我们的缓冲器应该是大自然，而不是更多的工程。全球气候适应委员会2019年的一份报告指出："自然生态系统是人类抵御洪水、干旱、飓风、热浪等日益严重的气候变化的第一道防线。"[20]这是因为森林和湿地已经演化到可以承受自然在供水方面的大范围变化。例如，堤坝将水限制在狭窄的河道内，提高水位并把问题推到下游，而洪泛区能够满足水的需求：扩散、减速，并在适当的时候重新汇合河流与地下水。在我们的住宅和企业附近恢复水的空间，创造更灵活的边界，可以吸收洪水，也可以保持当地供水的稳定。如果没有被人类活动破坏，水的起伏只是自然循环的一部分，而不是灾难。

相比于为了蓄水或发电而建造的水坝，自然系统的复杂性也提供了无数的好处。湿地、洪泛区和森林不仅可以缓解洪水和干旱，它们也是其他动物和植物的家园，能够储存二氧化碳、固定地表土壤、减少对灌溉和肥料的需求、清洁水、修造土地，以及为抑郁的城市居民提供他们需要的自然景观。更妙的是，如果给它们足够的空间做自己的事情，健康的生态系统能够自我维持。混凝土措施做不到这一点，这就是为什么基于自然的解决方案往往价格更低廉。

气候危机＝水危机

虽然洪水和干旱是自然发生的，但由于气候变化，它们正变得越来越频繁、越来越剧烈。自1958年以来，美国大风暴期间的降水量急剧增加：[21] 东北地区增加55%，东南地区增加27%，中西部地区增加42%，西南地区增加10%，西北地区增加9%。例如，2017年的飓风"哈维"在4天内向休斯敦倾泻了50英寸的雨水，造成了该地区3年内的第三次"500年一遇的洪水"①。劳伦斯伯克利国家实验室的科学家计算出，气候变化使飓风"哈维"期间的降水量增加了38%。[22] 同年，飓风"玛利亚"给波多黎各带来了41英寸的降雨，比1956年以来的任何风暴都要多。研究人员得出结论，由于气候变化，现在形成"玛利亚"这种规模的风暴的可能性是1950年的5倍。[23]

相反，美国西部正在遭受由气候变化导致的特大干旱，[24] 这场干旱已经持续了20年，而且仍在继续（尽管加州有大风暴，但对于它是否也正在遭受这场特大干旱，研究人员持不同的看法）。在地球的另一端，500年来最严重的干旱是引发叙利亚内战的因素之一，[25] 这场内战已经造成大约58.5万人死亡，1200万人流离失所[26]。喜马拉雅山的冰川在夏季缓慢地融化，为下游数百万人提供稳定的水源，而现在这些冰川正在消失。

---

① "500年一遇的洪水"并不是说500年只会发生1次，而是说在任意年份发生这种规模的洪水的概率为1/500。

按照我们目前的温室气体排放轨迹，到2100年，可能有2/3的冰川会消失。[27]

气候混乱以几种方式扰乱了我们在过去几百年里依赖的水资源模式。我们已经知道，在地球表面、在大气中、在地下，水以液态、固态或水蒸气的形式流动。来自太阳的热量使湖泊、河流和海洋中的液态水变成气体并蒸发到空气中。水蒸气凝结成云，冷却，然后以雨或雪的形式降落。冰和雪堆积起来，然后融化，形成溪流、江河与湖泊。植物和土壤吸收水分，并通过蒸散[①]作用以水蒸气的形式释放回空气中，就像动物的呼吸。一些地表水渗入地下，补充地下水（比如含水层和泉水）；或者进入地球深处，通过火山蒸气或间歇泉返回地表。这就是水循环。

在过去的一个世纪，人类排放二氧化碳和甲烷等温室气体的速度一直在急剧加快。仅在我的有生之年，人类的排放量就超过了之前的一万年；[28]自1880年以来，全球平均气温升高了2华氏度。[29]从20世纪70年代开始，海洋吸收了90%以上的多余热量。[30]更温暖的海水更容易蒸发——特别是在热带地区——这增加了空气的温度和湿度，导致一些地区的降雨增加。

更温暖的空气也会从土壤和淡水中蒸发出更多的水，并使大气层容纳更多的水分。这是因为相比于在冷空气中，暖空气中的蒸气分子的移动速度更快，不太可能凝结成液体并以雨水的形式降落。气温每升高1摄氏度，空气中的水蒸气就会增加

---

① 蒸散，土壤蒸发和植物蒸腾的总称。

7%。[31]由于水蒸气本身是一种温室气体，空气中更多的水会产生一个反馈循环，进一步使全球变暖，加速气候变化。[32]但是，当一些地方的雨水增多时，另一些地方却经历着更严重的水荒。升高的气温也通过蒸散作用使土地变得干燥。

水受热会膨胀，所以变暖的海洋会占据更多的空间。再加上融化的冰层导致海平面上升并改变洋流——洋流也改变了天气模式。例如，大西洋中不稳定的墨西哥湾流（Gulf Stream）是导致欧洲夏季更热、冬季更冷的一个因素。我们在飓风桑迪中已经看到，更高的海平面和更温暖的海洋意味着更大的风暴潮。自1880年以来，全球平均海平面已经升高了8至9英寸，并且还在加速上升。迈阿密和弗吉尼亚州的诺福克等城市，如今经常在涨潮时发生洪水；美国海岸线上的许多地方，发生洪水的频率是50年前的3到9倍。如果我们不做出重大改变来减缓气候变化，到2100年，海面可能会上升8英尺以上。[33]全世界有超过40%的人生活在很容易发生洪水的沿海地区。随着海平面上升，海水被推向内陆，海岸上游的居民也在经历更频繁的洪水。

联合国在2019年表示，因气候危机而加剧的天气灾难如今每周在世界上的某个地方发生一次，造成死亡、痛苦和流离失所，[34]尽管大多数事件没有引起我们的注意。

土地荒唐

然而，洪水和干旱之所以越来越频繁、越来越严重，气候变化只是其中一个因素。由于主流社会的发展方式，这些事件变得更具灾难性，而且它们不仅仅发生在脆弱的地方——比如加州的半干旱气候或纽约的海平面附近。我们还在破坏荒野，破坏生活在那里的动植物，是这些动植物维持着荒野的生态系统。在努力控制水的过程中，我们忽视了水与这些实体的关系。"慢水"解决方案有可能在多个尺度上解决这些问题。

为了住房、农业和工业，我们已经显著地改变了世界上75%的土地。[35]而最近一项使用不同标准的研究发现，只有不到3%的土地被认为是生态完整的。[36]自1900年以来，全球人口几乎翻了两番，从不到20亿增长到超过79亿，这种增长并不是巧合。虽然人口的增速正在放缓，但联合国人口统计学家表示，到2100年，地球的人口将达到109亿左右[37]（减缓人口增长的既定途径包括为妇女提供节育和教育，以及使所有文化都接受只生一个孩子或不生孩子）。

消费是环境恶化的另一个因素。举个例子，我们中的许多人消耗了大量的水，特别是如果考虑到生产一些商品所需要的水。一杯咖啡需要超过34加仑的水，一块9盎司的西冷牛排需要大约1018加仑的水[38]。一些研究人员估计，如果地球上的每个人都达到美国人的平均资源消耗水平，地球只能养活大约20亿人。[39]如果不加以控制，到2050年，人类的资源使用量可能比2015年增加一倍以上；[40]然而，许多环境限制已经在全球范围内达到了极限。但人类存在并不等于土地退化。在全世界由原住民管理的超过25%的土地上，大自然更健康，生物多样性更高。[41]这一事实是"归还原住民土地"运动[42]提出的论点之一，该运动主张首先将公共土地归还给原住民。

我们为了满足人口和消费的需求而快速扩张的城市，加剧了洪水和干旱。正如旧金山的乔尔·波梅兰茨等"幽灵河猎人"所强调的，人类已经限制了溪流与河流的空间。从18世纪开始，人类已经填平或抽干了世界上87%的湿地[43]——这些湿地储存了水、积蓄了二氧化碳、居住着无数的生物。我们用泥土填充湿地，在上面浇铸沥青。这些行为也加剧了当地的水荒，因为不透水的地面——建筑物、街道、停车场——阻碍了土地吸收雨水。

乡村的土地也在我们手中受苦。将荒野转化为传统的耕地，会移除荒野中的植物——植物的根系在土壤中维持水分，植物的叶子把水分释放到空气中——从而使土地变得干燥。移除植物也会减少未来的降雨量。翻耕和畜耕也会使土壤变得干燥和紧实，缩小土壤和空气的间隙，使土地在降雨时更难吸收水。在沿海地区，抽取地下水会造成真空，把海水拉到地下，使耕地盐碱化。目前这种现象发生在很多地方，包括越南和大洋洲国家，比如基里巴斯、图瓦卢和马绍尔群岛。

生命损失

我们的资源消耗也与生物多样性（生态系统中生命形式的丰富程度）成反比。这是可以理解的：人类所影响的那75%的土地，曾经是许多植物和动物的家园。1970年以来，全球人口增长了一倍多，而野生动物的平均数量减少了2/3以上。[44]根据联合国委托的一项评估，如今世界上已知物种的大约25%（约100万个）面临灭绝，是物种自然灭绝速度的1000倍。[45]

这种损失是悲剧性的，因为我们不仅仅是在满足自己的需求，也是在主张过度的物质主义，使一小部分人进一步富裕起来。创造这种财富的代价由其他所有人承担——特别是边缘的社群和人类以外的物种。它还威胁着人类的生存。相互交织的生命过程创造了许多我们需要的东西。例如，传粉昆虫帮助我们培育作物，微生物和昆虫分解和回收废弃物，捕食者控制某些猎物，这样后者不至于把作物啃食殆尽。这些系统还提供关键的给水服务，比如清洁、供应和防洪。类似于应对气候变化的《巴黎协定》（*Paris Agreement*），全世界正试图通过一项国际契约保护生物多样性。该契约被称为"爱知目标"，它制定了到2020年的目标，包括为其他物种保护17%的国家土地和内陆海域。大多数政府未能实现这些目标，但它们将会制定一个新的目标，即2030年为其他物种保护30%的土地和海洋。[46]美国生物学家爱德华·威尔逊（E. O. Wilson）认为，我们需要更进一步来拯救自己，并呼吁保护地球50%的面积。这是他在2016年出版的《半个地球：人类家园的生存之战》（*Half-Earth: Our Planet's Fight for Life*）一书中提出的愿景。指定哪些区域，以及保护的效果如何，是问题的关键。2020年的一项研究发现，在已开发的土地中恰当地恢复15%，可以防止60%的预期灭绝，并储存接近3000亿吨的二氧化碳——这是工业革命以来人类排放总量的30%。[47]

保护生物多样性的努力与"慢水运动"相得益彰，互相促进。这是因为相比于任何其他类型的生态系统，同样面积的健康的淡水生态系统可以维持更多的物种。由于人类对水的搅扰，植物和动物受到的打击尤其严重。生活在河流与湖泊中的物种，其减少速度是陆地和海洋物种的两倍以上；从1970年到2012年，它们的数量平均减少了81%以上[48]。反过来，拥有丰富生物多样性的土地和水域更加健康，更擅长提供给水服务和吸收温室气体。这就是为什么智慧水管理必须保护生物多样性：植物和其他动物的生存使生态系统能够自我调节。（我个人认为，这也是一种愉快的协同效应。我对所有生物都有根深蒂固的喜爱，所以研究"慢水"项目是一个很好的借口，让我可以花时间在它们的栖息地，看到它们的生活状态。）

然而，占主导地位的经济体系认为这些自然系统是理所当然的，并假设它们将永远存在。注重利润的人往往认为，保护环境会抑制经济活动。但是，正如威斯康星州前州长、"地球日"的创始人盖洛德·尼尔森（Gaylord Nelson）的一句名言："经济是环境的全资子公司。"没有环境，以及环境所提供的资源和服务，就没有经济。

碳排放环节中被忽视的土地

我们改变土地的方式也直接导致了气候变化。试图解决气候变化的人经常谈论的是，人类转向使用太阳能和风能等可再生能源，远离化石燃料——化石燃料极大地促使我们陷入这种困境。但还有一个经常被忽视的主要（温室气体）排放来源：为农业、工业和住房开垦土地的行为。根据政府间气候变化专门委员会2019年的一份报告，土地使用的变化导致了全球23%的温室气体排放。[49]

这是因为，当我们砍伐或焚烧活的植物（比如树或草）时，我们释放了它们所储存的二氧化碳，并使它们无法吸收更多的二氧化碳。搅动土壤会消灭小动物和有机物，同时释放出它们储存的碳。另一方面，健康的湿地、潮沼、泥炭地和森林是巨大的碳和甲烷池。但如果我们不保护它们，它们逸出的温室气体可能会加速气候变化[50]——再加上永久冻土融化，释放出长期储存的甲烷；富含碳的雨林过渡为热带稀树草原和草场；北方森林死亡。如此一来，从全球变暖的角度看，破坏土地的自然进程是一个双重打击。

另一方面，基于自然的解决方案，如保护或恢复湿地和森林，是一个巨大的机会；它既可以大大减少导致气候变化的排放，又可以通过在人类栖息地周围创造更灵活、更有恢复力的缓冲区来适应已经发生的情况。《巴黎协定》的目标是从现在到2030年保持全球升温在2摄氏度以内，基于自然的解决方案可以提供所需要的气候缓解措施的37%。[51]但这些干预措施目前只得到3%的气候资金。[52]到2050年，气候变化可能使全球经济产出损失11%至14%，[53]因此，现在更多地投资基于自然的解决方案，最终将节省资金。

水的荒唐

讽刺的是，我们试图解决洪水和干旱的问题，却使水的极端情况变得更糟。几千年来，特别是随着农业的出现，人类建立了更方便获取水的基础设施。但在工业时代，随着化石燃料放大了人类的马力，以及过去几个世纪人口的指数式增长，我们的干预措施（比如水坝、河堤、渠化河道）以及它们的影响，都在迅速增长。

我们建造的水管理系统正在造成无数意想不到的后果。规划者把这些系统称为"灰色基础设施"，因为它们通常是用混凝土建造的。水坝阻断了泥沙向下游供应土地，例如，导致美国路易斯安那州的南海岸分崩离析。水坝还消除了鲑鱼产卵所需的浅层岩石栖息地，并阻止了鱼类的上行和下行。尽管水坝通常是为了供水，但它们最终会通过将一个地区的水转移到另一个地区，来制造水资源拥有量的穷人和富人。[54] 而且，它们将"新水"储存在一个大湖里，增加了"富人"对水的需求，给他们营造了一种虚假的富足感，鼓励了浪费。类似地，河堤和海堤保护了一个社区，却将更高的水位推给了下游或海岸的社区。河堤也增加了"受保护的"社区的洪水风险，因为它鼓励人们搬到危险的地方，因为它缩小了洪泛区、抬高了水位。也因为它切断了陆地上的"慢水"，减少了地下的储存，造成水荒。

通过限制自然的水系，我们获得了建造城镇、都市和农业帝国的空间。但我们能够控制水的想法，始终是一种幻想。如今，现实变得更加尖锐，因为我们的灰色基础设施越来越失败，它们当初的设计并非为了应对我们今天看到的水的极端情况。这些失败促使水文侦探另辟蹊径。他们意识到，我们正在破坏的自然系统可能是我们的救星。

人类的盲目

为了确定哪些土地应该优先保护或恢复，水文侦探正在试图弄清楚水在历史上的作用。这对我们大多数人来说是一个谜，因为人类的寿命和我们造成的变化的规模并不同步。想一想我童年时的家——现在被称为"硅谷"的地方。这里曾经被称为"心灵之欢的河谷"，一个没有水就不可能存在的名字。20世纪中叶，每年春天都有大片的核果树开满了缤纷的白色和粉色花朵：炳樱桃、布莱尼姆杏和伯班克李。到了20世纪七八十年代，当我还是一个孩子的时候，这个山谷的农业痕迹正在逐渐消失。只剩下一些小果园，包括我的外祖父母的业余果园，使我们全年都有苹果酱和杏干。随着我年龄增长，这些果园中的最后一个变成了单排商业区、大卖场和养老院，我被丧亲之痛困扰，它指向的是我几乎不了解的过去的田园风光。

然而，尽管我很悲伤，但我无法完全理解失去的意义。我所哀悼的果园，曾经取代了更早先的野生动植物景观——居住着加利福尼亚马鹿和狼的热带稀树草原和林地。这里由奥隆族人（Ohlone）塑造，他们生活在南湾，现在仍然生活在那里。[55]他们制定了关于焚烧和砍伐的规定，培育了他们喜欢吃的橡实和骆驼。18世纪的探险家将这片地区称为"橡树平原"。直到19世纪末，人们仍然惊叹于这些迷人树木的大小和数量。但是为了在最理想的谷地上种植果树林，早期的农民砍伐了99%的橡树。[56]

我对于景观的"自然"状态的扭曲感觉，是"基线偏移"[57]现象的一个例子。这个概念是海洋生物学家丹尼尔·保利（Daniel Pauly）在1995年创造的。基本上，我们对地方的感觉，我们对景观的热爱，我们对它"应该"是怎样的概念，都与我们最早的记忆有关。人类不可能准确地知道我们让大自然退化了多少，因为我们的基线——我们对大自然的概念——在每一代都会发生偏移。几个世纪以来，人类一直在削减自然世界：18世纪欧洲中部森林的减少，20世纪初加州灰熊的消失，如今瑞士、冰岛和秘鲁冰川的融化。今天，我们生活的世界只包含了地球上曾经拥有的大量物种的一小部分：[58]詹姆斯·B. 麦金农在2014年的书《永恒的世界》（*The Once and Future World* by J. B. MacKinnon）中提出的有根据的猜测是10%。

基线偏移也扭曲了我们对水的理解。在我孩提时代就让我浮想联翩的果园景观，已经从根本上重塑了当地的水文学。为了在干旱的夏季种植珍贵的核果作物，当地的农民努力地抽取地下水：[59]从1892年到1920年，钻井数每年增加16倍。这种欢呼是短暂的。水位急剧下降，由于没有来自地下的水压，地表下陷了好几英里。这种现象被地质学家称为"沉降"。沉降会破坏基础设施，比如楼房、管道、道路和灌溉渠。在加州圣何塞市中心，土地沉降了13英尺。这个惊人的进展激发了该地区早期的地下水补给实验，即有目的地将水转移到地下储存。

解构时刻

我们对水的干预反而带来了麻烦，如今世界各地的人们越来越意识到这一点，寻找基于自然的解决方案的呼声也越来越高。2018年，联合国发布了一份名为《基于自然的水资源解决方案》（*Nature-Based Solutions for Water*）的战略报告。就连美国陆军工兵部队，这个因为对河流与湿地的强硬工程而在环保界臭名昭著的机构，也发起了一项"自然工程"倡议，融入了一些更绿色的措施。世界银行正在倡导基于自然的水管理措施；历史上最著名的水利工程师——荷兰人——也是如此。（事实上，荷兰已经建立了一个"国际水务议程"，通过与世界各地的其他政府合作，分享他们来之不易的水利智慧，也为荷兰的政府、研究机构、非政府组织以及企业赢得潜在的合同。我在很多地方看到过他们的作品。）但是，由于我们已经在灰色基础设施和建成的城市中投入了大量的资金，这些机构并没有呼吁用"慢水运动"取代工程化的水系统；相反，他们会增强这些系统，创造一个工程措施和自然措施的混合物。

然而，考虑到气候变化和随之而来的水灾正在加速，我们可能需要更彻底的修改。好处是：随着问题的出现，我们有机会显著改变我们的行为方式。现存的水利基础设施正在老化，许多城市因为泄漏而损失的水超过40%。2021年，美国土木工程师协会给美国的9.1万个水坝评了一个几乎不及格的"D级"。[60]2020年春天，密歇根州的一座大坝崩溃，另一座大坝受损。[61]这是一个国际性的问题。世界上的多数大型水坝建于1930年至1970年之间，设计寿命为50年至100年。[62]2018年，肯尼亚的一座大坝决堤，造成近50人死亡。此外，我们以前建造的水利基础设施，并没有考虑到我们今天看到的降水和水流的巨大波动。中国的三峡大坝在2020年的夏季降雨中几乎溢流，威胁着生活在下游的数千万人。

当然，我们不希望失去从自来水和污水处理中获得的清洁饮用水。我们仍将保留这些系统。但是，越来越多的城市也发掘出了被埋在地下的溪流（称为"重见天日"），或将暴风雨的径流汇集到生态湿地——也就是种植了耐水植物的沟渠。但是，要想让这些努力发挥良好的作用，它们就不能是零散的、细微的附属物。

这是因为，当我们在一个地方限制水的空间，它就会被推到流域的另一个地方；在同一个流域内，水会流向共同的出口，比如河流或海洋。如果河流的其他地方仍然有河堤，那么只恢复一小块洪泛区并不能显著地减少洪水。这种微观思维让我们很难想象，"慢水"项目如何应对我们现在看到的定期洪水。这就是为什么，相比于我们一直在建设的集中式灰色基础设施，水文侦探致力于在整个景观中为"慢水"创造空间。这是一个根本性的转变。我们希望部署一系列的相互合作的小型项目，使水能够更好地发挥其生命实体的功能，多多益善。

世界各地已经涌现出了越来越多的成功的"慢水"项目，但在工程师的建议下，规划者和资助者仍然在很大程度上默认了他们所知道的灰色基础设施——尽管它们造成了破坏，尽管它们往往会加剧他们打算解决的问题。看看亚洲和南美洲正在兴起的筑坝热潮吧。

然而，人们开始看到这些大型工程的局限性。经过考虑之后，波士顿和纽约都放弃了巨大的拦洪坝——主要是因为它们很可能不起作用。越来越多的科学研究向决策者表明，基于自然的解决方案可以解决即将到来的问题，而且通常比灰色基础设施有更多的好处和更便宜的价格。

*

转向与自然合作的水管理系统，一个重要的部分就是放弃控制的幻想。绿色基础设施不像混凝土那样是静态的或者可预测的：大自然是混沌的。水有涨有落。植物会发芽、生长和死亡。泥泞会暴露出来。尽管这些空间可能很美——也许比大坝还要美——但人们有时候可能并不喜欢自己看到的景观。我们需要学会接受动态的环境，把河岸与海岸看成是灵活的生命空间，周期性地被淹没、被植物填满，或者被泥泞覆盖。广泛地接受"慢水"要求我们调整对水这种重要化合物的态度，从商品或工业投入，变成伙伴、朋友、亲人、生命。

景观设计师俞孔坚[63]是"慢水运动"的国际领导者，也是中国"海绵城市"计划的早期倡导者，该计划旨在使城市地区能够更好地吸收降雨。他把这种视角的转变称为"大脚美学"——这与中国传统的观点相反，那种观点认为女性裹小脚是美的。人们喜欢几英寸长的小脚，因为它有效地使女性脚步蹒跚，这表明她们非常富有，不需要工作。类似地，经过修剪的草坪和密集种植的观赏植物需要大量的水和工业投入，它们通常对当地的生态系统没有多少帮助。"现在我们需要找到大脚的吸引力。"他告诉我，意思是要拥抱那些做重要工作的植物和景观。

接受大脚可能比我们想象的更容易。西方文化一直试图将人类提升到自然之上，但我们只是动物。这就是为什么我们与自然分离的时候会感到沮丧和焦虑，为什么当野生物种和自然空间消失的时候，许多人会感到悲痛。"树木、真菌、蝾螈……如果你相信达尔文的话，它们就都是我们的血亲。"[64]戴维·乔治·哈斯凯尔（David George Haskell）说，他是西沃恩南方大学的生物学家，写了很多关于生态系统和非人类生命的精彩书籍。"慢水"项目，比如在城市中心开垦的洪泛区，为我们生活的自然创造了空间。

社会逐渐接受当地环境正在发生变化，这本身是人类回归的一部分——回归到从前的离土地更近的生活状态，并且更准确地关注大自然每一次的情绪变化。对于我们这些困在现代生活里的人，这种关注似乎是不切实际的。但参与有不同的程度，它通常不是负担。这种关注可能会让人深思变化之必然和变化之美。通过为我们的景观创造更灵活的空间，通过重新认识自然系统的运作规律，重新认识到它们对人类的每一项努力都至关重要，我们为更重要的适应——提高我们顺应自然的能力——奠定了基础。

因为每个地方都是不同的，所以每个项目都需要定制的方法，需要考虑其独特的生态系统、水文、地质、地形、土壤、天气、人类需求、政治和文化。正如俞孔坚所说："每个病人都需要一个不同的治疗方案。"因此，本书中人们部署的"慢水"战略是为了启发，而不是为了明确规定。高度工程化的人类水利系统反映了某种根深蒂固的假设，本书中的每一种战略都对这些假设提出质疑，并指明另一条可能的道路。

在我所在的加州，可怕的干旱有一个好处：它刺激人们用完全不同的治理水、分配水和储存水的方法来应对未来的干旱。如今，作为在地下储存更多水的第一步，水文侦探试图更好地了解水与地下的关系，后者是地质时期形成的一个图景。加州大学戴维斯分校的水文地质学家格雷厄姆·福格（Graham Fogg）认为，一个秘密武器是一种特殊的地质特征[①]，它可以作为通往含水层的超级管道——"前提是你得了解它"，他说。麻烦的是，目前只发现了三个这样的超级管道。但科学家相信，从内华达山脉下来的每条支流都有一个。现在福格和他的同事正在寻找它们。

---

① 地质特征是一个宽泛的概念，涵盖地表的所有物理特征，如山地、山谷、平原、高原等，它有时也用来指称地形。——编注

第二章 地质时期的水：古河流如何帮助缓解干旱

数万年前，加州的内华达山脉的山肩上流淌着今天河流的祖先。这些水道从高地往下流，蜿蜒穿过加州中央谷地的平原；这是一块几乎平坦的土地，长约400英里、宽约75英里，东边是内华达山脉，西边是海岸山脉。在这片广阔的平原上，河流形成了慵懒的乳蓝色编织带。这种奇怪的颜色来自被冰磨成细粉的淤泥和黏土，"冰川粉"——这些颗粒漂浮在水中，吸收和散射了太阳的紫光和蓝光。如今，在冰川补给河流的山区，比如不列颠哥伦比亚省的踢马河（Kicking Horse River），或者西藏的拉萨河，你仍然可以看到这种现象。但加州却没有。

　　当时，遍布全球的山顶冰川包含了地球上大量的水，所以海平面比现在低了近400英尺。随着冰川融化，径流冲刷着土地和岩石，将松动的粗大砾石、沙子和淤泥推向下游，这些东西叫做"冰水沉积"。由于气候、冰川作用和较低的海平面，河流穿过中央谷地底部的沉积物，切割出一条深100英尺、宽1英里的山谷。在冰川周期的后期，随着海平面上升，流经山谷的河流变平，它们失去了动力，速度慢了下来。由于缺乏足够的能量继续向下游移动，砾石和泥沙脱离了队伍，这些粗糙的材料重新填满了被切割的峡谷。

在过去的大约100万年，冰川从北方缓慢滑落，定居在内华达山脉的山顶，然后多次缩小范围。其中有4次在中央谷地留下了重要的痕迹。冰川导致的河流沉积、切割沉积物，沉积砾石，铺设了更多的沉积物，在我们今天看到的地表以下留下了冰川退潮的印记。在某些情况下，充满砾石的山谷会覆盖在另一个这样的山谷之上。在另一些情况下，山谷会歪斜，因为河流有时候会跳到另一条河道——这种现象被称为"冲决"。

水与岩石、土壤的古老谈判创造了这些隐藏在我们脚下的历史悠久的河床，它们叫作"古河道"。由于它们比周围的材料更具渗透性，水仍然通过古河道在地下流动。到目前为止，加州只发现了三条古河道。格雷厄姆·福格有一个梦想：找到更多的古河道，把它们作为巨大的排水管，吸收如今更严重的冬季暴风雨的水，将它们储存在地下。更好地了解水与地下地质的关系，将使我们能够利用这些自然系统，既保护家庭和企业免受洪水的侵袭，又储存大量的水，帮助我们度过今天持续时间更长的干旱期。

近年来，福格已经是我在地下水方面的首选信源之一，因为其他的水专家经常向我提到他。地下水这个话题既是他的专业，也是他的热爱，这一点从他的特斯拉车牌上就可以看出，上面写着"GRD H$_2$O"。福格已经正式退休，但仍在努力工作，为研究生答疑，审阅新的论文，他不能放过藏在我们脚下的秘密。在萨克拉门托附近的一次小型实地考察中，他告诉我，

"我的妻子认为我退不了休"；这次考察寻找的是有哪些微妙的地表线索指向地下特征。

这位水文侦探整个职业生涯都在思考地下水的秘密生活。在1968年的一篇具有里程碑意义的论文[1]中，福格认为，地下的东西比人们假设的更加多样（人们假设只有黏土和沙子），而且更粗糙部分的连接创造了水更喜欢的路径。虽然多孔的路径只占全世界地下空间的一小部分（大约13%—20%），但令人惊讶的是，它们仍然在三维中广泛地相互连接。[2]福格向我解释，由于这个原因，古河道作为主要水流的垂直管道，是加州中央谷地最重要的特征。虽然地下水的大多数沉积物占据了以前的河道，但从最近的冰川期中诞生的古河道具有超强的补给能力：它们很宽广，有很强的渗透性（因为拥有异常粗糙的砾石），而且相对较浅。科学家通常把它的形成过程称为"下切谷①填充"，这个名称暗示了它们是如何形成、被切割、被填充的。

福格说，将水储存在地下可以"不费吹灰之力地"在这个气候变化的时代改善水安全。尽管他成功地让人们开始思考地下事物的复杂性，但将这些知识应用于实际——寻找古河道并利用它迅速将水输送到地下——很难。几十年来，很少有人听从。但最近，这种情况开始发生变化。

---

① 下切谷，类似于山谷的地质特征，通常是由河流在海洋退化的响应下切割到沿海平原和人陆架造成的。海平面卜降时，侵蚀基准面也跟着下降，导致河流向下切割形成河谷；海平面上升时，河谷被填，形成了下切谷。

地下的水安全

历史上，加州一直处于干旱、洪水复干旱的循环，但今天，气候变化使这两者变得更加剧烈。2011年至2016年的干旱，以及2016年和2017年冬天的大气河风暴，预示着这些天气模式会加强。截至2021年撰写本书时，另一场干旱已经开始。自1970年以来，加州的人口翻了一番，目前已接近4000万，因此这些剧烈的波动有可能造成更大的危害。更多的人生活在洪水的路径中，更多的人在干旱期间缺水。随着加州的干旱逐渐过去，气象学家开始预测2016年和2017年冬季的那种洪水，水资源管理者苦于多年的匮乏，现在他们看到了机会，他们的想法开始与福格一致。[3]他们想知道：我们能不能把即将到来的额外雨水收集起来，留到下一次干旱的时候？

内华达山脉的积雪是加州长期以来的关键水源；由于积雪正在消失，问题变得更加紧迫。在20世纪，内华达山脉的积雪提供了加州居民每年用水量的30%。雪在特定的时间很方便储存，因为在春夏两季最需要水的时候，雪就会缓慢融化。但现在气温升高，平均带来了更多的降雨和更少的降雪。气候学家预测，到2100年，积雪可能会减少4/5以上。[4]随着降雨更多地替代降雪，冬季的洪水会越来越多，夏季的供水会越来越少。

这不仅仅是加州的问题。积雪的丧失和冰川的减少威胁着全世界至少20亿人的供水：依赖喜马拉雅山的亚洲人，依赖阿尔卑斯山的欧洲人，依赖安第斯山脉的南美人。这些社会的持久性将取决于能不能找到获取更多水的新方法，既能保护家庭和企业，又能储存水以备日后使用。

在加州和其他地方，新建水库不能解决这个问题。请记住，我们已经在世界上近2/3的大河上建造了水坝。[5]虽然人们长期以来一直在地下储水，但加州的水资源管理者现在正计划以前所未有的规模这样做。这种解决方案也可以用于世界上周期性发生干旱的其他地区。古河道不是必需的。为了把水转移到地下，早期的项目是暂时淹没农田，或者开垦部分洪泛区。但冬天的土地蓄水量有限。利用古河道可能是捕捉即将到来的冬季暴风雨的最有效的方法，因为它们允许地下水快速流动。

古河道是一种特殊的"含水层"（aquifer，"aqui"在拉丁文中的意思是"水"，"fer"在拉丁文中的意思是"承载"）；含水层不是大水池，而是砾石、沙子等多孔材料的沉积物，水比周围的岩石或黏土更容易通过这种沉积物。水也可以通过黏土，但速度更慢——黏土有时被称为"弱透水层"（aquitard，"tardus"在拉丁文中的意思是"晚，慢"）。岩石等不透水层支撑着和包围着含水层。有些含水层还位于岩石之下，与地表水不相连。

一般来说，现代人与地下水的关系主要是索取，很少付出。在加州，平均每年人们从含水层抽取的地下水可满足近40%的需求。州政府和美国联邦机构在上一次干旱期间减少供水时，农民疯狂地抽取地下水，使这一数字达到了60%。曾经有农民花费40万美元挖水井，以达到地下2000英尺的水位。一些城市居民和一些农民完全依赖地下水。但大自然补充水的速度比不上人类抽水的速度，所以地下水位正在下降。

这也是一个国际性的问题。在世界上，凡是土壤肥沃、天气晴朗、含水层容量大的地方——比如美国中部、南亚的印度河流域、中国的华北平原——人类抽取地下水的速度都要超过雨水浸入土壤、补充地下水的速度。2015年一项使用NASA卫星数据的研究显示：地球上容量最大的含水层有一半以上是如此。[6]

人类在世界范围内使用的大部分淡水用于灌溉农作物，而抽出的大部分地下水帮助农民填满了世界的食品篮。如果我们耗尽了地下水，可能会导致全球性的饥荒，因为联合国粮食及农业组织估计，到2050年我们需要将全球粮食产量提高70%[7]，才能养活届时的人口——预计是97亿。

在长期干旱的加州，地下水位下降是一个令人绝望的迹象，以至于州政府首次监管地下水。此前，加州只监管地表水，但把地下水视为一种物权：你可以在自己的土地上挖一口井，然后随意抽取地下水。如果你抽干了邻居的水井，他们唯一能做的就是把你告上法庭。将地表水和地下水视为两种不同的水源，这是故意的误解：它使人们认为地下水是额外的储水银行，当河水枯竭时，就可以从里面抽取。

但事实上，地下水并不是额外的。地表的湖泊、河流、溪流与地下的含水层都属于相同的水系。重力和水压使它们错综复杂地联系在一起。一个饱满的含水层可以维持河水流动，在旱季通过河床将水推上来。反之亦然：当地下水位下降时，河水可以向下过滤来补充它，但这会导致留给人类和濒危鱼类的地表水减少。

因此，抽取地下水来代替地表水是一种骗人的花招儿：它会耗尽地表水，加剧那个最初刺激农民和城市居民去抽水的问题。糟糕的地下水管理会破坏水文系统。例如南加州的一些地方，地下水位已经严重下降，以致那些曾经跟地下水交换水的溪流，在功能上跟地下水失去了联系。[8]

然而，也许这种滥用还有一线生机：现在地下还有很大的空间储存水。（圣何塞的早期果园主已经看到，过度抽水有时会导致沉降，使含水层永久丧失蓄水能力，但这并不是普遍现象。）在中央谷地，经过几十年的过度抽水，枯竭的含水层的闲置容量是加州1400个水库的3倍。[9]而且，在地下储存水很便宜，成本大约是建造水库的1/5。[10]

但首先，我们需要了解地下发生了什么。福格说，加州长期以来对地下水管理的政治反感，是地下"解剖学"在很大程度上未被探索的原因之一，这种无知使水资源管理者非常盲目地寻找处理水的新方法。目前正在进行的研究会告诉我们，要在地表放水然后迅速把水转移到地下，最佳的地点在哪里；这个信息也会帮助我们了解未来在哪里可以找到水，学习如何避免污染水。

"可想象的最不野生的景观"

沿着萨克拉门托河谷中部的5号州际公路行驶，我的目光追随着成片的作物和果园：向日葵、西红柿、桃子、核桃、橄榄。夏天在威洛斯和瓦卡维尔停车休息，感觉像走进了火炉。

这里距离冰川要多远有多远，人们很难想象冰川在脚下的痕迹。除了洒水车发放生命之水的地方，土壤也很干燥，因为加州从4月到10月几乎没有降雨。萨克拉门托河谷位于中央谷地的北部，以其最大的河流命名。相应地，中央谷地的南部被称为圣华金河谷。

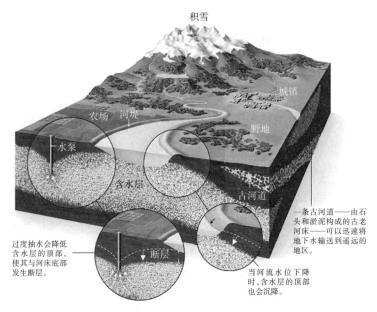

积雪

城镇

农场　河堤

野地

水泵

含水层

古河道

过度抽水会降低含水层的顶部，使其与河床底部发生断层。

断层

一条古河道——由石头和淤泥构成的古老河床——可以迅速将地下水输送到遥远的地区。

当河流水位下降时，含水层的顶部也会沉降。

图 2.1 图解地下水系统。埃米莉·库珀（Emily Cooper）绘。

加州人用80%的水灌溉380亿美元的种植业，该产业供应美国1/3以上的蔬菜、2/3以上的水果和坚果，同时也供应国际市场。[11]这种丰收之所以可能，得益于使用地下水和微观管理庞大的水利工程项目：水坝、水库、渡槽①、运河、河堤和水

———————————

① 渡槽，跨越河流、道路、山冲、谷口等地的架空输水建筑物，除用于输送渠水，还可排洪、排沙、通航和导流。——编注

泵，这些项目从根本上改变了整个州的自然水文，并造成了无数意想不到的后果。圣华金河被严重改道，半个多世纪以来，它干涸的长度经常达到60英里。[12]除此之外，从门多塔湖（Mendota Pool）开始，流经圣华金河河岸的水甚至不是它自己的。[13]一位水利专家称中央谷地是"可想象的最不野生的景观"[14]。

如今，中央谷地的游客需要很丰富的想象力才能描绘过去的景象。同样，在19世纪中叶的淘金热之前，这里的人很难想象地下水枯竭的未来。当时，中央谷地是一片广阔的季节性洪泛区，由丰沛的萨克拉门托河、圣华金河以及它们的支流冲刷形成。原住民告诉早期抵达的欧洲人，整个山谷几乎每年都会被冬季的降雨和春季的融雪淹没。一位定居者在10英尺高的树上看到了洪水的痕迹，证明洪水创造了"一个巨大的海洋"[15]——历史学家罗伯特·凯利（Robert Kelley）在1998年出版的精彩著作《与内海作战》（*Battling the Inland Sea*）中如是说。然后，水缓慢地排回水道，最终流进三角洲，注入旧金山湾。

这些定期注入的水产生了大量的生命。灰熊猎杀成群的加利福尼亚马鹿、羚羊和鹿，而这些有蹄类动物在野生燕麦草地上吃草，草地上点缀着迷人的山谷橡树。河流与溪流中跳跃着鲑鱼和其他鱼类。春天的池塘是丰年虫的家园，它映照出遮蔽日光的密集群鸟。沿着河流，茂密的森林中长着梧桐树、棉白杨、柳树和梣树。在静水妨碍树木生长的地方，数英里宽的草本沼泽长满了10到15英尺高的芦苇，"一年中有6个月无法通行"，凯利写道。

不幸的是，山谷中的许多原住民——包括米沃克（Miwok）

和约库特（Yokut）在内的各个部落[16]——都死于欧洲人带来的疾病，因此这片平原地区成为新的定居点。新来者很快改变了当地的景观，猎杀马鹿和羚羊，使它们几乎灭绝；定居者还养殖了绵羊和家牛，它们可能通过传播外来的种子而加速了本地植物的消亡[17]。定居者砍伐山谷里的橡树，开垦土地用于耕种，并在河岸上建造了"永久的"住宅和企业。

　　几乎就在1848年淘金热开始后的那个冬天，萨克拉门托河展现出它的本性，每年一度的洪水淹没了新的家园和农场。《与内海作战》一书写道，"房屋倒塌，商人眼睁睁地看着数千美元的库存被冲出门外"。[18]几年后，水力采金加剧了这种破坏。人们在山脚的河岸上使用大功率的软管，用于松动土壤、寻找贵金属；这在冬季风暴来临时破坏了山腰，造成了滑坡。1862年1月，山谷再次成为巨大的湖泊，新任州长利兰·斯坦福（Leland Stanford）——他建立了以自己名字命名的大学——不得不乘坐皮划艇前往自己的就职典礼，并通过二楼的窗户返回萨克拉门托的州长府。

　　然而，无论是定居者还是政府，都没有把反复发生的洪水看成是"远离自然"、撤退到高地的信号。相反，正如凯利所说："他们本能的冲动是……迫使大自然按他们的意愿行事。"[19]

　　萨克拉门托河抵制控制。人们花了75年的时间试验，犯了大量的错误，才成功地把洪水限制在一条狭窄的河道内。部分困难在于萨克拉门托河比密西西比河上涨得更快，而密西西比河是美国工程师有较丰富经验的河流。萨克拉门托河是一条大河，虽然夏末的平均流量约为每秒3000立方英尺，[20]但在洪水时可以膨胀到每秒60万立方英尺——凯利报告说。"巨大的水流几乎每年都从内华达山脉北部的峡谷中倾泻而出，萨克拉门托河的天然河岸永远无法容纳。"[21]

这场与中央谷地大河的史诗般的斗争，为整个州的一场激进的管道系统更换奠定了基础——后者可以说是狂妄的水利工程的顶点。这种从北到南谋求控制水和重新分配水的尝试，创造了我们今天所知的加州。在很大程度上，它鼓励人们在缺水的地方生活和耕种，这些地方的水不足以支撑目前的粮食数量和产量。这不是新闻：作家玛丽·奥斯汀（Mary Austin）在1910年写了一本关于南加州的书，名为《少雨的土地》（*The Land of Little Rain*）。这种不稳定的平衡提出了一个问题：加州是否应该向水资源更丰富的地区出口作物。

然而，由于气候变化、人口增长以及地下水的过度抽取，一个世纪以来或多或少有用的基础设施可能撑不了太久。工程已经剥夺了山谷的"慢水阶段"，降低了大自然补充含水层的能力。而且，由于池塘和湿地在春天干涸，以及地下水位的下降，山谷中的许多本地植物和动物濒临灭绝。随着加州开始扩大地下水补给，水可以再次停留在谷底，帮助这些挣扎的物种。

渗滤站

主动将水转移到地下，这并不是什么新鲜事。这是一种古老的人类实践，在印度、非洲和中东等地，干旱的农村地区仍然会这么做，农民把农田设在浅盆地或沟渠之间，使降雨可以浸入土壤。被围住的水甚至不需要过滤到含水层。降雨只需要停留在土壤中，就可以帮助作物生长，减少灌溉的需求。

今天的水资源管理者已经用渗滤池和注水井提高了这一基本理念的能力。他们称之为含水层补给管理。加州有早期地下水补给的实例。起因是大量的抽水导致地面沉降，海水侵入了淡水地下水；或者一位土地所有者在水井枯竭时起诉了另一位土地所有者。

我童年时期的家乡圣克拉拉谷是地下水补给的领先者，其目标是应对水果丰收导致的地下水位下降和土地下沉。当地领导人创建了补水盆地——包括一些沿着小溪的盆地——那里的水可以减速并渗入地下。加州历史中心说，20世纪20年代，人类用装满泥土的粗麻袋在圣克拉拉谷西边的小溪上建造了部分围墙，[22]就像河狸在溪流上筑坝建造水池。这些结构减缓了小溪的水流，在附近形成池塘，使水有时间渗滤到地下。土坝紧随其后，比如横跨洛思加图斯河（Los Gatos Creek）的34英尺高的瓦索纳大坝，它位于一个受人喜爱的小镇公园的低洼处。大雨来临时，公园被淹没，可以额外地向含水层补水，而不会威胁到周围的家庭或企业。

由于这些早期的努力，当地的水区①"河谷水"报告说，它已经在超过90英里长的当地溪流边建造了补水盆地。[23]它还安装了300英亩的独立渗滤池，也就是在多孔的地面上挖掘的

---

① 水区是美国经营和维护供水系统的地方公司实体，一般由当地政府掌控。——编注

洼地。当附近的溪流涨高时，或者当州或联邦的水利项目从更远的北方输水时，水通过管道注入这些渗滤池。对于人口密集的城市地区的小型补给点，该水区可以通过水井把水注入地下。地下水补给在干旱时显示出它的价值。当引入的水受到限制时，这种供水是一种缓冲，使水区有时间实施社会保障计划。

根据总部在荷兰代尔夫特的国际地下水资源评估中心的估计，目前在62个国家至少有1200个含水层补给管理项目。[24]亚利桑那州和南加州的几个市镇已经将地下水补给作为其水管理系统的重要组成部分。

＊

和加州的其他许多人一样，我没有认真地考虑过我脚下的土地有什么。如果问我，我会想到土壤、岩石、沙子、黏土，可能还有石油、天然气、矿物和水。这并没有错，但遗漏了很多。2021年5月的一个大热天，我在萨克拉门托西北部与格雷厄姆·福格见面，进行了一次小型实地考察。福格性情温和，满头白发，戴着眼镜，显然很喜欢教学。他从特斯拉汽车的仪表盘上调出一幅卫星地图，向我展示过去溪流的明显印迹，也包括其他的水特征。

他解释说，"地下有自己的解剖学和生理学"，其形状会影响水在地下的流动。虽然中央谷地是世界上最大的含水层系统之一，但事实上，淤泥和黏土占其中的65%到80%，不利于水的流动。这就是为什么寻找靠近地表的古河道如此重要。古老的水道如今充满了多孔的砾石和沙子，仍然可以作为水的主要路径，就像它们在地表时一样。

　　想象一下，在整个以黏土为主的基质中，古河道就像是地下水系统的主血管，无数的分支就像毛细血管一样伸展开来。当地下水流经这些充满沙子和砾石的通道时，它们也在进出周围的黏土和淤泥。福格进一步扩展了人体组织的比喻："你身体中的液体在静脉和动脉中流速较快。但你身体的大部分是软组织，软组织主要由水构成；水通过分子扩散等过程，更缓慢地进出这些组织。"

　　事实上，地下正在发生复杂的水循环。在学校里，我们学到了一个惊人的事实：地球上只有3%的水是淡水，其中大部分是冰，只有31%是液态淡水。令人惊讶的是，96%的液态淡水在地下。[25]部分原因是重力把它们拉下来。但福格说，情况比这更复杂。

　　地下水在地球深处循环，在一定范围内进行补给和排泄。"在中央谷地这样的地方，淡水便是如此从几千英尺深流出来的。"福格解释说。20世纪中期，人们开始积极地抽取地下水；在此之前，地下水会自然地排泄到溪流和湿地中。现在这个过程已经大大减少了，在一些地方甚至彻底消失了。今天，原本可以用于补给水系统的大部分地下水，被人们从井里抽出来了。

　　重力将事物拉向地球中心，但它如何将水推向地表？这个问题有点令人困惑。答案涉及水压。福格让我想象一根装满水的U型管，其中一边有塞子。水的力量向上推动塞子，归功于此，另一边的水位会比较高。他解释说，当水从高处进入含水层时，它会对地下施加压力，从而把水往深处推。但是，当水到达一定的深度时，压力可以驱使它向上运动。这种现象滋养了泉水、常年流动的小溪和大多数湿地，如果没有向上流动的地下水，这些水体就无法存在。"它们是大系统，有很多事情正在发生"，他告诉我，语气中充满了敬畏。

就像旧金山的乔尔·波梅兰茨在城市景观中发现了地下水的线索，福格通过观察地形，清楚地了解了我们脚下的情况。地形（丘陵和山谷）大概地指明了地下水的路径（尽管自然模式可能会被人类工程所混淆）。在我们的实地考察中，福格向我展示了一条大型古河道的迹象，它是由美利坚河早期的一次冲决造成的。如果没有福格的指导，我就会忽略这些特征，意识不到它们的重要性。成堆的鹅卵石是水力采金时期倾倒的废弃物，这些石头有我手掌那么大，其中一些还长满了青草。穿过田野的一条干涸的小溪，两岸也排列着同样大小的石头。福格告诉我，古河道也有这种结构，因为只有大流量的溪流与河流才能移动如此大的石头。远处平缓的山脊可能是一条古河道的边缘，因为在被掩埋的、充满沉积物和砾石的山谷中，较粗糙的材料更耐侵蚀。

福格的工作体系汇集了两个相关的领域，水文学和地质学；他在这两个领域都有学位。虽然水文地质学应该是研究地下水，但令福格感到不安的是，由于对地下数据缺乏了解，即便是最优秀的水文工作者也认为地下是非常混乱的，甚至是无法预测的；他们往往会忽略或误解地下发生的事情。

在他职业生涯的早期，福格与位于得克萨斯州的经济地质局的地质学家共事了11年。对这些专家来说，土壤的各种质地和粒度、古代植物在地下交错的痕迹，都是一种语言，讲述着把它们安置在这里的事件。反之亦然：地质史决定了在哪里可以找到更精细的沉积物层和砾石层。

福格明白，这是水文学家的缺环①。"我在地质学中看到的是，这些系统是可预测的组织，对吧？"历史指纹中固有的可预测性，对于理解我们不容易看到的东西至关重要。福格解释说："这就是为什么我可以说，内华达山脉流出的每一条主要河流，都有一条产生于末次冰期的浅层古河道。"他还希望在世界上的其他地方，也就是山脉与沉积盆地相遇、过去的100万年里有冰川的地方，比如喜马拉雅山前面的恒河平原，找到类似的特征。福格希望这种可预测性能帮助科学家更快、更便宜地找到浅层古河道。随着加州的水资源管理者扩大地下水储存，这项技能被证明是有价值的。福格称古河道为地下水补给的约塞米蒂谷，因为它们对于补给的独特性，就像约塞米蒂谷的美学一样独特。这一形象启发了水利专家，他们建议把位于古河道上方的土地作为补给保护区（就像设立约塞米蒂国家公园一样），因为它们对公众有益。

农业用水

在加州21世纪10年代的干旱期里，州和地方的水资源管

---

① 缺环，原意是生物学中的一种假设的物种，存在于现代人类及其类人猿祖先之间，但在演化过程中已经灭绝。这里指的是为完全理解某事尚需知道的一则信息或证据。

理者开始计划大规模地补给地下水，但他们对地下的情况缺乏清晰的认识。他们认为，也许可以利用一些早先曾是山谷洪泛区而现在变成农田的地方，让水停留在大片农田之上。在冬季淹没这些农田的洪水，大致相当于历史上的那些内陆洪水。

但可以理解的是，农民希望确保洪水不会损害他们的作物，水资源管理者则希望确保施用的化肥和农药不会污染地下水。科学家对洪水做了试验，测量了植物和根系的健康状况，水的入渗率和污染水平。结果总体上是积极的，在没有损害作物的情况下，地下水得到了大量补给。[26]

一位种植者远远领先于这一思路。唐·卡梅伦（Don Cameron）管理着特拉诺瓦农场，这是一片位于弗雷斯诺西南部的圣华金河谷的大农场，面积达7000英亩，种植着25种传统作物和有机作物，几乎完全依赖地下水。随着地下水位下降，他知道需要补给地下水才能继续在那里耕种。当地的金斯河水协会（允许他在2011年冬季和2017年冬季抽取其他成员没有使用的多余的水，来测试地下水补给效果。卡梅伦通过运河将大量的水输送到休耕的土地和种满了酿酒葡萄、橄榄、杏仁和开心果的田地。这种方法奏效了：农作物没有受到损害，传感器显示，至少70%的水从植物根区①以下流过。[27]2020年，他扩建了运河和水泵，几乎能够淹没他的全部土地；当地的水区还拿到了一笔拨款，可以在邻近的6000英亩土地上扩大补给。

不过，如果农田的补水变得普遍，农民需要在洪水来临前

---

① 根区，植物根系伸展所及的土壤范围。——编注

安排好施肥时间，才能让营养物质和农药远离得到补给的地下水。但这些营养物质和农药已经污染了加州部分地区的地下水，特别是在漫灌的地方。一旦地下水被污染，清理起来就很昂贵和困难。

此外，农田有时候并没有准备好在冬季降雨时补水。有时作物还在成熟期，或者土地是一片果园，种满了不喜欢根茎潮湿的树种。另外，在潮湿的时期，土地已经饱和，水库装满了水，很难捕捉到冬季和春季的雨水来进行补给。

正因为这些挑战的存在，福格对古河道的前景感到兴奋，它将避免与农业发生潜在的冲突。官员可以创建这些计划中的保护区，保护上方的土地，专门用于补给地下水。加州的水利文化气息非常浓厚，这可能意味着建造新的运河或管道，把洪水输送到最佳补给区域。但首先，科学家需要找到更多的古河道。

寻找野生古河道

20世纪80年代初，地质学家开始描述和识别古河道；但十多年后，加州才发现了第一条古河道。1992年的一天，福格当时的博士生加里·韦斯曼（Gary Weissmann）冲进他的办公室，关键时刻来了。韦斯曼在科罗拉多州长大，专门到加州大学戴维斯分校与福格一起工作，福格是当时少有的思考地下构造如何影响地下水流动路径的人。他们是同类，是有共同追求的水文侦探。韦斯曼说，在第一次见面时，"我们兴奋了很长时间，因为我们有望更好地了解含水层。我们俩都很疯狂"。

如今，韦斯曼是美国新墨西哥大学的水文地质学教授。但30年前，他正在研究金斯河附近的一个地区（顺便说一下，离特拉诺瓦农场不远），希望了解在中央谷地的弗雷斯诺之外的土地上施用的农药，是否会在地下横向传播，污染当地的水井。人们钻井取水、开采石油或天然气时收集到一些数据，而他在实验室里研究这些数据。钻井过程有些用的是取心钻头，这是一种空心管，可以带出一块长筒形的土壤。土壤的岩芯说明了它们钻穿的是什么材料：沙子、黏土、砾石。每一次冰川循环都在地下留了一层可辨别的土壤——正如福格所说，"可以说，这是一个冰川事件的标点符号"。

韦斯曼工作时在笔记本上记录下了土层，在纸的边缘用不同的颜色标记沉积物的类型。他用红色标记最近的冰川期（1万—1.8万年前）的古代土壤，被称为加州的莫德斯托组①。当他翻阅笔记本、寻找某一口井时，他注意到他的红色标记都排列在相似的深度。他开始在地图上绘制沉积物的类型，莫德斯托组的土壤在桑格和德雷两座城镇附近形成了两条平行线。但它们之间有一个缺口：一种不同的材料。

"我想，'这有点奇怪'。"韦斯曼回忆道。他查看了缺口内其他的测井记录，没有看到红色的标记，这表明有什么东西切割了它，并把它的一部分移走了。河谷（缺口）切开的是更古

① "莫德斯托"在地质学中的全称为Modesto Formation，即"莫德斯托组"；"组"在地质学中指的是具有相似的岩石类型和地质特征的一系列地层。——编注

老的沉积物，里弗班克组，后者形成于更早的冰川期。这解释了为什么两个城镇之间的河道没有红色标记的土壤。

"我还看到了粗粒材料的迹象，就像冰川在古河道中沉积的碎石。"韦斯曼回忆说。"我非常兴奋，"他回忆自己跑进福格的办公室，"我告诉他：'我认为我们这里有一条古河道！'"韦斯曼发现了加州第一条已知的古河道。

这么多年过去了，韦斯曼仍然痴迷于沉积物的模式，这种模式是河流带来的。"河流的沉积物很漂亮，"他热情洋溢地说，"但河流的所有部分如何聚集在一起是一个令人困惑的谜题。"他最喜欢的沉积物是被水塑造成冲积扇的沉积物：想想路易斯安那州海岸附近的密西西比河三角洲，或者越南南部的湄公河三角洲。较小的溪流也会形成冲积扇，而埋藏已久的古代河流则在地层中留下了这种标志性的印记。

福格认为，最新的古河道对地下水补给最有用，因为它们离地表最近——可能只有一两码深。由于淤泥和黏土的广泛存在，绝大多数地表区域的入渗慢得多，相比之下，古河道可以让水迅速流入地下。在 1.6 万—1.8 万年前的冰川高峰期，这些古河道从沉积物中被切割出来；然后随着冰川在 1 万—1.5 万年前融化，古河道里充满了砾石。

为了证明韦斯曼的发现确实是古河道，他和福格从美国国家科学基金会获得了一笔资金，用于钻取岩芯，看能否找到鹅卵石。通常情况下，钻头旋转的时候会很顺利地穿透沙子、砾石和泥浆。"但是当我们碰到鹅卵石的时候，钻头上下跳动了几英寸——这很重要——你可以听到刺耳的声音，"韦斯曼回忆道，"那是一种暗示：你碰到了至少有拳头大小的鹅卵石。这太疯狂了。"使用普通的钻头，他们摸索出了大约26英尺厚的鹅卵石。古河道被证实了！

"这个发现……简直不可思议，"韦斯曼激动地说，"我当时感到头晕目眩。"

1999年，韦斯曼在《水文学杂志》（Journal of Hydrology）上公布了这一发现[28]，科学界和随后的论文都表示好评。福格认为，这个发现对地下水补给的作用是显而易见的，它也会激发一种趋势。"作为一名学者，你会想：'好吧……最终会有越来越多的人发现这些东西，事情会有进展。'但是，事情并没有这样发展。它基本上被搁置在那里。"

三年后，福格为美国地质学会在56个校园进行巡回演讲。"我非常努力地强调，这些地质特征是补给地下水的主要资源，也是主要的污染途径。"但是，人们没有什么反应。

州政府的监督机构也同样地故意忽视，不去测量地下水被抽走了多少，因为这是一项不可侵犯的物权，州政府对地下水的流动以及地下水和地表水的相互关系不感兴趣。

但韦斯曼和福格仍然通过他们的教学传播这方面的知识。2005年，韦斯曼的研究生艾米·兰斯代尔·凯法特（Amy Lansdale Kephart）通过一万份测井记录，在莫德斯托组发现了另一个古河道。她用这些数据绘制了一幅三维地图，并模拟了水在其中的流动，以及它对储水的作用。莫德斯托组的古河道宽0.4—1英里，厚10—98英尺。她发现古河道可以影响地下水流，吸引水进入或把水推出，影响河谷两侧每侧大约12.4英里以内的范围，影响深度为几百英尺[29]。

2017年，福格的学生凯西·梅罗维茨（Casey Meirovitz）在萨克拉门托附近发现了第三条古河道。[30]然后2019年，福格的学生史蒂文·梅普尔斯（Steven Maples）指出，它可以容纳的水是周围土地的近60倍。[31]"很可惜，我们仍然不知道加州的其他古河道在哪里，"福格温和地说，"这应该成为一个优先项。"

终于来了，地下水管制

终于，对于州政府的水资源管理者来说，地下水储存变得越来越重要。"直到干旱危机发生时，人们才开始更认真地看待这种事情，并说，哦，是的。现在我们也许知道这有多么重要了。"福格思忖道。

干旱和它引发的恐慌也打开了一扇门，使加州人最终克服了政治上的不情愿，开始管制地下水。经过几十年的努力，2014年，州议会通过了加州一个世纪以来最重要的水改革：《可持续地下水管理法案》（SGMA，读音为 SIG-ma）[32]。该法案最终承认了水物理学的现实：地下水和地表水属于同一水系，需要一起管理。

《可持续地下水管理法案》要求人们可持续地管理地下水流域——包括流域及其地下含水层在内的三维区域。地下水流域附近的居民必须成立一个地下水可持续发展机构，并制订一个计划——对于严重超采的地下水流域，计划需要在2020年之前制订，其他地下水流域则是在2022年前——目标是在2040年实现可持续管理。因为人们已经习惯了抽取地下水，限制开采的措施不受欢迎。因此，《可持续地下水管理法案》鼓励补给地下水，因为如果人们补充了地下水，就可以在需要时继续抽水。[33]

麦克马林地下水可持续发展机构就是这样，它包含唐·卡梅伦的特拉诺瓦农场。卡梅伦有时被称为"地下水补给的祖父"，他正忙着说服邻居，他们可以在地下储存超过200万英亩英尺的水，是当地的松滩坝的两倍。（1英亩英尺是淹没1英亩土地1英尺所需的水量，相当于325851加仑。）他指出，将水储存在地下可以避免建造水坝和水库对环境的影响，而且成本更低。事实上，现在地下水补给变得很流行，以至于人们正在争夺洪水，加州水资源管理委员会正在调解。"曾经人们避之不及的东西现在变得很有价值。"卡梅伦说。

其他地方也可以如此使用被掏空的含水层。得克萨斯大学奥斯汀分校的研究人员最近发现，得克萨斯州东海岸枯竭的含水层有足够的空间储存该州10条河流高流量事件①带来的水流的2/3，[34]从而减少洪水和干旱的影响。

根据2017年的一项研究，加州有足够的未经管理的地表水来补充中央谷地的含水层。[35]该州的大型工程运河和渡槽将北方的水输送到南方的灌溉系统；但由于冬季需要灌溉的种植者

---

① 高流量事件，指暴雨、冰雪消融、大坝泄洪等带来流量突增的因素。——编注

较少，这些运河和渡槽没有被充分使用。这些渠道可以把冬季多余的水输送到圣华金河谷空旷的含水层。

　　但由于《可持续地下水管理法案》，加州可能会从全州性的水利基础设施转向较小的地方项目。人们在地表建造巨大的水库来蓄水，与此不同，"慢水"模拟了自然界在整个流域的土地上蓄水的方式，因此它需要数以千计的因地制宜的基层项目。人们更容易理解水坝和水库，福格观察到，"政治家剪彩，皆大欢喜"。分流较大的流量用于地下水补给则很困难。它需要不同的人和组织之间的合作，获取水，把水转移到合适的位置。但科学家正在研究如何做到这一点。《科学进展》（*Science Advances*）杂志2021年的一项研究模拟了在不同气候情况下加州可用于地下水补给的洪水分别有多大的量，并确定了储存这些水所需要的关键基础设施。作者发现，相比于1976年至2005年，在低碳排放轨迹下，2070年至2099年期间该州56%的子流域可用于地下水补给的水量将会增加；在高碳排放的轨迹下，80%的子流域可用于地下水补给的水量会增加。然而，要充分利用这一点，我们必须克服基础设施的限制和政策障碍。[36]

　　创建多个小型地方项目，也符合位居《可持续地下水管理法案》核心的地方管理。《可持续地下水管理法案》在政治上获得通过的唯一途径，就是允许地方流域自我管理。这是因为农民和他们的游说团体通常不信任臃肿的州政府。（这很有讽刺意味，因为他们受益于州政府和联邦政府的慷慨。正如马克·赖斯纳在关于西部水资源的经典著作《卡迪拉克沙漠》中写道："公共开支为他修建了巨大的水坝和灌溉渠道，为他提供了售价 0.25 美分/吨的水——这个价格确保了公共投资得不到回报——西方的自耕农成了福利国家的化身，尽管他是最后承认这一点的人。"[37])

最终，《可持续地下水管理法案》推动流域内的农民与城市居民合作，以实现用水的可持续——这能促使加州人更多地在当地的用水范围内生活。

洪泛区的力量

要充分利用"慢水"措施，古河道不应该是唯一的地下水补给点。沿着河流以前的洪泛区建立保护区，是典型的"慢水"措施，这种做法为各种生命带来了很多好处（下一章将详细介绍）。河流沿岸的土壤通常是细颗粒的淤泥和黏土，它们不支持快速补给地下水。但如果不在这些土壤上建造建筑或种植作物，它们可以保持更长时间的被淹没的状态；毕竟，洪泛区的存在是为了吸收洪水，这一点再怎么强调也不为过。福格说，在一个足够大的区域，"你仍然可以在那里完成相当数量的补给"，以及防洪和改善生态系统的额外好处。

在 2017 年 2 月，一个极其潮湿的月份，我前往萨克拉门托—圣华金三角洲，北方和南方的大河在这里交汇、蜿蜒，最终涌入旧金山湾。三角洲是加州水的中枢，该州 2/3 的人类用水都流经这里。在阳光明媚的日子里，野生动植物正在享受着最近的降雨带来的馈赠。沿路的几根电线杆上都站着红尾鹭，其中一只还叼着一只扭动的老鼠。

对各方来说，三角洲的生命都是脆弱的。在这里，土地和水维持着一种不稳定的缓和状态。在过去的170年，人们改造了这片沼泽，用土堤给三角洲织上网格，得到网眼袜一样的东西，网眼里是开垦的"岛屿"（实际上是泥炭氧化形成的下沉洼地）。这个过程也把农田与河流分隔开了。这里的水生动植物不仅失去了水，而且被巨大的水泵碾碎，这些水泵把淡水向南输送到洛杉矶。

我来这里是为了见流域科学中心的研究员乔希·维尔斯（Josh Viers）[38]，以及大自然保护协会的两个人。大自然保护协会是一个非政府组织（NGO），领导了我们在科森尼斯河保护区看到的河堤后退项目。[39]在占地800英亩的奥内托-丹尼尔恢复区，我们行驶在一条双车道的高速公路上，周围都是农田。山谷橡树、弗里氏杨和慈姑仍然环绕着这条河。我们走在土堤上，两边都是3到6英尺深的洪水，浸透了河岸树木的根系。除了这些，我还看到了被水淹没的农田，大自然保护协会正在将其恢复为原生栖息地。

2014年，大自然保护协会拆除了750英尺长的河堤，使科森尼斯河能在水位涨高时填补洪泛区里的这部分。由于长期的干旱，2016年和2017年的冬季是拆除河堤的第一次真正考验。格雷厄姆·福格也参与其中。他设置了测量地下水补给的仪器。洪水退后，他的学生计算出，洪水补给的地下水是雨水和灌溉的4倍多。福格说，那年冬天的洪水使当地的地下水位升高了70英尺，距离地表不到2英尺。奥内托-丹尼尔洪泛区相对较小；尽管如此，早期的估计表明，冬季的暴风雨补充了1400—2000英亩英尺的水，[40]后一个数字足够2.1万加州人使用一年。在上游，这项工作激发人们开始了类似的项目。

事实上，2017年加州的官方防洪政策从建造河堤变成了河堤后退，重新连接主要的河流与洪泛区，并为水提供空间。这些举措的目标是降低洪水风险，同时增加地下水补给和野生动植物栖息地。[41]

由于洪泛区会定期地被"慢水"淹没，年轻的鱼类（包括鲑鱼）已经演化到在这里度过从出生地游到海洋前的一段时间。浅水区生长着藻类，微小的甲壳动物以这些藻类为食。对鲑鱼来说"这（片水域）是液态的蛋白质"，鱼类生物学家雅各布·卡茨（Jacob Katz）在bioGraphic网站的一篇报道中告诉记者罗宾·梅多斯（Robin Meadows）。相比之下，被河堤围起来的狭窄河流"本质上是食物荒漠"，卡茨说。对于意外地或有目的地向洪泛区引入鱼类，各种研究表明，生活在洪泛区里的鱼比困在河道内的鱼更大——前者重量是后者的12倍！[42]

温痾码头是沃尔纳特格罗夫的三角洲小村庄外的当地机构，我们从这里跳上一艘17英尺的Gator Jon牌船。维尔斯自信地带领我们沿着莫凯勒米河（Mokelumne River）顺流而下，经过一处大雨造成的轻微的意外决堤。转过一个弯，奇妙的景象出现了。拖拉机等农用设备在水位线以上避难，河堤上点缀着加州梧桐。一只大雕鸮在树枝上看着我们。我们进入一个宽阔的浅水湖，那里的山谷橡树仿佛是从水里长出来的，附近有被淹没的农舍、旧卡车以及搂草机的弯曲生锈的搂齿。

在这片临时的湖泊中，我们遇到了维尔斯的两名研究生，他们正在船上收集样本，研究本地鱼类如何受益于洪泛区栖息地。与卡茨的研究一样，学生的发现可以反驳"鱼对抗农民"的说法——农民认为，环境法要求在河流中留下足够的水以维持濒危鱼类生存，这剥夺了人类所需的灌溉。维尔斯说，这是因为对野生生物来说，更好的做法是允许洪水漫过洪泛区，而不是简单地向下游输送更多的水——当著名的三角洲胡瓜鱼陷入麻烦时，目前的环境管理者是这样做的。当鱼类在洪泛区的慢水阶段变肥时，它们会变得更强壮、更有恢复力，不需要专门输送水来防止它们灭绝。喂养鱼的水最终也会缓慢回到河里，供应给农民，减少了配给的需求。

加州开始认识到这一价值，在2016年通过了一项法律，宣布水域是加州的水利基础设施的组成部分，[43]为河堤后退等项目开辟了新的资金来源。

从天空凝视地下

尽管如此，古河道仍然有希望捕捉更多的冬季雨水。由于干旱的长期威胁，加州的水资源管理者终于开始认真地研究地下的情况。他们需要加快步伐，无论是需要耗时数月的从测井数据中搜寻异常值，还是更广泛地绘制地下的情况从而揭示水的地质指纹。

这时候直升机登场了。加州水资源部正在投资1200万美元，利用一种叫"机载电磁测量"（或称"机载 EM"）的技术绘制整个州的地下水流域。斯坦福大学的地球物理学家罗斯玛丽·奈特（Rosemary Knight）领导了一个早期项目，试图了解地下水的流动，包括通过古河道的流动。

2020 年 12 月，一名飞行员和一名技术员进行了第一次测量，在中央谷地东南部的图莱里和弗雷斯诺两县上空寻找古河道。由于新冠大流行，我无法观看这次令人瞩目的飞行。但奈特发给我一段使用相同技术的早期飞行的视频，那次测量用于其他研究。在视频中，直升机悬停在空中，一名技术人员用绳索固定仪器。飞行员往上飞，一个尴尬的场景出现了：直升机下面挂着一个便携式发电机大小的盒子；在盒子下面，几根绳索挂着一个巨大的六角星形管道，给人的印象是一个巨大的套索，并且有点吓人地撑开着。套索是一个发射机，电流通过它形成了一个初级磁场。初级磁场在地面下的不同深度产生涡流，从而形成一个次级磁场。次级磁场可以被接收机测量到。

测量数据被转换为彩色编码：蓝色表示低电阻率的沉积物，比如黏土；红色表示高电阻率的材料，比如沙子和砾石。图像是三维的，显示了一个面积大约 300 平方英里、深达 1000 英尺的区域。被蓝色环绕的红色漩涡和区域是水最容易流动的地方。机载 EM 技术已经在世界各地应用于窥视地下。但直到现在，它还很少在加州得到应用。

福格认为，对于寻找加州的其他古河道，机载 EM 技术将"改变游戏规则"。但是，在大致了解它们的位置之后，人们仍然需要通过更高密度的机载测量或传统方法，结合从钻井中获得的数据来绘制关于它们的详细信息。钻井数据现在也应该更容易获得了，尽管它们过去是专有的。福格告诉我，每当立法机构试图提交一项法案来公开这些信息，都会遇到来自工业界的顽强抵抗。现在，由于最近的一项法律，每个人都可以获得这些信息；但福格发现这些信息是混乱的。"需要大量的分析和分类"，才能用于地下水科学和地下水利。福格希望看到某个州的机构将这些数据分为"好、坏、丑"三类。近年来，他一直倡导加州地质调查局承担起水资源的测绘工作，从历史上关注采矿、石油和天然气，转向关注今天最重要的资源。

地下的回馈

加州的水资源管理者正在更全面地考虑水的问题，考虑地表水、地下水、野生动植物和人类之间的复杂关系。这是一种转变，摆脱了长期以来的"我的！我的！"心态——这种心态导致人们为每一个水分子争执不休。早期的一些地下水补给项目就代表了这种旧观念。圣华金河谷的克恩县的一个项目把含水层视为水的银行：只要你存款，就可以等额地提现。问题是，在许多地质中，水不一定会整齐地留在地下水流域中，等待需要时被抽出。一些移动到地下的水可能会"流失在"更广阔的环境中。接受一些损失，意味着从所有权的心态转变为可持续的心态——补给水可以支持生态系统的健康，这样就不需要太多的人为干预来避免系统崩溃。

只要我们意识到水坝这样的灰色基础设施也不能避免水的流失，这种心态上的转变就很简单。水坝背后的水库由于蒸发而损失了大量的水。很难衡量具体损失了多少，但在全球范围内，损失的量估计超过工业和家庭用水的总和。一项为期30年的研究发现，美国全部的721个水库平均每年因蒸发而损失的水量，几乎相当于全国每年的公共供水量。[44]水库管理者有时还必须在暴风雨之前放水，为高流量腾出空间。"损失"已经成为一种现状。

在旧金山南部，加州大学圣克鲁斯分校的水文地质学家安德鲁·费舍尔（Andrew Fisher）和他的同事开创了一种向农民支付补给费的方法，承认了这一现实。在这里，沿着海岸，起伏的山丘和农田为全世界提供了洋蓟、浆果和绿叶蔬菜。但这里几乎没有地表水，种植者几乎完全依赖抽取的地下水。20世纪80年代，过度抽水已经是一个大问题，导致咸水从海中流入地下。随后，加州成立了"帕加罗河谷水管理机构"，并授权管理者对用水者抽取的地下水收费。

费舍尔正在与当地的资源保护区合作开展一个项目，将田地和周围山脚的多余雨水引到一个4英亩的专用补水盆地中。在2016年和2017年的多雨的冬天，他的团队记录了大约140英亩英尺的入渗。在长达9年的追踪中，他们在非干旱年份收集的平均水量大约是100英亩英尺。从那以后，他们在附近开发了一个更大的项目，同时也在准备其他的项目。前两个项目建在一些旧的河道上，它们曾是帕加罗河的支流。这些河道的泥沙比周围洪泛区的沉积物更粗，"如果我们能找到，它们就是入渗和补给的窗口"，费舍尔说。其原理类似于福格的古河道，但后者更大、更粗糙、更古老，因为古河道形成于冰川作用。

雨水的入渗可以让农民获得地下水抽水费的退款，就像屋顶装了太阳能电池板的用户把多余电量送回电网时，公用事业单位会根据净计量政策给予补贴。在补水净计量项目的最初运作中，帕加罗河谷水管理机构已经将入渗的50%补贴给农民，抵扣他们未来抽取地下水的费用。这个保守的数字反映了一个现实：即使没有他们的努力，一些水也会渗透到地下，以及一些入渗的水还没来得及被抽出就进入了更广泛的水文系统。但费舍尔说，这种损失实际上是一种"软福利"，因为它有助于使咸水流回海洋，保持土壤的湿润（减少灌溉的需要），并保持较高的地下水位。"与其争论谁是水的主人，为什么我们不根据水文效益来宣告胜败呢？"他问道。"这是每个人的水，因为它进入了每个人都在从中抽水的流域。每个人都是赢家。"

《可持续地下水管理法案》对每个地下水管理机构都保持灵活性，它们可以用自认为公平的方法来激励补给，并反映出各流域之间的文化差异，因此更有可能对地下水管理达成共识。其中一些地下水管理机构还可能转向种植耗水量较少的作物，或者让一些小农田退出经营，归还给野生动植物和地下水补给。当社会被赋予权力，人们会感到更投入，并致力于他们认同的措施。

他们甚至会为自己的管理工作感到自豪。对洪泛区鱼类的研究已经表明，同样的水可以同时为野生动植物和人类提供服务——往往比各自分配一小部分水要好。从匮乏的心态转变为共享富足的心态是很难的，这有悖于我们的主流文化。但是，研究微生物的科学家正在更多地了解一个健康的生态系统如何支撑健康的供水（参见第三章）。

至于格雷厄姆·福格，他几十年来的梦想就是利用古河道补给地下水，现在终于快实现了。但许多土地决策是地方性的，还需要做很多工作来说服决策者。在我们的实地考察中，福格向我展示了佛森南运河，这是一条笔直的混凝土河道，里面装满了从美利坚河引入的水。他告诉我，因为农业已经移走，而房屋还没有建成，这条运河基本上没有被使用。运河的另一边是一条起伏的田野，坐落在被发现的萨克拉门托古河道之上。这些未被充分利用的水源靠近古河道，因此这一地区是补水保护区的最佳地点——但这里是私人土地，城市希望向开发商发放建房许可证。

福格也许是一位梦想家，但他也是务实的人。佛森南运河属于联邦政府，联邦政府还拥有运河沿岸的一片狭长土地。在联邦土地上钻的注水井可能是将运河水输送到古河道的一种简洁的方法。他已经说服萨克拉门托地区洪水控制署的一名成员与美国垦殖局合作，抓住这个机会。"有足够的空间来储存水，相当于你可以建造另一个佛森湖。"他说——他提到了路那边的水库，蓄水量将近100万英亩英尺。

不过，他还是遇到了阻力。水科学家和工程师习惯于在可以开采地下水的地方打井，即便是他们，在认真考虑利用这些特殊的古河道进行补给时，也可能会有心理障碍。这是因为对大多数人来说，"地下仍然是隐晦的和神秘的"，福格猜测道。

"人类的意识很难理解那里发生的很多事情。"这就是为什么一个示范项目可能具有启发性，它展示了与标准的补水盆地相比，被埋在地下的河谷可以多补给多少水。

　　福格仍然充满希望，他提到加州水资源部的一些人来确认补给项目的这些特色时有多热情。几年前，在接受美国地质学会奖项的演讲中，他透露出一种平静的信心，在似乎很少有人理解或关心的几十年中，这种信心使他一直忠于自己的愿景："在你的脑中凭直觉去决定你认为正确的道路，然后永远不要放弃——当然，也永远不要停止倾听。"[45]

第三章 从巨坝到微生物：水和小生命的关系

阿布·海德尔（Abu Haider）[1]穿着黑色的迪沙沙长袍，戴着黑白格子的库菲亚头巾，满脸笑容地欢迎我的伴侣彼得和我登上他的"马修夫"——这是一种狭长的独木舟，是伊拉克著名的美索不达米亚沼泽（Mesopotamian Marshes of Iraq）的传统交通工具。那是2018年4月的一个晴天，他带着我们穿过底格里斯河和幼发拉底河之间的哈马尔沼泽（Al-Hammar Marsh）。"美索不达米亚"的意思是"河流之间的土地"，这是一片曾经占地超过5800平方英里的湿地，《圣经》学者认为这里就是伊甸园。为沼泽供水的河流发源于土耳其、伊拉克和伊朗的山区，然后顺着山势滚滚而下。现在在几乎平坦的美索不达米亚平原上，它们在慢水的最高点逐渐松弛和扩张。

和我们在一起的人是当地NGO伊拉克自然保护协会南部地区业务的主管，贾西姆·阿萨迪（Jassim Al-Asadi）。阿萨迪是保护这些沼泽的重要人物。我们从基巴希出发，这是一个有大约3.5万人口的城镇，位于巴士拉西北方向75英里。阿萨迪从小在基巴希长大，现在仍然住在这里。阿萨迪回忆说，50年前他还是个孩子的时候，整个镇子都建立在用芦苇搭成的岛屿上，只有一条主干道，上面有学校、医疗中心等关键的服务设施。其他的都是水和水道。尽管传统的马修夫是靠长杆推动的，但现代马修夫有发动机。我们沿着水道航行，进入了一个水的世界。

纤细的小船掠过狭长的芦苇通道，巨大的芦苇比我们高出20英尺。其他亲水植物在微风中点头：纸莎草、香蒲、苔草和灯芯草。紫水鸡穿过浅滩，它们的双脚异常大，就像泥泞中的雪鞋。紫色的草鹭和黑白相间的斑鱼狗从头上飞过。在捕猎的间隙，渔民们在硬化的泥滩上休息，他们已经在泥滩上开辟了小公寓。在一些地方，草变得稀疏，水面之上远景变得开阔，古代风格的芦苇房子点缀其中，外形像是开口朝下的半圆柱体。有些房子还有现代设备的迹象，比如塑料防水布、沼泽冰箱或者卫星天线。

图3.1　在美索不达米亚沼泽，人们用芦苇建造房屋，这种古老的风格可以追溯到9000年前。(Photo © Erica Gies)

生活在这里的人，也就是沼泽居民，来自不同的背景，说着不同的语言。男人穿着裤子和衬衫，或者衣着类似于阿布·海德尔。女人都戴着各式的希贾布头巾，有些人穿着黑色的阿拉伯式长袍，有些人披着鲜艳的衣服。但他们都有共同的生活方式和文化，始于9000年前定居于此的新石器时代的渔民–采集者，这种传统在3000年后发展为传说中的苏美尔文化。[2]20世纪中期，生活在水面上的沼泽居民人数估计在5万到10万之间。[3]人类以水为生的古老链条提醒我们，人类和湿地在本质上并非不相容，没有必要用泥土填平湿地。今天，这些湿地生活着大量其他的生命形式。湿地是世界上最重要的候鸟停留地，也是波斯湾渔业的繁殖栖息地。

　　但就像世界上的大多数湿地和水道，美索不达米亚沼泽面临着来自人类发展的无情压力，包括灰色基础设施。许多地区甚至进一步缩小了它们的主要湿地和水道，包括佛罗里达大沼泽（Everglades）、弗吉尼亚州的大灰暗沼泽（Great Dismal Swamp）以及比利时的佛兰德地区——这只是其中几个例子。在这些地方，数百万人在干旱的土地上生活和耕种。尽管从湿地到干地的转变可能发生在几十年前或几百年前，但水周期性地标记自己的领地，导致这些地方时而洪水、时而干旱的循环。水文侦探认识到了这一现实，他们试图在人类栖息地的限制下尽可能地恢复水域的功能。在美索不达米亚，恢复工作主要靠自然过程。在其他地方，比如华盛顿州西雅图的桑顿溪（Thornton Creek，我们将在本章的后面访问），人们精心管理着为水恢复空间的行动。但无论是哪一种情况，当水与系统中的所有其他元素的关系能够蓬勃发展时，恢复是最有效的；这些元素是土壤、微生物和大型生物，包括昆虫、鱼类等。

　　沼泽居民在这里生存了数千年，原因也许是他们接受了水世界的本来面貌（丰富的生命来源），而不是试图排干它。在这个过程中，他们做到了一些了不起的事情：在不破坏湿地的情况下生活和收获。他们的方法植根于观察、传统和尊重。

图3.2　在收割了一天的芦苇之后，这位妇女的发动机坏了，所以她得用篙撑船回家。我们拖了她一程。(Photo © Erica Gies)

　　他们欣然接受了沼泽提供的财富。首先是芦苇，这种快速生长的杂草在其他地方经常被视为入侵的祸害。但在这里，它是本地的一种可再生资源，几乎可以用来制造任何东西：房屋、围墙、畜栏、地毯、文化中心等。当我们的马修夫继续前进，我们看到了人们正在收割和加工芦苇。两个穿着彩色长袍的年轻女子正在从她们的马修夫上卸下芦苇秆。后来，我们停在一个身穿黑衣服的女人身边，她的马修夫上堆满了今天的收成，黄昏时她用篙撑船回家。她的发动机坏了。我们抓住她的船边，短短地拖了她一程。这些社区把草产品运往中东各地。卡车上堆满了切好的芦苇，或者草席、便携式隔板之类的产品，在公路上行驶。芦苇被捆成紧密的圆柱体，用于建造马厩或其他建筑物，包括华丽的穆迪夫——长老在这里处理社区事务和纠纷。把这些圆柱体横着放，可以作为坐在地板上的人的靠背，这是该地区的一种典型做法。稚嫩而新鲜的芦苇甚至可以作为食物，阿萨迪在沼泽上演示起来：拔起一根芦苇，从外壳中剥出它的根茎。很脆，介于豆薯和甜椒之间，可是味道很淡。我不觉得它是一种美食，但我想，在动物蛋白为主的饮食中，这是一种受欢迎的补充。

沼泽居民用三叉戟捕鱼，就像许多海神一样。他们也与旱地的人们交易蔬菜。他们还饲养水牛，从而获得牛奶和奶酪；在我们逗留期间，阿萨迪在早餐时为我们提供牛奶和奶酪，以及新鲜的草药。奶酪的味道很温和，有点像

图3.3 捆成紧密圆柱体的芦苇被用于建造马厩或建筑物，包括基巴希的这个华丽的穆迪夫，长老在这里裁决社区事务。(Photo © Erica Gies)

马苏里拉奶酪。水牛随意游荡，我看到它们四处吃东西，或者游到一个有希望找到食物的地方。它们又大又黑，长着弯曲的小脚，像狗一样温驯，似乎是大家庭的成员。我们的船经过一个小女孩，她站在她家的一头水牛旁边，水牛用前蹄跪着去够一些干草。

中东文化以好客著名，我发现沼泽地区也是如此。当我们在水道上往来时，人们从家里和船上向我们招手，大声地欢迎我们。经过一处宅地时，阿布·海德尔和阿萨迪向他们认识的一家人打招呼，这家人邀请我们过去。我们下了船，来到一座岛屿——几代人通过切割和堆放芦苇和泥土建成了这座岛屿[4]。我们走在岛屿之上，感觉它的表面很有弹性，就像是苔原，或者是弹跳屋。走进这家人的房子，我们遇到了一个女人和五个小孩。屋顶的阴凉处很凉快，房子的墙壁略微倾斜，目的是降低微风的影响。我们坐在地板上，阿布·海德尔一边抽烟，一边用阿拉伯语和那个女人聊天，孩子们兴奋地跟我和彼得玩躲猫猫[①]。这是一个160平方英尺的单间，房间的另一端是厨房。厨房里有一个烧煤气罐的炉子，还有一个洗碗的盆。除了使用芦苇，人们还在当地的环境中找到了很多他们需要的东西。在房子外面，这家人有一个圆锥形的面包烤箱，建造它的材料是沼泽里黏稠的棕色泥浆，其硬度接近混凝土。烤箱的燃料是晒干的水牛粪。[5]在围墙的横梁上，每一块晒干的牛粪都有主人的手印，感觉很有才华。

---

① "peek-a-boo"（躲猫猫）并不是中文里常说的"捉迷藏"，而是一种大人逗小孩的游戏：大人双手遮住脸，然后突然张开，并说"boo!"。

几千年来，许多传说中的文明在沼泽居民周围兴盛和衰落。其中一些文明将部分湿地改造成灌溉农业。但沼泽居民在剩余的湿地上坚持着，保留着他们的习俗。随着其他文明消失在历史中，他们的灌溉基础设施逐渐腐败，河流反复夺取他们的沼泽。

并不是说沼泽居民的生活都是水牛奶酪和芦苇零食。由于没有污水处理，与肮脏饮用水有关的疾病一直很普遍，尽管情况正在改善。另一方面，一些现代行为损害了传统的管理，比如参与现金经济鼓励了过度捕捞。但根据伊拉克自然保护协会的联合创始人、地质学家苏珊娜·阿尔瓦什（Suzanne Al-wash）[6]的说法，沼泽居民也有一种照管的道德意识，不同于生活在城市里的许多伊拉克人。在2013年出版的引人入胜的《重回伊甸园》（*Eden Again*）一书中，她阐述了这些通过调查收集到的信念：

他们……出乎意料地非常尊重野生动植物和环境，强烈同意动物和植物有生存的权利——即便是对人类没有用处的动物或植物。他们笃定地支持可持续的经济和环境，他们认为，牺牲自己目前的收入和生活水平来保护地球自然环境，这是正确的，这样他们的下一代会从中受益。[7]

对湿地上的可持续生活的最大威胁仍然来自外部。20世纪90年代初，在萨达姆·侯赛因（Saddam Hussein）执政期间，什叶派叛军躲在沼泽里。为了摧毁这些藏身之处，萨达姆下令建造大规模的引水渠和水坝，抽干了90%以上的原始沼泽。抽干水之后，他的手下在该地区投毒和焚烧，使整个湿地伤痕累累、毫无生机。根据联合国2011年的一份报告，大约17.5万人被迫逃离。[8]许多人去了巴格达或巴比伦，成了伊甸园的难民。

自然恢复区

神奇的是，沼泽在那次袭击中幸存了下来。在2003年美国主导的伊拉克入侵和萨达姆倒台后，许多沼泽居民从城市返回，并在萨达姆政权的河堤上打了洞。这本质上只是一种加水恢复法，但世界各地的湿地专家都建议这种方法。

阿尔瓦什写道：

随着每个地区再次被洪水淹没，出现了一种统一的模式。最开始，干涸的陆地被开阔的湖泊取代。然后，湿地植被开始在湖岸线周围和湖内的浅滩上生长。最后，芦苇稳定地生长，导致开阔的湖泊变成了沼泽植被。3400平方英尺的新沼泽植物都不需要人工干预，没有人种植秧苗，也没有人补播——对于世界上最大的（也是最混乱的）湿地恢复项目，这是一个令人震惊的成就。[9]

湿地植物能够重新发芽，是因为它们的根和种子留在土壤里。许多动物在哈维则（Al-Hawizeh）沼泽附近逗留，这片沼泽横跨伊拉克和伊朗边境。出于政治考虑，萨达姆在很大程度上放过了它。动物从哈维则沼泽回到伊拉克重新被洪水淹没的沼泽，它们包括鱼、特殊的鸟类，比如巴士拉苇莺、幼发拉底鳖，以及一种在排水后被认为已经灭绝、但在20世纪50年代经常被作为宠物饲养的水獭亚种[10]。芦苇如此强健，这是一个好消息。此外，虽然生态系统一再受到干扰，但它具有恢复力，几千年来一直被人类改造。[11]阿尔瓦什写道，沼泽居民"照料他们的水上花园，收获它的绿色植物，焚烧干燥的芦苇以恢复活力，放牧牲畜以维持河道"，[12]从而培育生态系统。

萨达姆对沼泽的攻击使它们在2003年缩小到只有300平方英里。但到了2006年，沼泽和湖泊的面积再次达到了20世纪70年代的58%，也就是大约2100平方英里。[13]目前的沼泽保护着周围的城市和农场免受洪水的侵袭。沼泽的蒸发也使当地气候凉爽，水的存在减少了荒漠化和尘暴。

但在随后的干旱年份，沼泽的面积缩小了。在访问期间，我看到了恢复区胜利的局限性。有一天，我们从基巴希开车前往纳西里耶，参观有6000年历史的苏美尔城市乌尔。在幼发拉底河的西南部，我没有看到湿地。这条路是三个主要沼泽中的两个之间的边界。①今天，没有足够的水来填满这些沼泽，所以哈马尔沼泽基本上是干涸的，已经退缩到遥远而封闭的哈马尔湖。我们遇到了一对赶着一大群羊的夫妇，他们用大手帕遮住了嘴鼻，防止吸入灰尘。他们身后是一片裸露的土地，以及用干泥建造的房屋和羊圈。转向路的另一侧，我看到一个女人和她的小儿子牵着水牛走在中央沼泽（Central Marshes）的边缘。在这片广阔的水域之外，在底格里斯河以东的远方，是延

---

① 美索不达米亚沼泽由三个部分构成，分别是中央沼泽、哈维则沼泽和哈马尔沼泽。根据地图可知，作者开车的公路应该是纳西里耶–基巴希路，它位于哈马尔沼泽和中央沼泽之间。

伸到伊朗的哈维则沼泽；它也在苦苦挣扎。

　　乌尔是《圣经》中提到过的城市，我们爬上了乌尔大塔庙。我站在大塔庙顶部的沥青砂浆的砖墙上，可以看到美国人建造的一座监狱，里面关押着最危险的"伊斯兰国"俘虏。乌尔，包括沼泽，是联合国教科文组织纪念苏美尔文明的世界遗产之一。但由于该地区几十年的流血冲突，这里没有游客。那天，仅有的其他访客是一个法国纪录片摄制组和一个来自基巴希的伊拉克家庭。该世界遗产的奇观包括：世界上最古老的立式拱门；世界上最古老的文字记录——楔形文字的铭文；还有等待着考古学家来筛选的堆积如山的材料，这些材料中露出了无数的陶罐和文物。另外，到处散落着贝壳。在《圣经》中，乌尔是幼发拉底河的一个港口城市。两千年前的一场大洪水导致幼发拉底河冲决，乌尔因此搁浅和干涸了。[14]

　　由于季节性的变化、干旱和潮湿期，沼泽水位一直在波动。气候变化正在加剧干旱的波动。[15]但是，湿地面积减少的主要原因是上游的水坝和引水工程，尤其是土耳其规模庞大的大安纳托利亚规划，该项目将该国干旱的东部变成农业中心地带。在1990年土耳其的阿塔图尔克大坝完工之前，幼发拉底河流入伊拉克的平均流量超过每秒3.5万立方英尺。20世纪90年代，它减少到每秒2.1万立方英尺。而在2009年4月，一年中的高流量时间，它已经下降到大约每秒8000立方英尺。[16]从那时起，土耳其已经在上游建满了水库，包括备受争议的底格里斯河上的伊利苏大坝，这座大坝在2020年淹没了拥有1.2万年历史的古镇哈桑凯伊夫。[17]在伊利苏大坝建成之前，底格里斯河的流量约为每秒 2.1 万立方英尺；建成后，它下降到每秒 1.1 万立方英尺。[18]

人类和水牛造成的污染会对沼泽产生影响，而流量下降会集中这种影响，从而损害沼泽的水质。如果一些水域因为水位低而不能连通，废物就不能被冲走，水中的氧气也会减少。伊朗的水坝和引水工程也导致下游的淡水急剧减少，危害沼泽以外的地方。咸水通过波斯湾[19]向上游进一步推进，它通过了伊拉克巴士拉市，引发了暴乱和武装冲突，因为水变得越来越咸，无法饮用。

2013 年，政府官员将美索不达米亚沼泽定位为伊拉克的第一个国家公园；2016 年，联合国教科文组织将其列入世界自然遗产名录。但目前尚不清楚，这些名称是否足以拯救富饶的湿地，以及沼泽居民的古老生活方式。土耳其长期以来一直蔑视国际水资源共享协议。[20]而大坝的建设仍然继续。

水坝的伤害

要帮助恢复陆地上的慢水，水坝似乎是一种可行的方法。但是，水坝往往过于工业化、过于庞大，无法满足水和水生生物的需求。在水坝后面，水被人为地滞留在又深又长的地方。水在阳光下变暖，从而伤害鱼类。水坝放水根据的是人类用水或用电的时间安排，它不像季节性的高潮和低谷这样的自然周期，但许多物种在生命周期的不同阶段依赖的却是这种自然周期。离开水库的水通常比进入水库的水流速更快、压力更大。这种对自然水流的偏离，会危害河流系统，也会影响到人类。从当地溪流的微型屏障到巨大的河流阻塞物，虽然水坝的规模各不相同，但最大的问题源自巨型的水坝，那些用于控制的史诗般的纪念碑。全世界大约有5.8万座"巨坝"，也就是高50英尺以上的水坝。[21]

我见过的第一座巨坝是胡佛水坝，它横跨美国亚利桑那州和内华达州的边界。8岁那年，祖父母带着我自驾游，胡佛水坝的726英尺高的光滑表面让我感到敬畏，尤其是大坝后面的广阔湖泊，那是一片贫瘠景观中的生命之光。你可以步行或开车穿过大坝的顶部，柱子上的装饰艺术钟显示了两个州之间的时间变化①。无论是根据我祖父母的感觉，还是基于路边的标示，胡佛大坝毫无疑问是一项进步。它把一个"毫无价值的"沙漠变成了一处农业奇境，并支持了凤凰城和拉斯维加斯等城市的发展。在世界的其他地方，水坝的诱惑在于电力以及电力所驱动的工业。

然而，随着世界上第一批巨坝的老化，人们目睹了更多的隐患。

水坝堵塞了鱼类的通道。胡佛水坝妨碍了科罗拉多河独特的剃刀背胭脂鱼，它们现在濒临灭绝。[22]对于以鱼类作为主要蛋白质来源的自给自足的渔民，鱼类的减少尤其具有毁灭性；

---

① 美国亚利桑那州和内华达州所在的时区不同，亚利桑那州大部分地区使用山区标准时间（MST），而内华达州大部分地区使用太平洋标准时间（PST），当太平洋时区处于非夏令时的时候，两者之间有一小时的时差。——编注

比如生活在湄公河沿岸的6000万渔民——他们分布在中国、老挝、柬埔寨、泰国、缅甸和越南等不同国家。[23]这可能会产生数不清的连锁反应。以河蚌为例，许多河蚌通过鱼的背部把幼子转移到新的河流中。在过去的一个世纪，阻碍鱼类的水坝是北美30种河蚌灭绝的主要原因，并危及现存河蚌中的65%。接下来，河蚌的减少是底栖生物衰退的原因之一：河蚌是保持河流清洁的滤食动物。由于河蚌减少，河蚌产生的废物也会减少，而这些沉入河床的废物原本是藻类、昆虫等无脊椎动物的食物，而鱼类又以藻类和无脊椎动物为食。[24]

　　类似于土耳其和伊拉克的情况，水坝往往造成了水资源方面的穷人和富人。水坝给人一种供水在增加的错觉，但它们实际是在掠夺水。根据2017年的一项研究，1971年至2010年期间，全球20%的人口通过人类对河流的干预（包括水坝）获得了更多的水，但24%的人因水坝失去了不同量的水。[25]胡佛水坝也是这样。美国西部科罗拉多河上的水坝和引水工程的建设相当于拒绝给下游的墨西哥农民留水——直到2021年情况才取得外交上的突破[26]。水坝还损害了下游的农场，因为它会使三角洲的农田缺少泥沙，随着时间的推移，土壤养分会减少，土地也会流失。水坝还驱逐了世代生活在土地上的人们，淹没了哈桑凯伊夫这样的不可替代的文化遗址，破坏了动物和植物的栖息地。在所有这些方面，水坝都是一个涉及环境正义的问题。

　　水坝的拥护者为一些项目辩护，说它们给没有电的人带来了电。但通常情况下，产生的电力被运往城市，或者卖给附近的富裕国家，利润充实了精英阶层的腰包。老挝湄公河支流上的沙耶武里水坝最近竣工，它为泰国供电；刚果民主共和国备受争议的 Inga 3 水电大坝将主要为矿业公司和南非提供电力，而不是缺乏电力的 91% 的刚果人[27]。人们有时会批评风能和太阳能不是稳定的电力来源，但气候和人为造成的供水变化也使水力发电越来越不可靠。低流量会大幅减少水力发电——2015年至 2016 年的干旱后，南部非洲经历过几个月的这种情况。当时，赞比亚 96% 的电力依赖于水力发电。干旱和能源短缺使赞比亚陷入了经济危机。[28]

　　尽管有这些负面影响，建坝的热潮仍在继续，部分原因是水力发电被视为气候变化的解决方案——一种不需要燃烧化石燃料、不会产生二氧化碳的能源。但近年来，科学家开始详细审视水力发电的 "低排放"。建造水坝等基础设施的水泥需要大量的能源，它的生产占全球碳排放量的 8%。水坝形成的深层水库淹没了植被，植被在腐烂时释放出甲烷。当水位再次下降，暴露出来的土壤会被晒干，释放出储存的碳。《自然·气候变化》（Nature Climate Change）杂志上的一篇文章得出结论："热带水力发电的排放量经常被低估，几十年内可能已经超过了化石燃料的排放量。"[29]这意味着，当水力发电取代燃烧煤炭或天然气的火力发电，我们可能需要几十年时间才能实现碳的收支平衡——这项责任在规划过程中经常被忽视，或者得不到妥善解决[30]。2021 年，《土地使用政策》（Land Use Policy）杂志上的一项研究考察了如何抵消喜马拉雅山脉的水坝淹没森林所造成的碳排放。通常情况下人们建造种植园，而它会导致多重问题：生物多样性的丧失，"存活的树苗少得可怜（仅为10%），物种间的冲突，对当地土地使用的侵犯，以及野火和山体滑坡造成的破坏"。[31]

即使是那些据称是受益者的人，也会受到水坝的伤害。针对水坝等灰色基础设施，一个被称为"社会水文学"的新兴领域正在产生惊人的见解。直到最近，水利工程师只计算"自然"流量，没有考虑人类对供水的影响。现在，他们意识到了人类影响的规模，开始计算这些影响。

例如，根据瑞典乌普萨拉大学水文学教授朱利亚诺·迪·巴尔达萨雷（Giuliano Di Baldassarre）的说法，尽管修建水坝经常被视为"新的"水源，但水坝实际上会产生新的对水的需求。[32]为了应对水荒，水资源管理者建造新的水库来储存更多的水，但水库也为消耗更多的水开启了可能，重新造成了短缺。拉斯维加斯就是一个典型的例子。几十年前，该市预计2000年人口将达到40万，于是修建了一条通往米德湖的管道——米德湖是胡佛水坝形成的水库。后来，拉斯维加斯的人口激增至近160万，增加了需水量。[33]类似的例子还有很多：凤凰城，洛杉矶，圣地亚哥。20世纪80年代西班牙海岸潜在的水荒，通过从另一个地区修建输水管道得到了"解决"。这催生了大量的公寓建筑，现在这些沿海省份再次需要更多的水。[34]（一些保护和再利用规划旨在停止这一趋势。在用水管理界，保护被认为是"新"水的来源。）

与此相关的一个现象叫"水库效应"[35]，它指的是水坝在可用水量方面给人们带来的错误的安全感。水库里的巨大水池掩盖了干旱，降低了人们节约或适应的积极性，直到短缺变得严重。当短缺来临时，审判会变得很严厉。这些矛盾显示了使用本地水的好处：一个地区的人们会学着在自己的水资源供给范围内生活。

面对所有这些弊端，一些美国人正在拆除水坝，希望能够恢复鱼类数量。有时这几乎没有什么损失，因为水库已经填满了淤泥，变得毫无用处。但几十年来，世界银行和国际货币基金组织等国际开发贷款方敦促寻求资金的国家走西方的发展道路，建造灰色基础设施，有时甚至取代更具可持续性的传统方法。水科学家、辛纳科克人凯尔茜·伦纳德[36]称之为"水殖民主义"，是对自然和人类的双重征服。事实上，许多国家已经在内心深处认同了"水坝是繁荣的前提"这一观念。从莫桑比克到老挝，从吉尔吉斯斯坦到斯里兰卡，都可以看到印有水坝图案的货币。随着国际贷款方最终撤回了对大坝的部分支持，地区和国家开发银行进一步资助拉丁美洲、中国、土耳其及亚洲其他国家、地区修建水坝。[37]

加拿大和挪威的水坝建设仍在快速进行，许多低收入国家的水坝建设也在迅速发展，全世界的河流上已经计划或正在建设的水电项目超过3700个[38]，特别是在南美洲和亚洲。但是，随着河流变得更加糟糕，一些人意识到成本已经超过了收益。比如柬埔寨，这里有数千万人依靠自给自足的渔业，而湄公河上新建的水坝将对渔业造成严重破坏；柬埔寨最近宣布，计划中的水坝将暂停十年[39]。

系统同步

水坝，以及人类对自然水道的其他干预——河堤、引水渠、拉直、加深、排干等，造成的许多问题都表明了自然系统的复杂性。多年前我采访的一位生态学家告诉我："这不是火箭科学。这比火箭科学复杂得多。"关于自然系统的科学发现，可以改变我们对自然系统的整体认知。森林科学家苏珊娜·西玛德（Suzanne Simard）在1997年发现，地下数英里长的真菌丝——被称为菌根网络——就像树木的交易和通信系统。[40]通过网络，它们分享食物、水以及有关害虫入侵的新闻。当一棵树被砍伐、不能再进行光合作用的时候，其他树木还可以让它的树桩活着。

河流与湿地的复杂程度也是这样，它们在不同规模上充满了生命联系。水与周围的土地相互作用，既在地上流动，也在地下流动。水流的模式、泥沙的散布，以及渠道本身，都塑造了水生的与河滨的动植物，同时也被它们塑造。健康的河流和湿地生态系统通过这些联系自我维持。由于这种复杂性，当我们破坏自然系统时，它们很难完全恢复。

这不是火箭科学，这是系统理论。系统理论认识到这些相互联系，并试图理解它们之间的交织关系。一个未受干扰的生态系统能够恢复，因为它可以吸收适应一定程度的外部破坏。系统内部在不断变动，作为回应甚至可以展现出新兴的行为。

同时，系统中各元素之间的联系意味着，单个元素的破坏或几个元素的部分损坏可能使整个系统功能紊乱。[41]

我们对复杂性一知半解，所以我们对水道的干预会产生如此负面的影响。当我们需要能源、需要水，或者想要阻止洪水泛滥，我们会"一心一意"地解决这些需求。例如，当工程师计划建造水坝，他们会寻找一个狭窄的峡谷用于放置坝体，并在峡谷后面留出蓄水的空间。如果想要发电，他们就会找一个较大的海拔差。但如果这些是判断的依据，我们还忽略了什么？还牺牲了什么？

科学方法通常把一个系统分成几个部分，目的是消除变量，专注研究其中一个部分。虽然这种方法可以明确地解答特定的问题，但也会模糊大局。现在，气候变化等其他问题促使科学家考虑整个系统，并与其他学科的人合作。

这种方法与生活得离土地更近的人（比如沼泽居民）有一些相通之处。他们花时间近距离观察，他们对自然系统的复杂性有更深的认识，尽管他们的解释可能与科学家的不一样。另一个例子是北美洲西北部的一些原住民，他们对环境中的事物有不同的分类方式。他们没有把动物分成昆虫、鸟类和哺乳动物，而是根据它们的亲缘关系群——一群相互依存的物种——分类。[42]这种分类包含了关于它们之间关系的丰富而有用的信息。类似地，世界各地原住民的语言往往包含了他们置身其中的当地生态和系统的详细信息，比如包含在植物或溪流的名称中。

*

　　全世界的湿地类型的复杂性和多样性，是了解水的多面性的另一个窗口，因为水与不同的土壤、植物和气候相互作用。湿地是这样一种地貌：一年中至少有部分时间水滞留在地面之上，或者地下水位高到足以供养喜欢根茎潮湿的植物。

　　有四种主要的湿地类型：草本沼泽（marsh），木本沼泽（swamp），酸性泥炭沼泽（bog）和碱性泥炭沼泽（fen）。具体的名称取决于它们是否靠近河流、湖泊或海洋，或者是否远离水域；它们的土壤和地质；它们源于雨水、地表水还是地下水；以及它们包含哪些类型的溶解物质，这些物质会如何影响水的化学性质。所有这些因素都会影响植物的种类，从而创造出不同的生态系统。

　　草本沼泽的大部分水来自地表，还有一些来自地下水。水通常是中性的，酸性或碱性都不太强，因此是很多动植物的家园。淡水草本沼泽包括湿草甸、草原壶穴、春池或暂时性水塘、洪泛区、季节性湿地和干盐湖。①潮沼中咸水经常与淡水混合，比如泥沼、盐沼、滩涂和长沼。

　　木本沼泽在一年的不同时间有潮湿的土壤或静水。它们以木本植物为主，比如美国东南部长着柏树和蓝果树的滩涂硬木

---

① 壶穴是河流的急流漩涡夹带砾石，在河床上磨蚀形成的凹坑。季节性湿地（dambo）：此处指的是非洲特有的一种湿地。干盐湖是一种形成于沙漠或半干旱地区的浅水湖泊，通常在干旱季节会干涸，其盐分含量取决于当地的水文和地质条件，只有部分干盐湖属于淡水湖泊。——编注

森林，或者亚洲、中美洲等地的红树林。它们的有机土壤营养丰富，也供养着许多动植物。因此，健康的草本沼泽和木本沼泽都是人类觅食和狩猎的绝佳场所。

酸性泥炭沼泽有时也被称为"泥炭沼泽"（mire），它拥有海绵般的泥炭——它主要是一种腐烂的植被，而不是岩石这样的矿物成分。经过几个世纪的累积，泥炭可能有几英尺深。酸性泥炭沼泽的所有水都来自降水，而不是地下水或溪流，所以它是酸性的，矿物质和营养物质都很少。所以，只有蔓越莓、蓝莓和食肉植物等有专门适应性的植物才能茁壮成长。碱性泥炭沼泽也会形成泥炭，但它充满了径流和地下水。它的酸性比酸性泥炭沼泽低，能供养更多样的植物，比如草、莎草、灯芯草和野花。

当湿地被破坏时，损失的不仅仅是这些复杂的生态系统和蓄水。健康的湿地系统会转化营养物质，包括硫、磷和氮。植物通过光合作用从大气中捕获二氧化碳，植物腐烂后这部分二氧化碳也会储存在湿地中，尤其是那些保持湿润时间最长的湿地。[43]所以说，泥炭是二氧化碳的仓库保管员。地球上只有3%的土地被泥炭覆盖，但它储存了30%的陆地二氧化碳。

世界上现存的一些最大的湿地包括亚马孙盆地（包括木本沼泽、红树林等），西西伯利亚平原（北部是酸性泥炭沼泽），南美洲的潘塔纳尔（Pantanal）湿地和南部非洲的奥卡万戈（Okavango）三角洲（季节性洪水草原），以及孟加拉国的孙德尔本斯（Sundarbans，有潮汐红树林），它们都面临着威胁。美索不达米亚沼泽已经缩小到历史的一半以下，它包含了淡水洪泛区和河流三角洲，季节性变化的暂时性水塘，以及三角洲和咸水交汇的河流入海口。

河底的秘密生活

人类文明在美索不达米亚沼泽上的起起伏伏的漫长历史已经表明，只要有机会，水就会收回它的空间。在萨达姆试图抽干沼泽之后，人们炸开河堤、让水再次流动，从而恢复沼泽，这些行动已经取得了进展。但在西雅图这样建筑密集的城市，城市与流域的健康连接越来越少，恢复水域健康可能更加棘手。

2019 年 9 月的一个晴天，在西雅图北部，[44]我把车停在梅多布鲁克社区中心，附近是两个前沿的城市河流恢复项目。人们需要它们纠正一些人为错误，这些错误导致房屋、道路、一所高中和一个社区中心反复被洪水淹没。和许多现在的城市地区一样，这里的人们曾砍伐原始森林，一直砍伐到溪流的边缘，那些被清理的树木原本可以捕捉降雨和减缓雨水径流，并通过根系固定泥土来减少侵蚀。为了解决滥伐森林造成的问题，人们拉直了溪流，使水在土地上快速移动，并用混凝土加固河岸。然后他们在裸露的洪泛区上建造房屋。

这种城市发展模式在全世界范围内不断重复，一些水道被管道包围，并被埋在地下，从而进一步被压制。其结果就是生态学家所说的"城市溪流综合征"[45]。这种疾病的特征是"闪现的"水流（指大量的水迅速从人行道进入溪流），不稳定的河岸，生物多样性的减少，以及高浓度的营养物质和其他污染物。

人类试图控制水系——包括伊拉克上游和西雅图的这些水系——这种行为已经干扰了自然慢水阶段，比如湿地和洪泛区。水希望在这些地方慢下来；在这个过程中，水与当地生态系统中的生命建立了复杂的关系。湖泊、河流等地的鱼类、两栖动物、爬行动物、哺乳动物和鸟类正急剧减少，阻碍了慢水的灰色基础设施对此负有很大的责任。它也给人类带来了问题，包括洪水和当地的水荒。为了修复这些危害，我们需要超越控制思维，转而采用系统思维来全面地管理水。

西雅图项目就打算做到这一点，它采取一种新的方法来恢复河流：支持河流里微小的生命，反过来让这些生命帮助恢复河流。水文侦探修复了桑顿溪的两段河道，总长1600英尺，占地约4英亩。结果是戏剧性的：在我参观的那天，我进入了一个小型城市绿洲。

我沿着一条小路走到桑顿溪的汇流点，也就是它的南北支流与梅多布鲁克池塘交汇的地方。这是一个远离城市喧嚣的可爱的休憩之地：溪水清澈，乌鸦啼鸣，松鼠在柳树、棉白杨和雪松的枝头飞奔。而这些地面以上的生命迹象只是冰山一角。桑顿溪之所以特别，在于水文侦探对溪流下面一个神秘区域的关注。类似于森林下面的菌根网络，河流生态学家正在更多地了解这个区域，即所谓"河底生物带"（hyporheic zone，在希腊语中，"hypo"的意思是"下面"，"rheos"的意思是"河流"）。

河底生物带就是河床下面充满了水的沉积物和土壤。但它并不是地下含水层——它是一个动态的、有争议的边缘地带，地下水向上推入地表水，溪流迫使水流回地下。与地表的河流一样，河底的水也会向下游流动，但速度要慢得多。[46]在一个健康的系统中，地下河可以是宽阔的，可以容纳大量的水。河底生物带的宽度和深度取决于地形、坡度、沉积物的尺寸、河道形状以及水流量。河底生物带可以沿着一条大河，从河岸开始在地下横向延伸1英里多，并到达河床下面100英尺或者更深——尽管主要的潜流较浅，在最上层3到10英尺。[47]水在地下停留的时间可以调节水温，在炎热的夏季冷却溪流，在寒冷的冬季温暖溪流，为生活在那里的鱼类创造一个更稳定的环境。

在河底生物带，水中的化学成分和生命形式不同于邻近的地下水和地表水。这种交界区域被称为"生态过渡带"，以生物多样性高而闻名，原因是附近的物种与独特的生态过渡带居民混合在一起。河底生物带是微生物组的家园，而微生物组就像我们肠道的微生物多样性，是健康的一个决定因素。

由于慢水，这里发生了关键的物理、化学和生物过程，包括土壤通气、水体增氧、污染清理、废物分解和食物创造。这些功能为河底生物带赢得了"河流肝脏"之类的种种绰号。然而，尽管它很重要，但最近的桑顿溪项目还是世界上最早在城市河流中重建河底生物带的项目，也是最早在无菌基质中接种①从附近健康河流中获得的微小生命形式的项目。

慢水的形状

　　桑顿溪的修复始于20世纪90年代，当时西雅图公园与休憩部②开始买断房主的产权，拆除反复被洪水淹没的房屋，把河流不愿放弃的空间还给它。市政官员还希望减少暴雨径流，维持残存的鲑鱼种群。桑顿溪跨越15英里，汇集了11.4平方英里流域的来水，这些流域是7万人的家园。两个恢复项目的范围只有1600英尺，似乎太小了，起不了什么作用。但了解溪流历史形状的人其实可以预测翠鸟项目和汇流项目所在地的常规洪水；③这些地方原本是洪泛区。专家认为，把它们交还给河流可以吸收大量的水。

　　这些项目的支持者是西雅图公共事业局的生物学家凯瑟琳·林奇（Katherine Lynch）。在职业生涯的早期，她曾经在比较荒凉的乡村溪流中工作。当第一次分配到城市溪流时，她很犹豫："我心里想：'不好意思，我研究的是河流系统。现在你想让我研究沟渠？不，谢了。'"她最终意识到，她的抗拒是

---

① 在微生物学中，"接种"是指将接种物加入培养基、组织培养，或在动植物等介质中使其增殖。

② 西雅图公园与休憩部是美国西雅图市的一个政府部门，负责公园和公共休憩空间的开发、运营和管理。——编注

③ 西雅图公共事业局的这两个项目的全称分别是"翠鸟自然区"和"桑顿汇流点"，可参阅：https://www.seattletimes.com/seattle-news/environment/thornton-creek-gets-a-makeover-from-the-ground-up/。——编注

源于悲伤，她感觉城市溪流可能已经无法挽救。桑顿溪被认为是最糟糕的那类城市溪流。但刚开始，当她探索用乱石加固的河道时，她发现了生命的微小迹象，这让她有了希望。她也遇到了称桑顿溪为"我们的小溪"的人类居民，她意识到当地人很热爱它。她决心充分利用桑顿项目。

在参观完之后，我与迈克·赫拉霍韦茨（Mike Hracho-vec）[48]通了电话，他是设计了这些项目的自然系统设计公司的工程师。他向我解释说，当人们把一条蜿蜒的小溪拉直成一条狭窄的水道，水的能量会集中起来，流速也会加快。此外，城市中的降雨通常无法渗入土壤，而是流过绵延的路面和屋顶，形成比自然景观更高的峰值流量。这些影响共同产生了赫拉霍韦茨所说的"水龙带"效应。水龙带顺着河道喷水，"速度是之前的10到100倍"，在一个叫作"下切侵蚀"的过程中将水切入大地。这是典型的"快水"，它意味着大部分水来不及渗入河道的地面或洪泛区的地面，大大减少了干旱时期当地可用的水量。在历史上，"溪流在冬季和夏季之间有一个更稳定的流量范围"，赫拉霍韦茨说。更健康的水文系统可以帮助受旱灾的地区提供旱季的用水。

将溪流阻挡在洪泛区之外，也干扰了塑造水流和减缓水流的自然过程。溪流与河流周期性地溢流到周围的低地，分散了水的能量，减少了侵蚀。慢水也会沉积淤泥，帮助培养洪泛区。随着水蜿蜒流过洪泛区，然后回到河流，它塑造了河道，从而更好地适应高流量。

这些慢水也使河流与洪泛区能够交换营养物质和沉积物，

不仅使水清洁，而且使水多产。加州中央谷地的鱼类生物学家已经发现，许多鱼在洪泛区上产卵，而依靠温暖浅水域中的藻类和浮游生物，鱼苗会长得更胖。因为这些植物和小动物的形成依赖于可预测的小规模洪水，如果失去了与河流的连接，没有定期的洪水，洪泛区就无法发挥生态功能。[49]

当我们破坏了上述物理过程，高水位就无处可去——除了淹没人类的家园和企业。为了应对这种情况，人们建造了戗堤①，把水挡在加深的桑顿溪的河道中。这进一步加强了水龙带效应，在形成河底生物带的柔软的吸收材料中，水切割得更深。水冲走了沉积物、砾石、木屑和营养物质，直到到达基岩，几乎完全消除了河底生物带。

在过去的几十年里，世界各地的河流生态学家试图通过恢复溪流的形状来修复受损的溪流，从笔直的深渠变成更自然的弯曲河道，这是一种漫长而凌乱的弯曲，河滨分离又重新连接。[50]为了吸引鱼类，他们把木材扔进河道，创造更多的栖息地。西雅图公共事业局计划采用这种方法，希望恢复桑顿溪和洪泛区的连接。这种策略在西雅图是第一次，但在今天的恢复项目中越来越普遍。

除了给水更多的空间从而创造慢水来减少洪水泛滥，另一种想法是创造组合的栖息地——砾石沙洲、曲流带、边渠——每个区域都支持不同的生物。一条更自然的溪流可能有牛轭

---

① 戗堤，指为加强堤身稳定，在土堤防洪墙的一侧或两侧堤坡上加筑的土石撑体。

湖、浅滩或湿地。①多样化的地形也会减慢水的速度，生长在溪边的植被为鸟类和昆虫提供了食物以及栖息和捕猎的场所，这些植被也使水可以浸入土壤，并提供了其他重要的生命成分，比如斑驳的阳光和落叶层。

下一级恢复

这一切听起来很诱人。恢复溪流的弯曲并将其与洪泛区重新连接，这是基于一个假设：通过重建一条健康河流的物理结构，植物和动物可以重新在这里繁殖。生态学家称这种方法为"梦幻之地"，来自1989年那部经典的棒球电影②，其中有一句著名的台词："你盖好了，他就会来。"这个假设在一定程度上得到了证实。我们在美索不达米亚沼泽已经看到，当人们恢复了一个曾被破坏的生态系统，生命就回来了。但在过去的十年左右，生态学家已经注意到，在许多情况下，生命并不是很多样化。许多物种正在消失。

2019年，《河流研究与应用》（*River Research and Applications*）杂志上一篇具有里程碑意义的论文大胆地提出："仅仅基

---

① 曲流带，弯曲的河流由于河道两侧流速不同，河道流速较快一侧受侵蚀较多，河道随之拓宽，这种沿着河流向河道侧向拓宽形成的地带就是曲流带。边渠，河流主河道旁的次要水道。牛轭湖，曲流过弯而脱离主河道时，曲流就变成了牛轭湖。——编注
② 指电影《梦幻之地》（*Field of Dreams*）。

于自然科学①的河流管理是不可持续的，也是不成功的——事实证明，这种方法打算解决的问题（比如洪水、水荒或河道不稳定）并没有得到解决。"[51]

如果河流失去了原有的生物多样性，它就会失去下面这些能力：缓解洪水和水荒，为动植物提供栖息地，清除水污染，储存二氧化碳。如果没有人类的持续"帮助"，它将无法自我维持。而这些"帮助"可能是昂贵的、短暂的或片面的，因为人类并不完全了解这个系统。这篇论文呼吁科学家利用"生物学的力量影响河流的过程"，作者称之为"生态河流恢复"。[52]

今天的大多数人都不知道健康的河流系统实际上有多么丰富的生命，这是"基线偏移"综合征的另一个例子。在世界上的许多地方，我们习惯了混凝土河道、光秃秃的河岸、修剪过的草坪或被牲畜压实的土壤。但在更自然的状态下，河流两边长着亲水的植物，这些植物的根系可以利用浅层地下水。这些植物通常是高大的乔木或芦苇，即使在干旱的地方也能形成独特的绿色条纹，被称为"河岸走廊"。这些植物有助于防止河岸被侵蚀，并为野生动植物提供栖息地。世界上的生态系统各不相同，但所有生命都会来到河流。

直到我访问了南美国家圭亚那，我才意识到我所见过的每一个地方都不可思议地正在消失。圭亚那85%的土地是森林，

---

① "自然科学"原文为 physical science（也译作物质科学），而不是 natural science。physical science 是指研究无机物的科学，主要指4个学科：天文，物理，化学，地球科学。生物学不属于 physical science，所以以下一段落的说法没有问题。

其中大部分是初级生态系统①。"圭亚那"（Guyana）是源自怀怀语②的一个词语，意思是"水民"；这里的人口很少，主要集中在加勒比海沿岸。亚马孙的丛林里和稀树草原上仍然生活着数千原住民——马库希人、瓦皮沙纳人、帕塔莫纳人——其中许多人仍然住在靠近河流的小村庄里。2009年，我乘小船沿着鲁普努尼河（Rupununi River）航行，看到了5英尺高的贾比鲁鹳、成群的五彩斑斓的金刚鹦鹉、呆坐在枯树上与木头融为一体的林鸱，以及站在沙洲上的成群的黑剪嘴鸥——它们无疑是加里·拉尔森③的卡通鸟类的灵感来源。15英尺长的凯门鳄从水面漂过，只露出眼睛和背部；蛇挂在树上；6英尺长的巨型水獭把头探出水面（这种动作被称为"潜望"），提防危险，彼此发出震耳欲聋的叫声。河中有8英尺长的巨骨舌鱼，是当地人主要的食用鱼类；还有刺鳐、水虎鱼。水豚、刺豚鼠以及美洲虎在岸边喝水，卷尾猴在树梢上相互追逐。一天夜晚，空气中充满了飞蛾，我必须用印花大方巾捂住嘴，以免吞入飞蛾。

这幅奇特的画面只可能出现在雨林中。这些动物的确是丛林特有的，但在农业产业化和现代发展之前，温带地区的河流也有同样丰富的物种。直到不久前，中国还有大量的10英尺长的巨型鲶鱼和粉红色的海豚。密西西比河中生活着6英尺长的

---

① 初级生态系统是指动植物首次在一个栖息地定居的生态系统，比如火山爆发后新形成的岛屿。与之相对应的是次级生态系统，即毁灭性的洪水、火灾等抹去了原有的生态系统后形成的生态结构。

② 怀怀族（Wai-wai people）是圭亚那的原住民之一，他们使用的语言即怀怀语。

③ 加里·拉尔森（Gary Larson），美国漫画家、环保主义者。——编注

鳄雀鳝，这是一种曾经和恐龙共存的鱼类。根据19世纪中叶的一位旅行者的描述，旧金山湾的圣何塞溪（San Jose Creek）有成千上万只水禽："当我们想把鸭子和鹅运到船上……我们只需要用棍子把它们打翻在地，这样就节省了火药和子弹。"[53]

下面是什么

考虑到曾经的这种丰富性，就很容易理解为什么修复后的城市溪流的管理者发现许多地方需要持续地维护；它们远远不是自然状态，缺少关键过程所需的空间和生命。凯瑟琳·林奇认为，一个更完整的物理和生物系统可能会更好地自我维护，不需要太多的人为干预。在2004年的一次森林之旅中，一位同事指出他们脚下是一片河底生物带，她感到很震惊。"我看着周围的树木和蕨类，心里想，这怎么可能？"她开始思考这样一个事实：城市河流不仅缺少蜿蜒和迁移所需的水平空间，还缺少她在野生河流中看到的河床上更厚的基质。她开始更多地了解关于河底生物带的科学知识。2009年，一本名为《河底生物带手册》（*The Hyporheic Handbook*）[54]的研究汇编在英国出版，它"成了我的圣经"，她说。

她意识到河底生物带是城市河流恢复中一个被忽视的环节。甚至人们在考虑洪泛区的水平空间时，也没有考虑过垂直空间。当河底生物带被冲刷或者被破坏，污染物和废物就会堆积起来，大型生物就会挨饿。这类似于人类因为肠道菌群缺乏而出现消化问题。但据她所知，还没有人采取下一步措施：从头开始建立一个缺失的河底生物带，然后让微生物重新入住无菌区。

林奇想去做这件事。但是，城市河流恢复价格高昂，预算紧张，而且风险很高：要确保人们的财产不被淹没。很难说服任何机构冒险尝试一些全新的东西。此外，还有一个更基本的障碍："别人不知道我在说什么。"当预算出现问题，一名决策者就迅速砍掉了河底生物带。于是，林奇粗略地计算了成本，发现在两个项目合计1050万美元的预算中，该部分仅有30万美元。她还认为，如果恢复主义者能够修复河流的自然系统，溪流会自己利用和沉积沉积物，最终能够节省资金，因为它不需要每年平均花费100万美元来疏浚附近的雨水池。林奇最终取得了胜利，部分原因是她承诺在设计中包含监测，这样科学家就可以研究它是否有效，并收集数据指导后续的项目。

保罗·巴基（Paul Bakke），[55]一位专注于地貌学的水文学家，做了基线测量，结果清楚地表明桑顿溪的河底生物带几乎完全被刮走了。对巴基来说，这个项目是有私心的。20世纪60年代和70年代，他在桑顿溪畔长大，钓切喉鳟、玩水上滑船。然后，就在他上高中之前，溪边建起公寓，切断了他的通道。"这是我非常喜欢的地方，是我的荒野，真的……突然之间它不仅被阻塞，而且被铺平了，"他在电话中对我说，"这让我很难过。"

林奇让巴基和赫拉霍韦茨合作设计这个项目，她认为地貌学家和工程师会将两个非常不同的视角结合起来。她是对的。他们的合作充满了激烈的分歧。其中最大的争论是什么？巴基希望在河床上铺设更大的砾石，从而使水更容易进入河底生物带。他担心，如果不这样，冲进溪流的非常细的城市尘土会"阻塞"向下的水流。但赫拉霍韦茨担心，大砾石可能会让太多的水流入地下，导致夏季的表层溪流干涸，从而导致鱼类死亡。为了解决这个问题，他们在计算机模型和一个大沙箱中做了测试，建立了河流动力学模型，并尝试了不同的堆积物、曲流和木材放置。

2014年夏天，他们终于感到满意，开始使用推土机。赫拉霍韦茨和他的团队移走了戗堤，挖了一个比溪流宽很多的区域。由于水龙带效应已经冲刷掉了河底生物带曾经所在的砾石和底土，赫拉霍韦茨和他的团队也为河底生物带创造了空间。为了解决城市居民对洪水的焦虑，他们没有把桑顿溪抬高到以前的洪泛区，而是在较低的位置上创造了一个新的洪泛区，以便桑顿溪在暴雨时利用。然后，他们增加了近8英尺厚的沉积物和砾石，填充一些被深深下切的河道，这样溪流中的水更容易到达新的洪泛区，于是河底生物就能找到一个家。

在我参观的那一天，我朝桑顿溪的南北支流的汇流点望去，看到了一系列被称为"原木堵塞"（logjam）的装置——基本上就是短原木在河床上纵横交错。原木堵塞形成了小瀑布、跌水潭①和几片几乎是静水的水域，分散了溪流的能量，防止

---

① 跌水潭：位于瀑布下方、由水流冲蚀形成的水池。——编注

了河岸受侵蚀。它们还迫使水向下进入新形成的河底生物带，然后向上流出，增加了循环。团队将其他原木埋在河底生物带的砾石中，在两个区域之间创建了另一条通道。随着时间推移，砾石脱离流速下降的水流逐渐在障碍物后堆积，创造出一个平缓的斜坡。在新的洪泛区，赫拉霍韦茨和他的团队也加入了大块树木和一堆堆木质残体，当水溢流时它们能减缓水流，流水也会因此放下沉积物、重建洪泛区，以及分流到多个渠道里。

　　有了公共事业局要求的监测，巴基和赫拉霍韦茨能够通过温度和示踪剂跟踪水流，确认它们正在进入河底生物带。结果！他们发现水体的混合率是施工前的89倍。[56]看到溪流按照大自然的意图运作，巴基和赫拉霍韦茨这两位设计师明显地松了一口气，摆脱了几个月来的焦虑。"他们一起击掌大笑"，林奇动情地回忆道。但是，这种流动也能支持生命吗？

河底生命

　　一条健康的溪流中会有很多的生命。肉食性鱼类吃大型无脊椎动物，比如甲壳动物、蠕虫和水生昆虫，这些昆虫包括蜻蜓、苍蝇、甲虫、石蛾、石蝇和蜉蝣。在溪流底部岩石之间的空隙带，生活着比大型无脊椎动物更小的生物，即"小型底栖生物"，体长不到1毫米[57]。包括线虫、桡足动物（有点像小虾）、轮虫、缓步动物（也就是知名的"水熊虫"）。[58]

再往下是河底生物带。在它们的生命周期内，一些大型无脊椎动物会在河底生物带和地表之间移动。被水浸透的沉积物是矿物（岩石和沙子）和生物（生命）物质的结合。生命形式包括正在分解的植物、分解有机物和循环营养物质的小动物，以及以它们为食的捕食者，包括蠕虫、跳虫和螨虫。土壤的矿物层面会影响水在其中的流动方式：回想一下沙子、黏土或砾石。但生物层面也会影响水流。这些小生物会为自己挖掘微小的隧道，使土壤透气，使水能够渗入。反过来，流动的水也支持生命，包括鲑鱼产的卵。成年鲑鱼在河底生物带的上部产卵，这里为发育中的鱼苗提供了更高的氧气水平。

还有微生物，微小的生态系统工程师。它们代谢无机化合物，将其转化为植物和昆虫的食物。它们为生活在地下的其他有机体提供食物，因为地下没有光、无法进行光合作用。它们在河底生物带和地表沉积物之间移动有机物和营养物质，并在氮、磷和碳的循环中发挥着关键作用。据传闻，它们似乎还能分解泄漏的石油等污染物。

河底是一个完整的正在进行的小宇宙。微生物所提供的服务是它们自身议程（包括战争）的结果。例如，"我们服用的抗生素是微生物制造的武器"，美国国家海洋和大气管理局的微生物学家琳达·罗兹（Linda Rhodes）说。这些微生物为了争夺空间而相互厮杀。微生物也会相互帮助，比如一个物种生产其他物种使用的产品，包括生物膜（拜它所赐，溪流里的岩石踩上去滑溜溜的）和帮助维持群落的营养物质。

让溪流充满虫子

凯特·麦克尼尔（Kate Macneale）[59]是西雅图所在的金县[①]的环境科学家，几十年来她一直在思考河流里被忽视的生命。她监测溪流中的昆虫数量，以此衡量溪流健康程度，她称之为"昆虫得分"，并以迷人的热情向我解释。石蛾、石蝇和蜉蝣是麦克尼尔的最好的指标，因为它们对变化很敏感。她发现城市化很容易导致较低的"昆虫得分"。

有些危害很容易诊断。石蝇从溪边的树上撕下树叶，这是它们的食物；没有树木，就没有石蝇。许多昆虫需要躲在岩石之间的空隙里；而在城市溪流中，通常有太多细小的沉积物填满了这些保护性的裂隙。当雨水冲过街道、卷起人行道上的灰尘并淹没了溪流，那些快速的水流和细小的泥沙就会冲刷掉岩石上营养丰富的藻类，冲走树叶，把整个溪流变成一个昆虫搅拌机。城市径流中的污染物毒害了昆虫，比如无处不在的汽车刹车片中的灰尘。[60]"昆虫对环境很挑剔"，麦克尼尔说，"有些昆虫就是无法应对。"能够应对的昆虫和微生物——它们是这些生态系统中的乌鸦、老鼠和鸽子[②]——大量繁殖挤占了这个空间。

---

① 金县位于美国华盛顿州，西雅图是其县府所在地。——编注
② 乌鸦、老鼠和鸽子以不挑食、繁殖力强著称，对不同环境有较为丰富的适应性。——编注

即便一种"乌鸦"昆虫占据了一个特定的生态位,但失去一种对环境更敏感的物种可能会导致一连串的生态系统破坏。例如,有些鱼类只喜欢吃特定的昆虫。"我觉得这就像我们人类在沙拉区,"麦克尼尔解释说,"我们都能找到自己喜欢吃的东西。如果你看一下城市鱼类的饮食,就会发现它们缺乏这种多样性。"麦克尼尔认为,能够在城市地区生存的昆虫对于鱼类的饮食来说就像是炸薯条。她承认:"我有偏见。我称它们为'没有价值的昆虫'。"当一些物种消失的时候,遭受损失的不仅仅是鱼类。由于不同的昆虫以不同的方式处理营养物质,丰富的生物多样性创造了许多其他的生态效益,使整个群落更具恢复力。

对于这个问题,人类的本能反应可能是将消失的物种重新引入已恢复的河流,但事情并没有那么简单。生态学家痛苦地意识到一些警世寓言,比如有人想通过增加一个物种的捕食者来遏制它——结果捕食者吃掉了所有动物,而不仅仅是目标动物。即便是重新引入本地物种,也会动摇已经适应了没有该物种的系统,或者无意中带来病原体。

正当麦克尼尔纠结于这一伦理上的进退两难时,有人蓄意破坏了她的实验。她在西雅图的朗费罗溪做了一个研究虫子行为的实验,使用的是她从附近更健康的河流中收集的昆虫。她认为这些昆虫曾经是本地的——尽管随着城市化,它们已经消失很久了。她把昆虫放在实验河道中,这些河道被设定为包含所有这些昆虫,实验结束后它们会被收集起来、得到分析。一切都很顺利,直到破坏者把这个地方弄得一团糟,像《人鱼童话》①一样把昆虫倾倒进整条河流。麦克尼尔只专注于把实验复原，这一次她使用了监控摄像头，没有过多地考虑那些逃走的昆虫。

两年后，当她在同一条河流中取样时，她在一条鱼的肠道中看到了一只石蛾。"我不相信。然后我恍然大悟：我们看到的不是我们（意外）添加的个体；而是那个个体的后代。"令她震惊的是，这种敏感的昆虫不仅能在退化的城市河流生存下来，而且还在繁殖。"这让我灵光一闪"：也许一些昆虫从城市河流中消失，不是因为它们无法在这种条件下生存，而是因为附近没有"殖民来源"。这也许可以解释为什么"梦幻之地"战略没有奏效。

有很多假设认为昆虫会迅速回归，这些假设依据的研究中，研究环境的上游栖息地是健康的。"但如果上游流域是一个家得宝②停车场，这种假设就不能成立。"麦克尼尔意识到。这并不是夸张，朗费罗溪的上游"实际上就是家得宝停车场"。特别是对于不会飞的昆虫，"真的很难找到新住处"，她说。即便是那些会飞的昆虫，它们的活动范围也只有大约1.2英里。"在城市地区，它们需要飞行10公里（6.2英里）才能重新入住一条河流，因为大多数溪流的状态很糟糕，或者被埋在管道里。"

她开始认真考虑是否要冒险重新引入关键昆虫，它们能改善溪流的功能。她总结说："如果我们希望它们有机会重新殖

①指1993年的电影《人鱼童话》（Free Willy）。
②家得宝，美国的家装和建材零售商。——编注

民，我们可能需要帮助它们。"在世界范围内，这是一种新方法。她只知道在弗吉尼亚州和德国有少数类似的实验。

2018年，麦克尼尔得到了金县的许可，在4条河流中播撒石蛾、蜉蝣、石蝇及其他物种。这在一定程度上是成功的。虽然引入的很多物种没有活下来，但在不同的河流中，有1—4个物种活下来了。其中一些物种被认为对多种压力因素都很敏感。[61]它们的存活意味着环境可能足够健康，可以供养其他的敏感物种。

也许一次干预是不够的。目前，麦克尼尔正在继续监测2018年重新引入后的幸存者。她希望在其中一条河流重新播撒，看看能否提高存活率。但她警告说，如果你必须不断地在河流中接种昆虫，那么"你并没有真正地恢复一个系统的恢复力。你只是在打补丁，而且你需要一直打补丁"。

（隐喻的）强心剂

麦克尼尔的先例为桑顿溪项目的另一个突破铺平了道路。因为赫拉霍韦茨和他的团队从头开始建造缺失的河底生物带，所以这里还是一块处女地。受麦克尼尔重新引入昆虫的启发，微生物学家琳达·罗兹与河流生态学家萨拉·莫利（Sarah Morley，也是美国国家海洋和大气管理局的成员）在精心设计的河底生物带中接种了微生物和无脊椎动物。把人类肠道的比喻再推进一步，这有点像人类为了恢复肠道生物群系而服用益生菌

——或者甚至移植粪便。

罗兹和莫利在电话中向我解释了她们的实验。[62]她们把收集篮放在雪松河（Cedar River）流域中——雪松河流域是一个为西雅图供水的保护区——得到了野生微生物和无脊椎动物。这里海拔较高，却是她们能找到的最接近开发前的桑顿溪的河流。莫利说："很难找到没有受到干扰的低地河流。"

为了收集河底生物，她们把篮子放置了6周，然后把收集到的生物转移到城市。回到桑顿溪的汇流点，我看到了莫利和罗兹实验的证据：一根封口的白色塑料管，直径大约4英寸，从河底伸出了1英尺左右。她们在这个地方接种了河底生物，翠鸟河段也得到了修复。她们把篮子带回实验室，记录她们捕获的物种。她们重复接种了4次，每个季节一次。

好消息是，在新形成的河底生物带中，无脊椎动物和微生物很快就在无菌物质上重新殖民。遗憾的是，虽然个体数量很多，但生物多样性很低。她们在一些地方发现了多达4种新的无脊椎动物物种，但从雪松河带到桑顿溪的大多数多样的生命形式都没有存活很久。[63]这又是"乌鸦与蟑螂现象"。罗兹和莫利发现的物种，与在未修复的河流中发现的物种惊人地相似。科学家认为，这些优势物种很有可能来自上游，或者从较远的河底生物带横向移动过来——这些地区没有受到新河床建设的干扰。

莫利和罗兹不确定为什么她们没能成功地引进更多物种。这门科学还很新，以至于已经排除的可能解释很少，所以她们正在考虑一系列的假设。

罗兹解释说，微生物是一种简单的生物。当它们经过合适的栖息地，它们就会脱离水流，安家落户。这个过程选择的是已经在河流中的物种。"它们不像大型无脊椎动物那样积极地四处移动，"她说，"微生物通常没有这样的选择。只能背水一战。"

莫利和罗兹笑了。我不明白，这是微生物学笑话？

"没有自由意志？"莫利说。

罗兹回答："没有自由意志。而且运动性很差。"

另一种可能是，桑顿溪的生态遭到严重破坏，即便"恢复"了，它可能仍然缺乏一些生物所需的成分，或者被城市径流污染得太严重。或者，恢复后的河段很好，但太小了，新来的生物无法建立稳定的立足点，不足以和优势派系抗衡。恢复后的区域"就像一座小岛"，麦克尼尔说。"这就好比你可以在动物园饲养老虎，但如果没有它们生活和狩猎的森林，它们无法长期生存下去。"

还有一种可能是，罗兹和莫利在河底生物带建设工程结束后过早地接种了这些物种，一些动物所需的植物还没有长出来。或者，也许提供这些物种的河流海拔较高，所以它的居民永远无法在桑顿溪存活。

有趣的是，她们发现，相比于更健康的供体河流，城市河流中微生物的新陈代谢更活跃。罗兹说，这表明它们"正在蠢蠢欲动地做某事"——尽管她们还不知道是什么事。这可能是殖民过程的一部分，或者它们正在分解城市污染，又或者正在制造它们可以分泌的产品，比如形成生物膜的成分。

另一个有趣的假设是，更多样化的无脊椎动物存活了下来，但罗兹和莫利的筛选方法太粗糙，无法检测到它们。寻找这种微小生物的一种方法是寻找水样中的DNA，这些DNA由生物体通过排泄物、蜕皮或配子掉落在周围的环境中，被称为"环境DNA"（eDNA）。所谓eDNA在水中或土壤中的分布比在无脊椎动物体内更广泛，因此更容易被发现。

＊

水文侦探还有一个关键的监测问题：人为建设的河底生物带是否减少了下雨时从人行道、草坪和其他表面流出的化学污染？

另一组研究人员使用质谱法寻找河流中的污染物，并测量了近1900种。然后，他们在一个人为建设的跌水潭（这个跌水潭会把水推往地下）中加入染料示踪剂，并监测两个出口点，跟踪一"团"水在地下停留了多长时间才重新进入地表水流。他们跟踪水穿过7—15英尺厚的河底生物带，发现它们停留了30分钟到3个小时，或者更长时间。为了那1900种化学物质他们前后分别取样，想看看某种化学物的浓度是否降低了一半以上。仅仅是顺流而下就减少了17%的化学物质。薄的河底生物带减少了59%，厚的河底生物带减少了78%。[64]由于水在河底生物带的时间非常短，科学家认为大部分污染物都黏附在沉积物和沉积物的生物膜"涂层"上，而不是立即被微生物分解。

赫拉霍韦茨认为这种化学物质的减少"意义深远，令人震惊"。但是，考虑到河底生物带在减少污染物方面的效率，仍

然有很多问题。一条河流有多少水通过了河底生物带？微生物
处理黏附在地下沉积物和生物膜上的污染物需要多长时间？是
否可以设计一个河床来捕获更多的化学物质？尽管如此，考虑
到大多数污染物目前没有受到管制——这意味着没有人要求清
理它们——任何改善都是额外的好处。赫拉霍韦茨还指出，这
项研究的重点是"一个微小的处理单元"。他补充说："设想一
下，如果我们有更多这样的东西，我们可以做到什么程度。"

　　水文侦探在化学处理、水流和物种重新引入等方面的发现
都非常令人鼓舞。但他们也提供了一个窗口，让我们了解水、
微生物和地下的关系有多么复杂，以及修复被我们破坏的东西
有多么困难。这就是为什么把尽可能多的空间和自然系统曾经
有的成分还给它，将为它提供最好的机会，使它恢复到能够提
供慢水效益的状态，这些效益包括防洪、清洁水，以及在当地
储水以应对干旱。

　　这些研究还可以为全球城市中越来越多的绿色基础设施项
目提供参考。在西雅图，林奇正在利用桑顿溪的研究说服该市
在另外4条河流中恢复河底生物带。自然系统设计公司的一位
地貌学家[65]一直在城市外的项目中建造河底生物带。一位在北
加州的萨克拉门托河支流上工作的恢复主义者，希望在其中加
入河底生物带。

　　虽然桑顿溪这样的城市河流可能无法完全恢复生物多样
性，但有一些改进是值得的。成功是相对的，莫利说："附近
的人都喜欢这个项目。我经常在那里看到孩子。"这是一个让
人们——包括研究人员和社区成员——了解生态系统功能的

地方。

　　它也成功地减少了洪水。以前，毗邻桑顿溪项目的街区几乎每年都会发生洪水，导致主干道封闭。但自从2014年项目完工后，即使在暴风雨期间这里也没有发生洪水。通过恢复历史上曾经是洪泛区的空间，西雅图缓解了桑顿溪上的重要夹点[①]。但根据常理，小型项目不能完全弥补水已经损失的面积。为了吸收更多的洪水并加强河流系统，我们需要在整个人类栖息地中将尽可能多的自然空间连接在一起。林奇把这个概念称为"珍珠串"。

　　尽管如此，水文侦探已经见证了桑顿溪的另一项成功措施：2018年秋天，奇努克鲑在新的河床以及恢复的河底生物带上产卵。"真是太感人了，"林奇回忆道，"我们做到了。我们可以恢复河底生物带。我们可以恢复自然过程，从而吸引鲑鱼来这里产卵。"这足以解除她对城市"沟渠"的绝望。她有点激动地说："我认为未来真的有希望。"

---

① 夹点，原意是公路上道路变窄导致车辆必须减速或停车的地方。这里指的是河道较窄容易发生洪水的地方。

第四章 河狸：最早的水利工程师

游击园艺①是一种反叛行为，即在枯萎的土地上秘密种植植物，目的是恢复生态功能和自然之美。在英格兰西南部，有人把这一概念提升到了新的高度：游击河狸。大约2008年，欧亚河狸突然出现在德文郡东部的奥特河（River Otter）上。它们的出现让当地人感到惊讶，不仅是因为河狸并不是该河的同名半水生哺乳动物②（也生活在奥特河上），也是因为河狸这种啮齿动物已经在不列颠群岛消失了至少4个世纪。人们想要它们的柔软皮毛、肉和用于制药和制造香水的刺激性腺体，所以河狸在当地因为猎杀而灭绝。

2020年3月初的一个雨天，彼得和我从伦敦开车出发，经过了巨石阵——巨石阵不协调地矗立在A303高速公路旁。我们继续前往德文郡，德文郡相当于英格兰的大脚趾，向西南伸入凯尔特海（Celtic Sea）。在乡村小镇库克沃西外面，我们把车停在一栋昏暗杂乱的建筑的停车场里，这里是德文郡野生生物基金会的办公室。湿地生态学家马克·埃利奥特（Mark Elliott）

---

① 游击园艺通常是出于环保，在园丁没有合法耕种权利的土地上（例如废弃的场地、无人照料的区域或私有财产）种植食物、植物或花卉等。
② 指的是水獭（Otter）。——编注

略显紧张地用肘部跟我们打招呼，因为英格兰刚刚发现了新型
冠状病毒感染。

　　在过去的几年，埃利奥特和英国其他的野生生物生态学家
从欧洲大陆引进了河狸，用于已经获得授权的研究。但这些河
狸被部署在有围栏的地方。而奥特河的河狸是野生的。埃利奥
特是德文郡野生生物基金会的项目经理，他正在进行一项对照
实验，他不相信奥特河的河狸是逃脱者。他告诉我："我认为
是有人故意放生河狸。"

　　但是，为什么英国人和美国人要把这种毛茸茸的、长着橙
色牙齿的啮齿动物作为河流修复的首选工具呢？河狸通过挖掘
运河和建造水坝创造更深的水池，这样它们就可以在更广阔的
区域寻找食物和建材，并且安全地躲避陆地上的捕食者。它们
的工程通过创造慢水区域来恢复河流的健康和功能。为了保护
城镇免遭洪水的侵袭，英国人正在放置河狸。在美国西部，人
们利用美洲河狸帮助抵御干旱甚至野火。我的朋友、加拿大记
者弗朗西斯·巴克豪斯（Frances Backhouse）说："无论是旱季
还是雨季，河狸都意味着更高的地下水位和地表水位。"[1]他是
2015 年引人注目的《它们曾经是帽子：寻找强大的河狸》
（*Once They Were Hats: In Search of the Mighty Beaver*）一书的
作者。

　　当动物的数量较多而人类的数量较少时，其他动物也在塑
造水的景观方面发挥了重要作用。为了防范蝇类，野牛挖掘或
扩大泥坑，使自己的皮肤沾满泥土。它们留下的坑洞充当了整
个景观的地下水补给池。草原犬鼠的地洞为地下水流提供了途

径，因为那里的景观很难有效地吸收雨水。[1]在佛罗里达州南部极其平坦的地表上，短吻鳄已经从灭绝的边缘惊人地恢复过来了。这种爬行动物的巢穴把一些地方抬高了几英尺，最终形成了被称为"硬木森林"的小山丘，不耐水的植物可以在上面生存。[2]但河狸和人类一样，是地球上最重要的水利工程师。

巴克豪斯还在人类与河狸之间建立了另一个不太讨喜的平行关系：我们都是控制狂。但是，我们对塑造水的最佳方式有着截然不同的看法。这在一定程度上解释了，为什么人类水坝会破坏水道，而河狸水坝却能使它们恢复健康。最简单的答案是，河狸的水坝影响了其他物种的演化。而在演化的时间尺度上，人类的大规模工程可以说是突然出现的。此外，河狸水坝较小，有一定的孔隙；水确实从中穿过——但速度比其他情况慢得多。而水虽然也会通过人类水坝，但很多水的释放时间与释放速度都不同于大自然的偏好。虽然河狸水坝看起来太小了，起不了什么作用，但就像其他的慢水方法那样，整个景观中的多个小工程加起来就会产生巨大的影响。河狸爱好者——水文学家、生物学家和生态学家，他们互相称对方为"河狸信徒"——正在通过一些侦探工作衡量河狸提供的生态效益和水利服务，并确定放生它们的好地方。

---

[1] 草原犬鼠也被称为土拨鼠，它们活跃于美国、加拿大和墨西哥，原产于密西西比河以西、落基山脉以东的北美大草原。——编注

河狸绒毛

要理解河狸的手工作品为何能产生如此强大的影响，我们不妨思考一下，在人类猎杀大部分河狸之前，这些景观原本是什么样子。当时河狸与水有着复杂而重要的关系。

在欧洲人到达北美之前，这片大陆上估计生活着6千万到4亿只河狸[3]，几乎占据了每一条河流源头。作为大自然最早的慢水工程师，河狸用它们的水坝塑造了北美洲，创造了一个比今天更潮湿的大陆；它们所到之处，水都会扩散和减速。河狸的池塘覆盖面积超过30万平方英里，将1/10的大陆变成了生态多样的富饶湿地，供养着许多其他物种——这是生态工程师的教科书般的行为。科学家通过卫星在加拿大艾伯塔省的北部发现了有记载的最长的河狸水坝，它的长度是2790英尺，是胡佛水坝的2倍。[4]

北美洲的许多原住民也猎杀河狸，但他们会限制自己的捕获量——理由是物种间相互依存的信念和对非人类灵魂的认可。根据《它们曾经是帽子：寻找强大的河狸》一书，这些价值观共同限制了他们的索取。有些群体甚至把河狸视为亲属，或者视为大家族的一部分。接下来，"500年前，随着外国的经济刺激和技术改写了交战规则，人类与河狸的关系发生了本质的变化"。[5]

随着欧洲的皮草商人到达北美，河狸的数量骤降，1900年时减少到不足历史上的1%。这并非偶然。19世纪中叶，哈得孙湾公司命令它们的捕手猎杀西北地区的所有河狸，创造了一个"皮毛荒漠"，从而排挤竞争对手。[6]引人入胜的《渴望：河狸惊人的秘密生活及其重要性》（*Eager: The Surprising, Secret Life of Beavers and Why They Matter*）一书的作者本·戈德法布（Ben Goldfarb）表示，北美洲的河狸数量下降到了10万只。[7]这种动物的消亡从根本上改变了北美大部分地区的管道系统。[8]如果没有河狸与河狸水坝，水会更快地流向海洋，冲刷河床，加深河道，减少慢水阶段，减少地表水可以补给含水层的空间。地下水位也会下降。北美的地貌变得更加干燥，生态多样性减少。

在大西洋另一边的英国，自石器时代以来，人们一直与巨河狸生活在一起。后来的人类与现代的欧亚河狸共享空间。随着一系列冰期的到来，人类与河狸都撤退到南方；在公元前9500年左右的末次冰盛期之后，两者都回来了。随着气候变暖，曾经的苔原变成了混交林，后来变成了"疏林"①——乔木和灌木混合在一起形成的部分开阔的植物群落。[9]埃利奥特在我访问德文郡时告诉我，在此期间，湿地动植物适应了河狸创造的栖息地。他说，以柳树为例，柳树在被河狸啃食后会重新发芽："林冠结构发生了变化，因为河狸正在啃食、放倒较老的树木，而年轻的树木又重新生长起来。随着河狸四处走动，植被也随着它们的活动而发生变化。"

---

① 混交林：树冠由两个或多个优势乔木树种或不同形态的乔木所组成的森林。疏林：有一定树荫但树冠密度没有达到阳光无法穿透的程度的森林。

但人类同样对木本植物感兴趣，早在公元前 4300 年左右的新石器时代，人类就开始砍伐森林作为耕地。快进到工业时代初，当时为了建造船舶和驱动蒸汽机，人们砍伐了大量的树木。大约在同一时期，英国人猎杀了最后一批本土河狸。

在冬季暴风雨期间，低地很容易发生洪水。移除树木与河狸加剧了这一问题，近年来，气候变化和发展问题造成了更严重的灾难。1862 年以来英国气象局的记录显示，10 个最潮湿的年份中有 6 个发生在 1998 年之后。[10]最近几年，英国的坎布里亚郡、约克郡的科尔德河谷、南威尔士和什罗浦郡都发生了破坏性的洪水。即使气候变化的影响较低，预计 85% 的有河流的英国城市（包括伦敦）洪水会增加。而如果气候变化的影响较高，一些城市的洪水量可能会增加一倍。[11]

在英国和北美，当河狸灭绝或几乎灭绝之后，人类加速了陆地上的水流，造成了对溪流与河流的更严重破坏，比如在西雅图。他们拉直了水道的曲流，甚至通过挖掘新水道来移走水道，使之更好地符合建筑红线。再加上过度放牧的牛羊把绿草连根拔起，以及动物在水道旁边站立几个小时的倾向夯实了土壤，最终你会发现河流彻底生病了。

河狸的消失持续了几代人的时间，这意味着今天的人们已经习惯了没有河狸的景观——事实上大致也习惯了没有大型动物的景观。这也是一种"基线偏移"现象。与其他动物共存、把空间还给它们、平等地对待它们的需求和人类自己的需求——这些想法在很大程度上受到主流文化的憎恨；在主流文化中，人类的霸权几乎是毋庸置疑的。

我们似乎也不喜欢变化。河狸的手工作品恢复了更自然的景观，但许多人认为它们给的补药显得很凌乱：树木被砍倒在溪流上，成堆的树枝形成的水坝就像清除式砍伐留下的残枝堆。但是，人类建造的整齐而笔直的河道是病态的系统。河狸水坝的"粗糙"——生态学家的说法——使慢水及其所有好处成为可能。迈克·赫拉霍韦茨和自然系统设计公司在西雅图的桑顿溪上精心放置的原木和碎石是在模仿河狸的作品——加州的米沃克人早先也是同样地模仿，目的是减缓陡坡上的水流，使其入渗到地下，并创造潮湿的微生境。[12]

对慢水的追求激发了桑顿溪恢复团队的灵感，也同样吸引了美国西部的河狸信徒。他们希望为当地的储水带来这些好处——这个目标比以往任何时候都更加重要，因为在很大程度上，如今的积雪和冰川无法捕捉到像前几年那么多的冬季水量。河狸水坝减缓了水流，沉积物从水流中掉落，抬高了河底的位置。最终，水会再次进入洪泛区，分散在整个景观中，减少冲刷、侵蚀和山洪。然后，微生物有时间分解污染物，水可以入渗到地下储存。

英国人仰赖河狸保护他们免受日益严重的大洪水的影响。暴雨使河水奔泻而下，而河狸水坝减缓了水流——科学家称之为"削减洪峰流量"。这类似于新型冠状病毒流行期间让曲线变平的原理：通过隔离，社会减缓了病毒的传播，降低了住院人数的峰值，最好是达到医护人员可以处理的水平。由于河狸水坝有一定的孔隙，滞留的大部分水最终会顺流而下。一些从池塘中蒸发，一些渗透到地下水系统，之后可能在更远的下游

再次进入河流。最终结果是，水流向下游的时间更长，降低了
巨浪溢出河岸和淹没城镇的可能性。

来自过去

在库克沃西，马克·埃利奥特借给我们长筒雨靴，我们开
着几辆车来到附近私人土地上的研究点，这片土地的主人是退
休的农民约翰·摩根（John Morgan）和伊莱恩·摩根（Elaine
Morgan）。河狸的领域是一块有围栏的7.4英亩土地，位于塔马
河（Tamar River）源头的一条支流上。我们从公路下来走了一
小段，进入一片田野。埃利奥特关闭了研究点附近的电栅栏，
我们跨过了一道阻止河狸"逃出生天"的铁丝网。

这个研究点被称为"西德文"，它以一条小河为中心，河
狸在小河上砍倒了很多树。旁边的柳树上有一些倾斜的咬痕，
它们在被咬后迅速地长出新的枝条。两个带 V 形缺口的金属测
流堰①横跨河流，一个测量进入研究点的流速，另一个测量离
开研究点的流速。这两个测流堰加在一起，追踪河狸减缓的水
流，以及减少的洪峰。溪流周围的地面已经被水浸透，深厚的
淤泥吸住了我借来的雨靴。水持续不断地从天空降落，但埃利
奥特没有戴上衣服后面的兜帽。大约45分钟后，他说："真好，
今天没下雨！"如果研究河狸，尤其是在英国，那么你会习惯

---

① 测流堰：用来控制上游水位或测量流量的过水建筑物，虽然名为"堰"（拦河坝），但在
　河源河道较窄处，它可以化为一块挡水板大小的设施。——编注

于被淋湿。

2011年，埃利奥特和他的同事引进了一对巴伐利亚河狸的后代，拉开了这个研究点的帷幕。国家政府的环保部门——英格兰自然署——授权了该项目。现在全国各地有多个围栏试验，包括北约克、康沃尔、埃塞克斯、萨默塞特、格洛斯特、坎布里亚、诺福克、西萨塞克斯和多塞特。西德文现在有5只河狸，2011—2016年间，它们在整个领土上建造了13座水坝，创造了13个池塘。通过减缓水的流速，使原来的河流横向扩散，它们已经把一个大约1000平方英尺的湿地扩大到2万平方英尺。这些池塘加起来可以额外容纳26.4万加仑的地表水。从那以后，河狸再也没有建造池塘，但它们继续调整水坝的高度和宽度，该地区的水量继续上升。

据说，土地所有者约翰·摩根告诉研究人员，研究点下游的公路过去经常在大雨期间洪水泛滥，但自从引入河狸后，这种情况再也没有发生过。储存在研究点的水也有助于在干旱时期维持水流。在2016年干旱的夏季，流入河狸"建筑群"的河流完全干涸。但仍然有水流出，使下游的河流保持活力。

埃利奥特最爱的是两栖爬行动物学，他就像一位自豪的父亲，兴高采烈地指着一团团青蛙卵，同时提醒我们不要踩到它们。它们看起来就像巨大的痰。河狸创造的湿地导致了物种数量和个体数量的大幅增加，青蛙卵是一个很好的指标。2011年项目开始的时候，埃利奥特只发现了10块青蛙卵；而在2016年，他数了580块。反过来，这种丰富的食物供应也吸引了青草蛇、苍鹭和翠鸟等动物。其他新返回和新增加的物种包括蝙蝠、褐头山雀、水生昆虫和其他无脊椎动物。植物群落也发生了变化。埃利奥特说，由于河狸砍伐了柳树，该地区变得更加开放，苔类植物和草原植物得以回归。他特别兴奋地看到紫色沼泽草等物种重新定居，这是罕见的草原生境——当地人称之为Culm——的特征。[13]

*

在我们参观完西德文最好的河狸作品后，埃利奥特离开去接他的孩子。彼得和我开往东南方向的英吉利海峡，想要参观游击河狸的领土。我们沿着一条只容得下一辆车的小路行驶。几个世纪以来，这些曾经是泥土的车道已经被夯实，下陷到比被它们分开的田地更低的位置。沿着田野排列的树篱把我们带向"隧道"深处，更增添了一种局促的感觉；我们加速驶过狭窄的拐角，突然遇到了一辆飞快驶来的本地汽车，局促的感觉变成了肾上腺素飙升。这里的一切似乎都被严格控制，没有什么多余的空间。

最后，我们穿过了奥特河，来到奥特顿磨坊——这里的水车已经转动了千年之久。今天，水车仍然在磨面粉，并且作为一个咖啡-餐厅-艺术中心的核心。磨坊位于奥特顿村的一端，这是一个只有几条街道的古老的英国村庄。我们在这里见到了埃利奥特的一位同事，"奥特河河狸试验"的现场工作人员杰克·钱特（Jake Chant）。他肌肉发达、笑容灿烂、语速很快，永远可以应对河狸的紧急状况。当他不在办公室的时候，他的电子邮件自动回复是这样的："如果你需要河狸管理的紧急支援，请拨打我的号码……"

他在咖啡馆里拉出一把椅子坐下，回应了我在开车时的印象："大自然在这里真的没有一席之地。"很难想象有什么景观比英国的乡村更容易被人类修饰。"即使我们的国家公园也不是真正的荒野。它们只是一堆农田，人们暂停开发的农田。"

在这种气氛下，我们谈到了计划外的河狸。当视频证明了它们的存在时，英国政府谋划将它们赶走，理由是它们是"非本地动物"。正是这种态度一开始导致了游击河狸。当地人表示抗议，请愿让河狸留下来。德文郡野生生物基金会也加入其中，帮助说服行政人员将这些河狸作为英格兰自然署授权的官方试验的一部分。他们与埃克塞特大学的研究人员合作，获得了有条件的批准；这是一项为期5年的研究，到2020年结束，覆盖奥特河流域近100平方英里的区域。2015年，这条河容纳了2个河狸家庭，由9只河狸组成。钱特说，现在河上有18个家庭，还有几个授权引进的家庭，目的是增加它们的遗传多样性。钱特追踪了从河口到源头长达40英里的河狸活动。

他说，河狸探索了整个流域的河流。优质的食物，比如它们最喜欢的柳树，似乎是它们选择定居点的重要因素。在最初的几年，河狸生活在河流的下游，那里的水很深，因此它们没有建造水坝的激励；它们在河岸上挖掘自己的家。最近，随着它们的数量增加，年轻的河狸开始寻找自己的家园，它们搬到了较浅的地区，并开始在河流源头建造水坝——在这里，它们的工作更有可能保护下游的人类免受洪水的侵害。大约一半的河狸家族已经建造了水坝，大部分在上游的支流。

　　埃克塞特大学发表的"奥特河河狸试验研究"发现，河狸数量的增加以及河狸的工程活动，对野生动植物、鱼类、生态旅游和清除水中的污染物都有正效益。[14]埃利奥特的西德文研究点的13座水坝[15]，以及奥特河上游东巴德利村的6座水坝，显著地降低了洪峰流量[16]。在暴风雨期间，河狸水坝建起来之后，离开研究点的洪峰流量平均减少了30%。即使在隆冬土壤被水浸透的条件下也是如此。在英国多个河狸研究点的后续研究得到了类似的结果。即使在大暴风雨期间，河狸水坝仍然减少了洪水。事实上，在2015年12月的"法兰克"风暴期间，西德文的水坝效果更明显：流出量只有流入量的1/3。[17]

　　2020年，政府决定，奥特河的游击河狸可以留下来，结论是："为期五年的试验给当地地区和生态带来了大量好处，包括改善了当地野生生物栖息地的环境，创造了湿地生境，降低了下游房屋的洪水风险。现在它们被允许永久定居在那里，并继续扩大它们的活动范围，根据自己的需要寻找新的定居点。"[18]

　　德文郡野生生物基金会很高兴，他们在一份声明中说："这是一个里程碑式的决定，也是英格兰环境和动物保护史上最重要的时刻之一。这是法律第一次批准将一种已经灭绝的本土哺乳动物引入英格兰。"[19]与此同时，游击河狸仍在继续。除了奥特河，肯特郡、北萨默塞特和威尔士的河流上也发现了自由生活的河狸种群。在写这篇文章的时候，英格兰自然署正在规划一项战略，管理野生河狸，如果有可能就进一步把它们放生到整个英格兰的野外。

如今，河狸的重新引进在欧洲各地也越来越受欢迎。英国恢复主义者的灵感来自德国巴伐利亚的工作。苏格兰也在重新引入河狸，在河狸消失了几个世纪后，苏格兰在2016年正式欢迎它们回归，并在2019年给予它们法律保护。在苏格兰，这些动物在阿盖尔的纳普代尔森林和泰河（River Tay）沿岸过着自然的生活。包括在英国的河狸，整个欧洲的欧亚河狸估计只有120万只。[20]美国西部的河狸信徒也启发了英国人，尽管美国人主要感兴趣的是让这些动物解决相反的问题：干旱。

华盛顿州的河狸梦

"我们找到了一只！"这是9月一个晴朗的周三，早上7:30刚过，图拉利普（Tulalip）部落的助理野生生物学家大卫·贝利（David Bailey）喊道。他微笑着，稀疏的胡须里露出了酒窝，他刚搜寻完西雅图北部一条布满针叶树的郊区街道尽头的一个小池塘。他的同事莫莉·阿尔维斯（Molly Alves）和我从他们那辆又大又破的雪佛兰萨博班后座上穿上胶靴，穿过泥泞的地面，走到斯蒂克尼湖（Stickney Lake）附近的水池边。斜长的晨光温暖而柔和，映衬出池塘里的黄色落叶和香蒲。睡莲点缀着湖面。贝利来自华盛顿州东部，而阿尔维斯来自更遥远的地方，几年前从佛蒙特州搬到这里，担任图拉利普部落的野生生物学家和资源经理。他们一起弯下腰，抓住一个大笼子的把手，吃力地把这只沉重的动物从水里拉出来。

河狸被装在一个金属丝袋中，带框架的横梁用于提升和移动。阿尔维斯和贝利抬着河狸，艰难地穿越灌木丛。河狸正在一点点地移动，显然很担心，却并不慌张。他们来到我身边，停下来休息。"你一直在吃！很好！"阿尔维斯说，她指的是河狸肥胖的身体。阿尔维斯把修长的直发梳到肩后，非常老练地打量着他①，估计他可能有 50 磅重。河狸挪了挪身子，朝我看了一眼，然后向我展示他的侧面。

他臀部朝下坐着，扁平的尾巴伸到了前面，有蹼的后脚和尖长的爪子位于上方，茂盛的皮毛从笼子里伸出来。他的小前爪拢在胸前，仿佛是在祈祷。他的鼻子似乎比他的前肢还要大，而我能看到他的小眼睛，深褐色，半眯着。阿尔维斯推测说，他可能是累了，因为他花了一晚上时间试图逃离陷阱。她说我可以摸摸他，于是我伸出一根手指，触摸了他的粗壮的尾巴。它给我的感觉有点像蛇皮，质地细腻，有填充图案，而且很有生命力：结实，有一点点弹性。他漂亮的毛皮闪闪发光，上面有黑色和棕色的波浪形阴影，柔软得令人难以置信。但他的毛发比兔子或猫的更粗糙。虽然我反对皮草，但我很容易理解这种动物的令人惊讶的毛皮的吸引力，以及它是如何推动了时尚的狂潮，导致河狸几乎灭绝。

英国的河狸非常稀少，恢复主义者必须从欧洲进口；不同的是，北美的河狸在人类的攻击下成功地生存了下来。如今，他们的数量还在增长。虽然没有联邦机构系统地调查这种动

---

① 这里表示男性的"他"都是指雄性河狸。

物，但作者戈德法布说，生物学家估计，今天北美大约有1500万只河狸。不幸的是，返回家园的河狸经常会遇到麻烦。在他们几乎消失的几个世纪里，另一种动物——人类——搬进了他们的首选栖息地。在有些地方，这两个物种之间的休战仍然难以实现，所以生物学家像阿尔维斯和贝利一样捕捉河狸，把他们安置到更偏远的地方，从而更好地发挥他们的技能。

另一个共同点是，河狸与人类都倾向于生活在相同的地方——靠近水的平原。当欧洲的捕手到达这里时，河狸最集中的地方是低洼、宽阔的河谷。捕手迅速杀死这些动物，大片的湿地干涸了。这些平原对农民非常有吸引力，因为几千年的洪水泛滥使它积满了淤泥。定居者搬进来，抽干了剩余的湿地，引水灌溉作物，引入了吃草的牛羊，杀死了捕食性动物（它们会阻止食草动物前进），从而加剧了干旱。随着时间的推移，商业街、住宅区和机场取代了部分农场和牧场。[21]

和人类一样，河狸以家庭为单位生活，共同努力提供自己的食物和住所。幼崽与父母一起生活几年，在水坝和巢穴里工作，砍伐树木作为食物和建材。然后在两岁的时候，年轻河狸就该出发了——去寻找伴侣，在别的地方组建家庭。[22]在这个过程中，他们有时会与人类发生冲突，当河狸淹没了田地或房屋，或者砍倒了人们最喜欢的树，人类就会感到不满。

*

许多河狸因为人类的欲望而付出了生命的代价，但早在20世纪20年代，美国西部的野生生物管理人员就开始重新安置

"问题河狸"，以利用他们修复流域的技能。1950年，爱达荷州渔猎部的埃尔莫·W.赫特（Elmo W. Heter）在《野生生物管理杂志》（*Journal of Wildlife Management*）的一篇论文中写道，河狸"在改善捕猎、鱼类和水禽的栖息地方面做了很多贡献，并在流域保护方面发挥了重要作用"。[23]

　　然而，当时的爱达荷州缺乏通往偏远地区的道路，河狸的重新部署受到了一定的限制。爱达荷州渔猎部受到"二战"空降师的启发，想出了一个解决方案：把河狸空投到荒野中。野生生物管理人员搭建了一个可以在着陆时解体的板条箱。他们用假的重物做了实验，然后征募了一只年长的雄性河狸作为测试对象，"我们亲切地给他取名为'杰罗尼莫'"，赫特写道。他们一次又一次地把他扔下去，确保该系统能够正常工作。"每次他从箱子里爬出来，旁边都有人把他抱起来。可怜的家伙！他最终听天由命，只要我们一靠近他，他就会爬进箱子里，准备再次升空。"（也许他喜欢天上的风景，也许他享受降落的快感？）

　　研究人员认为，杰罗尼莫理应得到应有的奖励："你可以肯定，杰罗尼莫可以优先登上进入腹地的第一艘船，而且有三名年轻雌性与他同行"，赫特写道。"即使到了那里，当他的后宫忙于观察新环境时，他仍然在箱子里待了很长时间。然而，后来的报道显示，他的殖民地建设得非常好。"1948年秋天，研究人员在爱达荷州的山区投放了76只河狸，仅有1只死伤——当板条箱还在空中的时候，这只河狸设法钻出了板条箱。

　　加州渔猎部（后来更名为加州鱼类和野生生物部）一直将

河狸作为流域工程师来部署。从 1923 年到 1950 年，工作人员将 1221 只河狸分配到全州的流域。[24] 加州渔猎部的生物学家唐纳德·塔佩（Donald Tappe）在 1942 年的一份报告中解释了原因："现在人们知道，一些地方的土壤侵蚀和缺水是由于河狸遭到了破坏——河狸

图4.1　"加利福尼亚忙碌的河狸"海报
© California Department of Fish and Wildlife

以前在许多河流的上游修筑并持续维护水坝。"[25]

　　加利福尼亚的野生生物管理人员受到爱达荷州同事的启发，用降落伞把最后一批河狸部署到萨克拉门托与塔霍湖（Lake Tahoe）之间的埃尔多拉多国家森林。1950 年的一张海报是一幅可爱的线条画，一只河狸（不再借助板条箱）搭着降落伞跳入荒野，背景是群山、河流、鹿以及正在建造水坝的其他河狸。配文解释说："加利福尼亚忙碌的河狸"正从农场转移到山区，从而"为鱼类、野生生物和农业节约水"。[26]

河狸的绝地念力①

尽管有这样的历史，但如今面对"问题"河狸时，许多人的第一反应仍然是杀死它。一家被委婉地称为"野生生物服务"的美国联邦机构声称，自己的使命就是"解决野生生物冲突，使人类和野生生物能够共存"。[27]但在实践中，野生生物往往不复存在。该机构报告称，2020 年它在 43 个州杀死了近 2.6 万只河狸。[28]普通公民也有权杀死自己土地上的河狸。

然而，在大多数情况下，杀死河狸只是权宜之计。"清除河狸只是为路过的下一个河狸家族开辟了最理想的栖息地"，阿尔维斯说，"我们总是告诉土地所有者，抓捕是用短期的措施应对长期的问题。如果现在有河狸，以后还会有河狸。"

阿尔维斯等河狸信徒坚持不懈地尝试缓和人类与河狸之间的关系。河狸与人类都有领地意识。然而，如果人类与河狸能够在水利问题上达成共识，我们就可以像邻居一样和平共处很多年，直到河狸吃光所有食物，或者它们的池塘被淤塞。为了降低水位，从而避免淹没人们关心的东西，一个关键的工具是池塘调平器②，又名"河狸欺骗器"。它的发明者是一位在河狸

---

① 绝地念力，电影《星球大战》中的技能，运用原力在目标的思维里制造幻觉，迷惑并误导对方。

② 池塘调平器的目的是在河狸存在的前提下限制池塘的最高水位。它通常是穿过河狸水坝的一根巨大的管道，一头连接着水坝下游，另一头直接沉入上游的水中，管道口有一个金属笼子，以防管道被河狸用淤泥或枝条堵塞。——译注加编注

圈因该装置而闻名的野生生物管理人员，即佛蒙特州的河狸牧人，基普·莱尔（Skip Lisle）。

为了看到这种工具的实际应用，我访问了华盛顿州金县郊区靠近伊纳姆克洛镇的大春溪（Big Spring Creek）。带我参观研究点的人是"西北河狸组织"的两名河狸牧人，这是一个在河狸与人类之间进行和平条约谈判的NGO。他们是本杰明·迪特布伦纳（Ben Dittbrenner）[29]，该组织的联合创始人与生态学家，他发起了图拉利普部落的重新安置项目；以及埃莉莎·克尔（Elyssa Kerr），一位恢复主义者和环境教育家，现在是该组织的执行董事。他们在大春溪的工作是金县与美国陆军工兵部队合作的一个项目的一部分，该项目旨在恢复受威胁的银鲑的栖息地。

我爬进迪特布伦纳那辆灰色帕萨特的后座，旁边是一个儿童安全座椅。车顶上的一个货箱里装满了这个行业的工具：带有测量水流仪器的金属杆，以及土豆搂耙——一种带齿的锄头。我们往南行驶，很快就出了西雅图，行驶在充满绿意的高速公路上，穿过了一些小镇。我们把车开上一条小路，停在一个小农场旁边。迪特布伦纳已经长出了白胡子，他打开后备厢，让我们穿上必要的装备。我穿上了克尔带给我的涉水裤。这件性感的衣服是湿地生态学家的必需品，它是一条防水的裤子，几乎高到腋窝，用背带固定。克尔穿着她的坎贝拉牌涉水裤，金色的头发编在一边，看起来很优雅。她从前面的口袋里拿出手机，手机装在塑料袋里，以便安全地在水上做记录。涉水裤的裤子部分像睡裤一样，其材质是防水氯丁橡胶。除此之外，脚部还有结实的工装靴风格的靴子——同样是防水的。最后，迪特布伦纳为我武装上土豆搂耙，我感觉自己像是在重演格兰特·伍德（Grant Wood）的《美国哥特式》（*American Gothic*）①。我们沿着那条路走了半英里，穿过比我们头还要高的肆意蔓延的金丝雀草，来到河流边。我很快就发现了土豆搂耙的一个重要用途：它可以作为测量水深的仪器，在测量前方深度的时候，它可能会突然沉入看不见的裂缝中。

迪特布伦纳告诉我，最开始这个地区有一个巨大的河狸建筑群。农民搬进来的时候，他们排干了剩余的湿地，把河流向上移动到农田的边缘，导致了经常性的洪水。这是选择该地区作为鲑鱼栖息地修复的原因之一，也为解决洪水问题。修复工程为慢水提供了额外的空间，从而减少了整体的洪水。但河狸的工作最终也淹没了邻近一位土地所有者的农田的边缘。这时政府机构打电话给西北河狸组织，希望让河狸与人类都满意。

这是完美的一天，初秋的湛蓝晴空下残留着夏日的低语。当我们靠近河流时，走路变得更加困难。就在 6 年前，这片土地还是一片开阔的农田，被一条笔直的沟渠截断，沟渠两边是光秃秃的河岸。恢复者修复了河流的曲线，为慢水创建回水池。他们在河岸上种植了几千棵柳树，柳树后面还种了赤杨，他们在河道上扔了一些原木，模拟树木倒在溪流上的自然系统。对河狸来说，这里突然有了家的感觉。

"河狸马上就要搬进来了。"迪特布伦纳说。

---

① 格兰特·伍德的一幅油彩画，画面是一个老农民站在他女儿身旁，农民手中握着一把三齿草叉。这幅画被认为是美国文化的象征。

岸边的柳树已经很茂盛了，我们必须蹲下身子才能走过去。在每根树枝的咬痕周围，都有几根新的小树枝呈扇形展开——马克·埃利奥特在德文郡向我展示过同样的画面。带刺的松树、野生的本地玫瑰，以及黑莓，扎住我们的衣服，刺破我们的皮肤。无法前进的时候，我们涉入河流，河水被单宁①染成了茶色。我小心翼翼地往前走，挥舞着土豆搂耙作为眼睛，踩在水下看不见的原木上，然后落入底部有淤泥的深洞。这显然不是为人类设计的环境。穿越它既是身体上的消耗，也是精神上的消耗。

在河流沿岸的不同地点，克尔和她的工作人员已经安装了池塘调平器：黑色的波纹塑料管正好位于水下。它使水可以通过水坝或河狸制造的其他障碍物，部分排干池塘，降低水位，从而减少附近的洪水。麻烦的是，如果河狸听到水流的声音，它们就会堵住这个洞。为了避免这种情况，管道的出口需要位于水下，在那里它不会发出声音。这可能很难，因为水位会随着季节自然波动。在某些情况下，河狸信徒会在出口周围建造一个牢不可破的笼子，沮丧的河狸最终会接受它们无法阻止声音。我参观的研究点的管道两端有几个圆柱形的笼子。

然而，与这些动物打交道从来不是生搬硬套。河狸有个性，有不同的脾气和癖好。和人类一样，它们擅长解决问题，很容易适应不同的情况。"一旦它们学会了克服人类的干预，它们就会每次都重复同样的事情，并教给它们的下一代。"迪

---

① 植物中的一种化学成分，又称"鞣质"。

特布伦纳很钦佩地说。

河狸不断地给与之打交道的人带来惊喜。虽然一般情况下它们需要的是树木和水，但也有人发现它们生活在草原和苔原上，甚至是在干旱的沟渠里。在没有很多植被的开阔农业地区，迪特布伦纳看到它们用金丝雀草建造水坝，它们把金丝雀草连根拔起。它们从水坝上方开采泥浆来包裹金丝雀草，"因为这里有最慢的水，泥浆正在沉淀，所以能够补充泥浆的供应"。他解释了它们的技术："它们游到下游，抓（一些泥浆），把它放在胸前，然后往上方移动，它们用脚走动，尾巴像一个小支架，这样它们就不会向后倒。然后它们把泥浆塞进水坝里。"

迪特布伦纳和克尔向我展示了河狸在这条河上建造的一个较大的水坝。在它们创建的池塘表面，阳光在花粉的丝状漩涡上舞动。迪特布伦纳说，当河狸使用它们喜欢的媒介（木材）时，它们是专业的工匠："当你把水坝扯断，你会发现它各部分神奇地交织在一起。"它们并不只是把一堆木棍匆忙拼凑在一起。"它们迅速熟练地插进去一根，然后制作另一根木棍，也同样熟练地插进去。木棍像是会自然而然地编织起来。"

后来，在走回车里的路上，我们穿过一小片开阔的草甸。虽然我们选择了一条距离小溪大约30英尺的草地小径，但那片土地上都是沼泽。河狸创造了这个高水位，地下水被推上地表。这样的栖息地在很多地方已经被人类消灭。在美国，超过1/3的濒危或受威胁物种依赖湿地。[30]对于为适应气候变化而迁徙的物种，河滨的植被走廊尤其重要。红翅黑鹂从这片林中空地上掠过，它们的红色方格①闪闪发光。我们发现了一个用草编织的小巢，固定在一根芦苇上。香蒲"玉米肠"②正在分解，释放出苍白的绒毛。一只翠绿的太平洋树蛙用四肢抓住一根布满黄花和灰绿地衣的树枝。树蛙的黑色斑纹从她琥珀色的眼角向下倾斜，向我们眨着眼睛。

迪特布伦纳说，幸运的是，当河狸重新创建这个栖息地时，还有足够多的湿地，本土物种很快就会重新占领这些地区。"从一片湿地到另一片湿地，生命孕育的速度极快。"阿尔维斯也看到了这种现象。她告诉我，图拉利普部落的工作人员在可能重新引入河狸的地点附近设置了狩猎摄像机，一年内只追踪到了几只松鼠。在重新引入河狸"两年后，有山猫、熊、美洲狮、水獭和鲑鱼回到其中一些地点"。

不过，要让大春溪的人类邻居满意，还需要不断地修补。克尔解释说，其中一些是因为害怕变化，而不是因为实际问题。很多人"看到河狸进入一个地区，就会感觉惊慌失措"。这种反应向迪特布伦纳提出了问题："我们的长期管理战略是什么？我们是否要在每条河流上安装管道？"容忍和适应双管齐下时，效果会更好。大春溪的人类邻居只能接受水位上涨6英寸，这需要严格的控制，他哀叹道。如果他们能接受哪怕1英尺，管理人员就会有更大的灵活性。一些小事情可以让河狸与自然系统有更多的自由空间来发挥他们的魔力——比如建造一个小小的戗堤，把水从脆弱的土地上引开；或者偶尔允许草

---

① 指的是红翅黑鹂雄鸟翅膀上标志性的一撮红色羽毛。——编注
② 香蒲的花穗的形状很像玉米肠。

坪上有一点水，而不是要时刻都能把这些水排走。

迁移日

在人们完全不喜欢河狸的地方，阿尔维斯和贝利这样的野生动物管理人员就会重新安置河狸——这正是他们处理我在郊区遇到的河狸的计划。但是，人类对河狸的不容忍并不局限于地理位置。有些人反对重新安置河狸，因为他们担心水坝会阻挡鲑鱼的洄游。阿尔维斯认为这很荒谬。河狸与鲑鱼一起演化。越来越多的研究表明，作为生态系统工程师，河狸有助于鲑鱼种群的繁荣。他们创造了干净、凉爽的池塘，并扩大了产卵的砾石区。如果小鱼在河狸池塘里待上一段时间，它们会生长得更快，并且更健康地到达大海。

事实上，鲑鱼也有助于形成健康的河流。为了筑巢产卵，一条雌性鲑鱼侧着身子，上下甩动尾巴，搅动河底的砾石，让水流把砾石带到下游。这个动作在河底生物带创造了一个大约1英尺深的坑。而被挖出来的材料在下游形成了一座小土堆。一条雄鱼冲过来给卵受精，雌鱼向上游移动一点，挖了另一个坑，同时摇摆着盖住了第一个坑里的卵。在整个河床上，这些巢穴看起来像滑雪场上的一系列雪堆。[31]水生生态学家模拟了这些挖掘数百万年来的影响，得出的结论是，产卵可能使一些河床降低了30%，显著地改变了河道与水流。[32]

然而，人类对鲑鱼的担忧继续困扰着人类与河狸的关系

——这种恐惧有点讽刺，因为人类的水利工程和陆地开发使它们岌岌可危。阿尔维斯和贝利只好捕捉那只雄性河狸，因为州政府出于对鲑鱼的考虑，禁止用池塘调平器减少斯蒂克尼湖附近的洪水，他们认为鲑鱼在低流量时无法通过河狸水坝。阿尔维斯说，这种观点忽视了科学。她承认，鲑鱼在低流量时确实无法通过，但"这就是为什么它们在下雨时就会开始洄游"。

她断言，人类建造的基础设施才是真正的罪魁祸首。人们用涵洞限制河流，大大减少了鲑鱼移动的空间。然后，"河狸在涵洞里建造水坝——涵洞这个小管道是你塞在河流里的——是的，水坝将阻止鲑鱼逆流而上"。阿尔维斯补充说："我们总是在'讨厌的河狸'两边加上引号，因为他们并不讨厌。是人类的基础设施让它们陷入了人类的价值困境。"

2012年，华盛顿州议会通过了一项法律，允许在喀斯喀特山脉以东放生河狸，但不允许在该山脉以西放生。因此，华盛顿州西部早期的一些河狸安置项目是在部落和联邦土地上进行的。部落是主权国家，他们可以决定是否允许在自己的土地上放生河狸。图拉利普部落是最早尝试这样做的部落之一，他们的动机是恢复鲑鱼的洄游。迪特布伦纳曾经与他们一起工作，并开发了现在由阿尔维斯管理的河狸安置项目。2017年以来，州法律也被修改，允许在山脉西部重新安置。如今，阿尔维斯的团队获得了美国国家森林局的授权，可以在斯诺霍米什流域的土地上放生河狸。他们也希望扩大到州内的土地。他们在这些区域内寻找合适的地方：河狸能够找到它们需要的原料，河狸的劳动可以修复河流的水文。

　　这只大河狸安静地坐在雪佛兰萨博班的后座，为了减少刺激，笼子上盖着一张床单。我们开车前往占地2.2万英亩的图拉利普部落居留地，4900名成员中有一半以上住在那里。它有一系列居民区和一座精美的行政大楼。它还有一个鲑鱼孵化场，这是我们今天的目的地。每年这个时候，鲑鱼都已经被移出了长长的混凝土通道。这将是河狸的临时家园。团队已经在水面上搭建了供河狸睡觉的临时平台，还提供了一些筑巢的材料。树枝装饰着混凝土通道里的水，作为零食和模拟的栖息地。由于河狸以家庭为单位生活，该团队把它们关在这里，直到河狸成家团队能抓住整个大家庭重新安置。单身的河狸会与一名异性生活在一起，让它们在前往新家之前有机会配对。人类红娘有时并不成功。有些河狸相处得不好，所以不得不与别的河狸再尝试一次。工作人员将在检查后决定他们的命运。

　　首先，阿尔维斯和贝利标记大河狸。阿尔维斯踩在笼子的一边，让河狸的头偏到笼子对面的角落，这时他们可以用彩色的饰带刺穿他的耳朵。这家伙是他们在2019年抓到的第42只河狸，所以他是19-042号。注入他左耳的荧光橙色标签代表"4"，右耳的荧光蓝色标签代表"2"。这样一来，他们以后就可以在野外识别他，而不需要重新抓捕。为了正在进行的基因研究项目，他们用镊子拔下了一小撮头发。

　　然后是确定这只河狸的性别。虽然阿尔维斯、贝利和我一直用男性代词"他"称呼河狸，但通过观察不可能知道河狸的性别。为了找到答案，你必须近距离接触。这个过程非常精细，他们引导河狸从笼子里出来，进入一个"河狸袋"，这是一个圆锥形的帆布管，顶端有一个像蛋糕裱花袋一样的孔。只不过它的开口并不是为了抹霜糖，而是为了让河狸呼吸。他们把河狸裹得严严实实，这样他就不会挣扎得太厉害。然后他们请我坐在一个牛奶箱上，抱着这个又大又重又暖和的"婴儿"——同时他们开始检查性别——并建议我的手远离牙齿区域。

阿尔维斯指导贝利在哪里施加压力，从而把肛门腺体从泄殖腔中推出来——泄殖腔是一个用于排泄废物和繁殖的孔。贝利开始挤压，一股苍白的液体从里面拱出来。阿尔维斯说，这是尿液，而不是鉴定性别的黏性物。这时出现了大量的尿液。我的手臂尽量远离泄殖腔，希望避免考验我外套的防水性能，同时尽量控制住这只沉重的动物，也尽量不要让贝利的手远离他的目标。最后，他用挤牛奶的手法暴露出河狸的腺体，释放出河狸香囊中的油——河狸香囊曾经是一种珍贵的商品：被作为药物，或者作为香水的基础成分。研究人员通过颜色、黏性和气味来判断河狸性别。"陈干酪"代表雌性，"机油"代表雄性。

"啊，这就是我工作的魅力所在。"阿尔维斯一边笑着，一边用纸巾吸了一点油。判断河狸的性别是一种奇怪的才能。"每次你要告诉别人自己的日常工作时，这确实有点奇怪，有点让人脸红。"她说。我们每个人都小心翼翼地闻了闻：味道并不可怕，但几乎到了可怕的程度。这种刺鼻的气味确实有点像机油。本周早些时候他们在同一个湖里抓住了几只河狸，一个母亲和两个"青少年"；这一只很可能是那个家庭里的父亲。他将与家人在孵化场团聚几天，直到阿尔维斯安排好安置地点。

　　如今，阿尔维斯正在美国西部的其他地方分享她的奇特才能，以及关于河狸的其他知识。加州流传着一种误解，即河狸从来都不是该州的本土动物，因为当一本有影响力的本土动物指南出版时，它们已经被猎杀完了。加州的河狸信徒正在与这种误解作斗争。加州的部落处于领先地位——就像前面的华盛顿州的部落一样。图勒河部落（Tule River Tribe）的土地位于加州中部的红杉国家公园的南部，阿尔维斯告诉我，他们已经联系了图拉利普部落，寻求关于河狸恢复的建议。图勒河部落已经获得了美国鱼类和野生生物管理局的拨款，开始了河狸安置的试点项目。在接下来的一年左右，工作人员将评估居留地的潜在安置点；从2022年开始，他们将把少量河狸重新安置在这些地区。阿尔维斯说，加州还有大约15个部落对重新安置河狸"表示了浓厚的兴趣"。图勒河部落的试点研究将确定如何做到这一点，并"有望为其他部落提供先例。这是非常令人兴奋的事情！"。

抗旱力量

　　在美国西部重新引入河狸的一个主要目标是治愈生病的河流，从而增加地表和地下的慢水。一门很年轻的学科证明了河狸的水文效益，但该学科是一个活跃的研究领域。2015年，研究人员发现，平均每个河狸池塘包含110万加仑的水，此外地下还储存着670万加仑的水。[33]河狸建筑群甚至可以作为防火带，抵御气候混乱造成的特大火灾。[34]考虑到干枯的植物是易燃的火种，河狸的大量回归可能有助于减少火灾，原因是它们可以为植物提供更优质的水，池塘蒸发和植物蒸腾也会产生更多的水蒸气，促进当地的降雨。

在一个气候变暖、积雪减少的世界里，减缓地表和地下的水流尤为重要，这在华盛顿州已经成为一个问题。如果气候状况不变，预计到2080年，喀斯喀特山脉将失去几乎全部的积雪。[35]"这是令人不安的，因为积雪是许多山区河流在夏季流动的主要原因。"迪特布伦纳说。为了他的森林与环境科学博士学位[36]，迪特布伦纳曾经研究了重新引入河狸如何弥补受气候变化影响的供水。他在两年半的时间里重新安置了71只河狸，并跟踪了它们新居的储水量变化。

平均而言，迪特布伦纳研究的河狸在地下储存的水比它们在地表储存的水多1.4倍。一个特定地点的储水量取决于海拔、地形、岩石和土壤类型、降水模式，以及土壤和植物释放的水蒸气。

另一个重要发现是，河狸对以雪为主的流域和以雨为主的流域有不同的影响。迪特布伦纳发现，在雨水流域，随着气候的变化，河狸的储存能力将使夏季的可用水量增加20%；而在雪水流域，这一比例最高为5%。两者之间的差异，主要是因为雨水流域往往是更宽阔的平原地区，相比于积雪的陡峭山涧，河狸有更多的空间来储存大量的水。此外，最小的坡度降低了水流的速度，延长了持水时间，增加了地下水的入渗。

虽然河狸在雪水流域的5%的贡献听起来微不足道，但实际上意义很大：一个流域中的水超过40亿加仑。迪特布伦纳估计，仅仅一个流域的储水量就达到了服务于西雅图的托尔特水库的1/4。在更远的内陆地区，由于降水模式不同、栖息地空间增大，河狸可能会储存更多的水来取代曾经的雪，减缓陆地上的水，并在旱季将其输送给人们。

*

　　北加州的研究人员也一直在研究河狸对地下水补给的贡献。我有幸看到了科学家在蔡尔兹草甸收集数据。蔡尔兹草甸是拉森火山国家公园附近的一处高山景观；20世纪30年代，我的曾外祖父曾在蔡尔兹草甸附近的米纳勒尔小镇建造了一座小木屋。我几乎每年夏天都会来这里，非常了解这个地区。2019年6月，我的家庭度假正好与研究人员的实地考察撞在一起。

　　事实证明，我一直喜欢的高山草甸状况并不乐观。一个多世纪以来，牛一直在此地放牧，河流被拉直，土地变得比以往更干燥。我一直以为高山草甸是干燥的草地，但加州大学戴维斯分校流域科学中心的研究水文学家萨拉·亚内尔（Sarah Yarnell）说，事实上，它们是湿地。在移走河狸与柳树、引入牧牛之后，像这样的高山草甸从季节性泛滥的、带有辫状河道的土地变成了主要是切入土壤的单一渠道的土地，这产生了广泛的后果——不仅对于水，也对于温室气体排放。落基山脉的一项研究估计，河狸草甸曾经储存了这类景观中大约23%的碳。由于人们猎杀河狸，潮湿的草甸变成了干燥的草地，碳储存量下降到今天的平均8%。[37]

蔡尔兹草甸大约有550英亩，开车沿着旁边的公路驶完全程需要15分钟。当我看到远处的人们时，我停下车朝他们走去，穿过一片青草和胶草——淡绿色、红色、深棕色、亮绿色——这些物种取决于海拔高度和地下水位的微小变化。沿着地平线，杰弗里松、兰伯氏松和杰克松环绕着草甸。在更远的地方，还可以看到白雪覆盖的山峰。现在是6月，高山的花朵正在绽放：可爱的金色的金凤花、毛茸茸的粉红色的石薇花，在树的根部，蜡红色的赤雪藻[38]从松针状的绒毛中钻出来。我小心翼翼地避开牛粪，欣赏着宛如长春花的蓝色蝴蝶。

研究人员正在比较4块以不同方式使用的土地，评估它们的碳储存能力、持水能力以及作为敏感物种栖息地的能力。在第一块，牛仍然在草甸的一部分自由吃草。在第二块，研究人员用栅栏使牛群远离格恩西河。在第三块，科学家种植了柳树，并建造了类似于人类水坝的河狸水坝模拟物。最后一块，在草甸的远端，河狸回来了，并建造了真正的河狸水坝。

内华达山脉有17039个草甸，仅仅南部的草甸总面积就达到了191900英亩。蔡尔兹草甸不同于其他的草甸，因为它拥有非常多孔的火山土壤。（拉森火山是喀斯喀特山脉的最南端。）另一方面，内华达山脉的草甸有致密的花岗岩，地下水不容易渗透。然而，这项研究为管理高山草甸提供了更广泛的意义。亚内尔告诉我，这些生态系统是加州山区2/3的本土物种的重要栖息地，因为它们在旱季时有水。像喀斯喀特蛙和柳纹霸鹟这样的濒危物种，人们只在河狸创造的草甸湿地中看到过。

对于供水来说，健康的高山草甸也是健康的下游的第一步。到目前为止，高山草甸的储水量远远少于中央谷地的巨大蓄水池。但亚内尔认为，时机很重要。高海拔地区的降雪在春季或夏季融化，使草甸湿润，水流减慢，不断向下游扩展，直到夏末。

我最终遇到了亚内尔团队的三位研究人员，他们穿着涉水裤，戴着太阳眼镜和帽子。带领团队的是利娅·内格尔（Leah Nagle），她当时是加州大学戴维斯分校的地理空间专家。在其中一个试验点，他们把一根PVC管（聚氯乙烯管）插入地下。管子里有一个类似于麦克风的设备。设备内部有两条线：一根正线，一根负线。当它们碰到地下水，电流就会连通，并将读数传给附带的电压表。整个古怪的装置被连接到卷尺上，这样他们就可以记录PVC管中的水位。他们在草甸周围设置了几个这样的试验点，这些试验点到河流的距离和到4块土地的距离都不一样。

另一项测试分析了特定地点的水主要是雪水径流还是从地下升上来的。水的一种地球化学特征表明了它的来源。内格尔解释说：“在地下埋了一段时间的水会吸收矿物质和盐分等。这将影响水的导电性或水中的电流。”另一方面，融化的雪水几乎没有导电性。内格尔向我展示了她仪器上的仪表，一个多参数的探针。和预期一样，在6月份的溪流附近，这里的读数很低，表明融雪的比例较大。如果水的电导率读数较高，通常表明这是地下水，尽管牛粪也会向水中添加硝酸盐，导致较高的电导率读数。

当内格尔向我描述这些时，一头大黑牛缓慢向我们靠近。

"那位是蔡尔兹"，内格尔说。工作人员在这里已经连续几周每天工作14个小时，和当地生物很熟悉了。"这是他的草甸。"

每次我们回头看仪器，他就会靠近一步。而当我们抬头看他，他就会停下来盯着我们，仿佛在说："什么?! 这里什么也没发生。你在幻想。"

"我们不会喂你的!"内格尔声明道。最终，蔡尔兹认为我们索然无味，就走开了。

我们靠近河流进行另一次测试，土地变得更加潮湿了。因为我在度假，没有准备，所以我穿的是低帮登山鞋。当我的脚踏入松软的地面，水就上升了。我小心翼翼地走着，尽量不让自己弄湿，但没过多久，泥水就溢进了我的鞋子。我嘎吱嘎吱地走在炎热的阳光下，对研究人员的涉水裤和长袖有了新的理解。

内格尔和她的团队正在部署另一种仪器——流速计，把它放置在距离河边几英寸的地方，就可以读取水的流速。他们在一年中的不同时期跟踪同一地点（和其他地点）的流速，从而测量有多少水通过了河道。内格尔涉水去放置流量计，失去平衡摔倒了。冰冷的河水从涉水裤里灌进去。她笑着把水甩掉。"湿地工作往往是……湿的。"

流域科学中心发表了这项为期四年的研究，发现地下水位随着降水而变化，这一点也不奇怪。下雨的年份比干旱的年份水位更高。但令人惊讶的是，河狸的力量战胜了这些趋势。亚内尔说，"超级有趣的"是，尽管2015年是干旱的年份，但河狸池塘附近的地下水位明显高于2017年——2017年是非常潮湿的一年，河狸水坝被冲垮，分散了池塘里的水。（2018年，河狸回来修复了它们的水坝。）河狸水坝模拟物，也就是人类建造的小型水坝，也抬高了地下水位。研究发现，人类与河狸池塘对地下水的影响都延伸到了33到66英尺。[39]"这只是局部的影响。在理想情况下，你希望有一个分布式的河狸水坝模拟物或河狸水坝来保持整个夏季的地表水。"就像其他的"慢水"项目，在一系列小区域的路径上给水提供空间，会产生重大的影响。这是一种全新的思考水的方式，不同于我们已经习惯了的巨型中央大坝。

城市中的河狸

我们往往认为河狸是生活在农村地区的动物，但它们一度生活在城市中的溪流与河流中。现在它们回来了！河狸似乎并没有被人类活动吓倒。迪特布伦纳说，在沃尔玛停车场附近的池塘里，或者在繁忙的公路的50英尺内，他曾经看到过河狸。河狸甚至回到了纽约市的布朗克斯河（Bronx River），自殖民时代以来就没有人在那里见过河狸。（一场社区辩论将其中一只河狸称为贾斯汀·河狸①。）

迪特布伦纳和贝利研究了有多少河狸搬回西雅图的水道。他们寻找符合河狸一般栖息地标准的河流：坡度小于5%，而且

---

① 这里借用了加拿大歌手贾斯汀·比伯的名字，"比伯"（Bieber）与"河狸"（Beaver）谐音。

下切程度较小。他们在每一条合适的河流中都发现了河狸或河狸活动的证据：52个活跃的或废弃的聚居地。[40]"我们真的很惊讶，"迪特布伦纳说，"我以为我们会在某个地方看到它们，但它们无处不在。"之后，他听说华盛顿湖附近有很多人目睹了河狸，他认为自己的结果可能偏低。

在大多数城市，只有在公园里，人们才允许水道停留在地表。河狸通常是晨昏性动物，即在黎明和黄昏时分活动，所以我们在中午探访几个公园的时候，没有发现任何河狸。但迪特布伦纳是一位另类的水文侦探。他那双已经适应了河狸生活的眼睛能发现一些我看不到的东西：大量的气味，腹部留下的痕迹，覆盖在水坝上的杂乱无章的树枝或树叶，或者泥浆中一个带脚趾的三角形脚印。河狸在树干和树枝上的咀嚼痕迹看起来像用刀削尖的铅笔，不规则的锥形尖端布满了带有牙齿印的碎片。

城市里的河狸通常比它们的乡下表亲更受限制，并且可能无法储存太多的水，但它们的工作仍然可以减少当地的洪水，为其他生物创造栖息地，培育湿地植物和减缓水流，从而减少河岸侵蚀。减少侵蚀在城市里尤为重要，因为沉积物会堵塞水管和净化结构，而且清理成本高昂。

在河狸被移走几个世纪后，我们该如何应对它们重返城市？一种方法是，通过确定人们可以容忍河狸存在的地方，为明天的平静而建设今天。迪特布伦纳说："如果我们预料河狸会来，我们就可以改造公园设施和景观特色，让河狸来改善系统，而不是制造问题。"方法包括在水周围留出灵活的空间，为人类建造高架人行道。

野外的河狸通常会诱发一种演替机制：它们建造水坝，形成池塘，砍伐河边的植被。当它们吃光附近的食物，或者当池塘淤塞时，它们就会继续前进。然后乔木和灌木重新生长出来，最终河狸回来建造另一个池塘。城市公园可能没有足够的空间来适应整个周期的剧烈变化，人类很可能也没有足够的容忍度。例如，迪特布伦纳研究的一个公园旨在利用湿地来清洁城市暴雨径流，因此公园管理人员会定期疏浚，从而使湿地能够继续提供服务。由于人们喜欢在自然区域看到绿色植物，管理人员可能会在河狸砍伐树木时种植更多的树木。对于那些特别的树木，管理人员会用铁丝网或油漆保护起来，防止被反复啃咬。

*

在图拉利普部落居留地，另一个家庭的三只河狸准备搬到新家。阿尔维斯、贝利和实习生把笼子装进一辆卡车，经过两个小时的车程进入贝克-斯诺夸尔米山国家森林。我们转入一条土路，进入森林，西部铁杉和花旗松耸立在我们头顶，下层植被中点缀着刺羽耳蕨、美洲大树莓和本地黑莓。沿岸生长着棉白杨、桤木和柳树。

河狸信徒花了很长时间试图弄清楚河狸想要什么，并据此选择放生地点，但阿尔维斯承认："我永远不会声称自己像河狸一样思考。如果不喜欢，它们就不会留下来。"如果一条河流被下切得严重，河狸家庭可能会在上面工作一会儿，然后放弃，并继续前进。有时，经过几个家庭的尝试，这个地方会变得足够健康，吸引一个家庭留下来。在其他情况下，人们建造河狸水坝模拟物是为了启动项目，吸引河狸搬进来接管修复工作。

当我们到达这个家庭的放生地点，每个人都穿着钓鱼裤或涉水裤。一只河狸被装在一个长方形的大笼子里，两个人抬着他。他们把第一只河狸带到河边，把笼子放进水里，他终于可以在长途卡车运输后凉快一下，而人们回去拿第二只与第三只河狸。阿尔维斯把三个笼子排列在人类建造的"出发小屋"前面，小屋基本上就是一个直立的原木锥，用几块原木组装在水里，有一个小口，被放生的河狸可以钻进去。"出发小屋"的目的是给河狸一个安全的空间，让它们在旅途中减压，以及躲避捕食者。"但是，在我们重新安置河狸后，它们从来没有使用过小屋，"阿尔维斯沉思地说，"我认为它主要是为了让人类感觉更好。"

她打开第一个笼子。河狸犹豫了一下，缓慢地走到前面黑暗的开口处，扁平的尾巴拖在后面。然后河狸消失在水里。立刻，有人移走空笼子，把第二只河狸移过来，后者也跟着走了。接下来轮到第三只河狸。一切都在90秒内完成。阿尔维斯在河狸刚刚通过的洞口又放了两根原木，所以唯一的出口就是进入水中。这是河狸自己建造巢穴的方式。

阿尔维斯解释说，通常情况下，被放生后的河狸做的第一件事就是找一些食物。"旅行结束后，它们通常很饿。它们和人类一样会在压力下进食。"寻找食物也会激励它们探索栖息地。"你知道吗？"阿尔维斯恳切地说，自然水管理的关键是"人类让步"。昂贵的工程项目也有类似的恢复目标，但它们的效率比不上"捡起河狸并将它们战略性地放在景观上"。

　　河狸的叫声并不出名；迪特布伦纳告诉我，它们通常很沉默寡言。但他记得，有一个家庭在放生后似乎在庆祝："我们正准备离开，就听到了它们相互吱吱叫。我很清楚，那是一种快乐的、如释重负的叫声，就好像是在说：'啊，我们回到了自然，我们都在这里！外星人绑架已经结束了！'"

第五章 在现代印度恢复历史上的水知识

小型货车停在金奈南部老马哈巴利普兰路①的路肩上，¹附近是不断鸣笛的卡车和机动三轮车，我从小型货车里面往外看，一只白头鹮鹳正娴静地穿过帕利卡拉奈沼泽（Pallikaranai Marsh）的高草。它每走一步，膝盖就向后弯曲，蹼足闭合，然后再次展开，在柔软的土地上寻找支撑点。它向一条鱼倾斜，黑白相间的尾羽展开，发出激烈的嘶嘶声。在附近，一只濒临灭绝的斑嘴鹈鹕盘旋着准备着陆，绿鹭在捕鱼，紫水鸡在香蒲和莎草中照顾自己的孩子。我只能在车上观察，因为车流呼啸而过，下车很不安全。尽管这些鸟儿很平静——它们只是这里349种动植物的一小部分——但我感到幽闭恐惧。这种幽闭恐惧是对于我自己，更是对于这个已经被发展包围的脆弱的生态系统。穿过整个沼泽，电线、建筑和公路组成的网络一直延伸到我看不见的地方。

　　金奈位于印度次大陆的东南海岸，它所在的自然景观有非常丰富的水。帕利卡拉奈沼泽在水文上连接着三条河流（阿迪

---

① 老马哈巴利普兰路（Old Mahabalipuram Road），在印度被称为 Rajiv Gandhi Salai，后文的帕利卡拉奈沼泽位于公路的西侧。马哈巴利普兰（Mahabalipuram）现在已经改名为马马拉普拉姆（Mamallapuram）。

亚尔河、库姆河与克莎斯塔拉雅河）组成的复杂系统，此外还
有回水、沿海河口、红树林，以及古代人类建造的湖泊。这一
慢水杰作曾经覆盖了72平方英里。它像海绵一样吸收雨水，然
后缓慢释放，水从淡水变成半咸水再变成咸水，最终回到印
度洋。

　　但最近几十年，金奈已经发展为印度的第15大城市，面积
从1980年的18.5平方英里扩大到今天的165平方英里以上。这
种发展的代价是水域。当地的NGO"关爱地球基金"的一项评
估发现，1980年至2010年间，金奈失去了62%的湿地。[2]帕利
卡拉奈沼泽几乎已经被摧毁，商场、餐馆、酒店、医院和IT企
业占据了90%的面积。沼泽面积只剩下2.4平方英里。这是一
个世界性的问题。印度相对较新的IT走廊是对加州硅谷的呼应
——硅谷的谷歌和脸书也坐落在填平的沼泽上。

　　在印度，非人类生命的生存空间越来越小；印度的土地只
有美国的1/3，14亿人在这里挤挤攘攘地生存和发展。但这并
不是人类对抗野生生物的故事。因为当野生生物受到伤害时，
人类也会受到伤害。帕利卡拉奈沼泽和其他湿地的破坏，不仅
使野生生物无家可归，而且给金奈的人们带来了双重的水问
题：洪水和水荒。这两方面的水灾变得更加悲惨，因为早期的
泰米尔人（Tamil，他们的文化和语言仍然骄傲地延续在今天的
居民中）发明了一种巧妙的系统，可以在季风期间收集雨水，
将其保存到旱季。他们的方法还补充了地下水，并最大限度地
减少了暴雨的侵蚀。它支持湿地栖息地，而不是破坏湿地栖
息地。

古代泰米尔人关于水的技术是其他早期文化的一部分，在世界全球化程度较低的时候，这些文化创新了在当地的水资源范围内生活的方法。在非洲南部的卡拉哈里沙漠，桑人（San）变成了晨昏性动物，将自己的活动限制在黎明和黄昏，他们在炎热的中午待在阴凉处，甚至只用鼻子呼吸，避免嘴巴里的水分流失。[3]约旦佩特拉的纳巴泰人（Nabataean）沿着西克峡谷（它在电影《夺宝奇兵3》中扮演了重要的角色）的红色岩壁雕刻水槽，收集雨水并汇集到蓄水池中。[4]在秘鲁的安第斯山脉，农民把高流量的冬季降雨引到地下，目的是减缓水流的速度，使其保存到旱季（详见第六章）。在印度各地，人们想出了适应当地气候、生态和地质的各种方法。这些古老的技术并没有完全消失。一些地方的人们还在使用这些方法，包括在印度南部，那里仍然保留着泰米尔系统的遗迹。

如今，金奈的一个由政府、学术界和NGO组成的松散的团队正在努力恢复自然的和人造的系统，缓和水的峰值与低谷，同时让当地人和他们的传统重新联系起来，并为其他动物保留空间。

*

金奈的自然水资源非常丰富，所以2019年夏季发生的事情更加令人震惊：这座城市因为缺水登上了国际头条。政府的卡车把水运送到路边的水箱，人们拿着容器在那里排队，偶尔还会发生争吵，导致至少一人死亡。当我在11月中旬去访问的时候，运水的卡车还在街上穿梭。

但2019年并不是一个反常的年份，金奈人远远不像世界人那么惊讶。在过去的20年，夏季的金奈经常缺水。这是因为整个城市的铺砌路面阻碍了土地吸收雨水，无法补充地下水以便在旱季使用。巴拉吉·纳拉辛汉（Balaji Narasimhan）是印度理工学院马德拉斯分校专门研究水文学的工程学教授，他在他的办公室接受了我的采访，向我解释了这一情况。简单地说，金奈原本不应该缺水。在几个月的季风期间，这座城市实际获得的降雨量是它每年消耗的1.5倍。但是，今天的水资源管理者把降雨排到雨水渠和渠道，使其迅速流入大海。当他们之后需要水时，他们就转向日益减少的地下水、遥远的水源，以及海水淡化厂。

对于金奈居民，有一个事件比2019年的水荒更容易引起情

图5.1 像这样的运水车在金奈以及印度和世界其他城市的街道上穿梭，为没有城市供水或城市无法供水的人们送水。在金奈、内罗毕等地，运水车装的通常是地下水。(Photo © Erica Gies)

感上的和政治上的不稳定，那就是2015年的洪水：这场洪水至少造成了470人死亡，数十万人流离失所，许多人在家中被困数周。我的朋友乌塔拉·巴拉斯（Uttara Bharath）的一家三代人住在塞达皮特街区的一栋楼房里，这是由她的建筑师父母设计的。他们的房子靠近蜿蜒穿过城市中心的阿达亚河（Adyar River），乌塔拉住在一楼。

在拜访时，我询问了他们在洪水中的经历。夜里，他们家里的水位不断上升，客厅和厨房达到了5英尺。乌塔拉的女儿安雅·库马尔（Anya Kumar）当时12岁。"说实话，看到我们的家具漂浮在浑浊的水中，感觉很奇怪。"她告诉我。当安雅走过木地板时，"它们开始在我脚下抬起。我漂到厨房，看看我们还能抢救什么"。

乌塔拉的母亲贾亚什里·巴拉斯（Jayashree Bharath）惊讶地看到一辆大型SUV漂浮在他们家门口。"很多穿着防护服的人在公路上游来游去，试图救人，"她回忆道，"每当他们感觉疲惫时，他们就爬上SUV，坐在那里。"拥有船只的渔民也在救援。

随着灾后恢复的进行，清算也来了。乌塔拉一家人用了一年多时间清理，花光了所有的积蓄。那些家境较差、失去了一切又毫无积蓄的人，在洪水中受到的创伤更严重。水来得非常快。很多住在河边的人"没有时间逃跑"，乌塔拉的母亲悲伤地说，"但直到今天，还没有人对伤亡人数进行适当地统计"。

讽刺的是，当地的水荒可能使这场洪水变得更加致命。作家克鲁帕·葛（Krupa Ge）在关于这场洪水的书《河流记得》

（*Rivers Remember: #ChennaiRains and the Shocking Truth of a Man-made Flood*）中记录，水库管理者不愿意在季风降雨之前释放储存的水。[5]当他们最终意识到威胁时，他们排泄了太多的水，而且速度太快。

虽然 2015 年的洪水是极端情况，但降雨经常淹没金奈的大片地区。不断扩张的人行道阻碍了地下蓄水，同时也汇集了暴雨。在过去的 20 年，这座城市经历了越来越频繁、越来越激烈的洪水和干旱。[6]尽管一个地方同时遭受干旱和洪水听起来很奇怪，但世界上有越来越多的城市地区正在经历类似的问题，比如墨西哥城和北京（更多内容见第七章）。规划不当的发展，再加上气候变化，正在加剧水的极端情况。

12 月初，我还在金奈，这座城市下了一场中雨，洪水淹没了街道。当地人的一条推文贴切地描述了金奈与水的不正常关系："直到上周，居民还在预订运水车，从今天开始，他们将预订救援船。多好的城市啊！"[7]

保护剩余的水域

在菩提树和罗望子树下面，在花店和米豆蒸糕饭店之间，1100 万金奈人忙着他们自己的事情。一些男人穿着传统的笼吉（其他人穿着纽扣领衬衫和裤子）；女人穿着色彩鲜艳的纱丽或纱丽克米兹，她们的辫子上有一串芬芳的缅栀花。牛和狗随意地游荡或打盹，大嘴乌鸦、喜鹊和蜻蜓在空中盘旋。金奈比北方的大都市德里和孟买更冷，但它拥有印度那种典型的混乱光泽——经过长时间的观察，这种光泽揭示了一种内在的秩序。无数的生命沿着各自的路径无言地相互推拉，以某种方式使整体处于不断流动的状态。

现在，人们有了再次将水纳入这种流动的新动力。2015年的洪水似乎是一个转折点，公众和被称为"大金奈公司"的金奈市政府认识到，金奈需要改变和水的关系。人们越来越理解糟糕的发展规划如何加剧水冲击，并逐渐意识到，水荒、洪水、污染和地下水补给都是相互关联的。一位政府官员明确指出了这种联系，他告诉我："我们不想通过牺牲自然、破坏自然或贬低自然来损害我们的基础设施发展。"[8]洪水过后，荷兰国际水务议程办公室为官员提供了恢复方面的建议，强调了整体水管理的主要思想。第二年，也就是2016年，荷兰人邀请当地政府官员、水文专家、NGO和社区参与了一个名叫"以水为杠杆"的为期多年的设计和开发项目。

他们共同编写了报告，把现有的项目联系起来，并制定了新的项目——这些项目是为了保护和恢复整个流域的自然和人造水系。[9]这些雄心勃勃的计划将通过开垦洪泛区、保护沼泽残迹、恢复古老的人造水系、重新连接这些不相干的地方，使水具有对人类友好的流动路径，从而减缓水流，缓和洪水和干旱的峰值。类似于我们迄今为止看到的其他"慢水"项目，这个过程需要很多个小项目，而不是标准化开发的几个大项目。为了了解这种"慢水"项目在人口密集的城市中是什么样子，我参观了金奈的许多项目。

一个显而易见的步骤是保护所有剩余的水域，比如我访问过的帕利卡拉奈沼泽的残迹。金奈仍然保留着天然的水流，这在很大程度上要归功于生物学家杰什里·文卡特森（Jayshree Vencatesan），她在2001年成立了关爱地球基金，旨在保护金奈周围的沼泽和水体。

文卡特森战胜了强加在她身上的文化规范，这种文化规范使她的性别几乎成为她存在的理由，使她习惯于成为房间里唯一的女性。然而，她厌倦了男人用一种赞美的或反对的语气告诉她："你不是一个普通的女人。"她告诉我，在攻读博士学位的早期田野工作中，她会在睡觉的地方设置陷阱，防范骚扰或更糟的情况。她的办公室距离阿达巴卡姆湖（Adambakkam Lake）不远，办公室的墙上装饰着她心爱的已故斑点狗的照片和当地鸟类的海报。她穿着纱丽克米兹，长发梳成传统的辫子，是该组织无可争议的领袖。我们的采访被打断了，因为一名员工带着他的小女儿接受文卡特森的传统祝福。她似乎有点尴尬，但也受宠若惊。然而，她并不是一个会被别人看法拖累的人——无论是赞成的还是反对的看法。当她开始做环保工作时，"人们说这是最愚蠢的事情"，她笑着说，"但如果有人挑战我，说'你做不了什么工作'，我就会接受挑战"。

文卡特森记录了流域中注入卡拉奈沼泽的61个湿地和水体[10]的历史级联系统①，并把它们与时间序列地图进行对比，后者显示了我们已经失去哪些水域。她的发现促进了公众意识，

---

① 级联系统是由相连的子系统链组成的，质量或能量可以通过这些子系统逐级流动，一个子系统的输出可能全部或部分成为另一个子系统的输入。——编注

成为马德拉斯高等法院禁止进一步侵占湿地的基础。她还呼吁泰米尔纳德邦制订计划，恢复其中一些生态系统，减少城市洪水，减缓地表的水流，使其有时间补给含水层。国家监管机构也注意到了这一点，呼吁泰米尔纳德邦保护国家沼泽和水体。结果是一项改善现状的任务和预算，包括保护和恢复剩余的水体。

文卡特森和关爱地球基金密切参与了荷兰与当地的"以水为杠杆"倡议。她记得，最开始，"政府很喜欢"这些组织的介绍，因为官员们普遍倾向于标准化的发展方法，比如海水淡化厂、河堤、通过填平湿地来"改造"土地。直到现在，政府仍然计划建造两个新的海水淡化厂和一个遥远的水库，以减少水荒。但是当官员审查最终方案时，水文侦探对城市和水文的理解让他们印象深刻，文卡特森自豪地说。这一举措和法院的裁决，帮助金奈走上了变革的道路："在此之前，金奈一直将自然视为一种外部事物，从未将其纳入城市规划。"伴随着这一革命性的转变，文卡特森预测，沙丘、沼泽和其他湿地，以及残留的几片干燥林，将再次成为"城市应对冲击的天然缓冲"。

回到未来：蓄水池系统

为了改变这一进程，我们可以参考他们的祖先如何与大自然合作，从而巧妙地处理水循环。至少从2000年前开始，古代的泰米尔人通过建造一系列连通的池塘来确保他们全年都有水，这些池塘从东高止山脉（在次大陆中部形成的一条南北走向的山脉）向下延伸到孟加拉湾。这些"蓄水池"（eris，在泰米尔语中的意思是"水箱"）在较高的一侧是敞开的，可以捕捉向下流动的水；较低的一侧用一堵土墙封闭，名为"堤岸"。堤岸顶部有一个溢流口，多余的水可以继续流向山下的一个蓄水池。"系统蓄水池"建在河流与溪流边，可以捕捉它们的峰值流量；而"非系统蓄水池"建在没有天然水道的地方，可以捕捉一系列相连洼地的降雨。[11]业余历史学家克里希纳库马尔（Krishnakumar TK，也叫 KK）的日常工作是信息技术，他说，早期的泰米尔文学和寺庙版画中都有对蓄水池的描述。

为了了解更多关于水体的历史，我拜访了 KK，他的公寓位于城市西南郊区的一个新开发的项目中。他邀请我进去，示意我把凉鞋放在外面，这是亚洲人的习俗。他年迈的母亲进来听我们讲话，但很快就躺下打瞌睡了。几年前，KK 看到金奈的传统水体因为开发而消失，于是他开始探究并绘制它们的地图，很快就将工作范围扩大到那些已经消失的水体。[12]他在博客上介绍这些水体，带领人们徒步旅行，解释已经失去的东西，就像乔尔·波梅兰茨在他的网站 Seep City 上游览旧金山。[13]

现代发展的趋势是尽快地将水从土地上移走，蓄水池系统与此相反。早期的泰米尔人知道，通过减缓水流，蓄水池系统可以减少洪峰，防止土壤侵蚀。最重要的是，蓄水池让水有时间渗透到地下，并过滤水，使地下水位保持在水井可及的范围内。文卡特森说，由于它们与地下水位相连，所以蓄水池还可以作为水资源可用量的视觉指标。看到蓄水池的水位，农民就知道什么时候可以播种，什么时候需要保护。蓄水池也是每个寺庙建筑群的一部分，使水进入宗教和文化的核心。仪式和规则规定了系统的维护和水的共享。

蓄水池不仅仅是用于灌溉的水库，它们是该地区水文和生态的一部分。许多蓄水池与溪流、河流、沿海湿地和淡水沼泽相连，它们在沿途提供了应有的自然水道。即使是不直接与河流相连的蓄水池，也有助于滋养当地的水文，因为地下水系统很广泛，所以在一个地方吸收的水可以流入一段距离之外的河流。事实上，"湖泊""水箱"和"水体"这些词在这里是可以互换的，因为经过这么多代人的努力，没有人记得某个水体是自然的还是人造的。

19世纪的英国工程师震惊于蓄水池系统的规模（据说，整个印度南部有超过5.3万个水体），也震惊于建造它所需的深厚的地形和水文知识。唉，但英国人的尊重是有限的。他们用集中式的管理取代了传统的系统——村庄管理自己的蓄水池，每年清理积累的淤泥，并用淤泥来施肥。英国人忽视了这一维护工作，导致蓄水池年久失修，这使他们更有理由填平蓄水池并在上面建造房屋；不幸的是，这一模式在独立①后仍然存在。[14]

KK说，英国人在修路的时候，抹去了连接水体的流动通道，让雨水无处可去。"他们不了解我们的系统。"今天，许多著名的城市地标和街区——罗耀拉学院、金中央火车站、T. 纳加尔购物区、努甘巴卡区——都坐落在以前的水箱和湖泊上。

---

① 1947年，印度摆脱了英国的殖民统治，成为一个主权国家。

KK在他的研究中使用了旧政府和英国政府的地图，但有些时候，他不需要这样做。他对我说："我的母亲已经81岁了，她在12岁或13岁的时候还能看到努甘巴卡湖。"像"马刺水箱路"和"湖景路"这样的街道名是为了纪念曾经支撑和保护他们街区的幽灵水体。KK在金奈及其周围记录的650个水体中，只有不到1/3仍然存在，[15]水的面积减少到1893年的1/5。[16]在这一点上，金奈并不是特例：在旁边的卡纳塔克邦，蓬勃发展的印度科技之都班加罗尔也经历了类似的发展道路，填平了蓄水池，造成了类似的跟水关联的问题。

具有讽刺意味的是，虽然KK热衷于寻找和记录过去的水体，但他工作的IT公司所在的经济特区，建立在帕利卡拉奈沼泽和邻近的佩鲁姆巴卡姆（Perumbakkam）湿地之上。他苦笑着把地图上的那个地区指给我看。"大约20年前，成千上万的候鸟曾经访问这片沼泽。我亲眼看到它被摧毁了。"他说，由于沼泽面积只剩下10%，"哪怕我在四楼，从我工作的地方也看不到水"。正如克鲁帕·葛的书名所说，"河流记得"。这个地区没有忘记它是一片沼泽。在2015年的季风期间，洪水淹到了二层楼高。

KK能找到水的一个地方就是他公寓的前门外。在我参观的时候，一个看起来像湖泊的东西正拍打着那栋建筑。鸭子游过，它们的嘎嘎声与无处不在的汽车喇叭声放在一起——印度人把汽车喇叭声当成意外保险来挥舞。事实上，这不是一个湖泊，而是最近被雨水淹没的农田。这是2015年的余波，当时的洪水使KK几乎一个月无法离开家。"当时没有电。没有饮用水。没有电话线路。什么都没有。"但是，他指着邻近的公寓补充说，"我很幸运，因为当时我还没有这些建筑"，所以水撤退到了这些地区。

"你是说，那些建筑是在过去的四年里，也就是洪水过后才建起来的？"我怀疑地问。这意味着，如果现在发生 2015 年那么严重的洪水，那对他来说会更糟糕。

"是的，"KK 的语气很平淡，"你无法避免这一点。"

湿地＝荒地

回到关爱地球基金的办公室，文卡特森指出了破坏湿地的另一项英国遗产：官方将湿地定为荒地。她很讨厌把湿地视为荒地的概念。"我在内陆地区长大，那里不存在荒地的概念。对我们来说，没有什么是荒地。"在印度南部，这种态度曾经普遍存在。事实上，"荒地"的标签仍然起效，这使得关爱地球基金在保护一些地区上的成功更加引人注目。

被英国人视为荒地的许多地区，此前一直被指定为共享使用的公共用地，泰米尔语称之为 poromboke，可以追溯到中世纪。文卡特森告诉我，关于公地使用的伦理甚至更古老，它植根于泰米尔经文。经文描述了湿地提供的资源（鱼类、季节性农业、编垫子的草、动物饲料、药用植物），帮助人们理解湿地及其生态系统是多功能的栖息地，不仅支持人类，也支持其他物种。这些经文还明确了保护湿地的要求，包括对违反者的惩罚。作为一种共有资源，水必须遵守一些规则，它们规定了什么情况下水可以从一个水体或湿地溢流到另一个水体或湿地。"这本质上是上游和下游之间的公平，你明白吗?"文卡特森说。

在整个职业生涯中，随着她对湿地有更多的理解——部分是通过与继续生活在土地和水边的农业群体合作——文卡特森内化了这些多功能景观的价值。她还了解到，非常重要的一点是，要让某些湿地遵循其内在的节律，在一年中的部分时间保持干涸，从而支持动物和植物（当然也包括农作物）的生命周期。"所有的瓜类植物和葫芦之类的东西，都生长在土壤里有水分、但地表没有水流的情况下。"

英国人将土地视为财产，这些公共用地不能买卖也不能用于建筑，对殖民者来说它们"是一个古怪的问题"，社会活动家尼蒂亚南德·贾亚拉曼（Nityanand Jayaraman）说——他来自一个叫香根草联盟的团体。"从收入的角度来看，这是一片荒地。"贾亚拉曼与金奈北部的人们一起工作，那里的燃煤电厂等工业设施正在取代渔业社区。他还为"以水为杠杆"项目提供了建议。他穿着短裤和T恤，留着灰白的及肩卷发，盘腿坐在他的小办公室里，他的声音平静而充满感情，外面他正在培训的青年活动家的热情咆哮有时会淹没他的声音。随着公共用地周围的土地被开发，两套相互竞争的价值观之间变得剑拔弩张。"当然，旧的价值观输了，"贾亚拉曼总结道，"我们面临的是一场名为'金奈'的灾难。"

这些输掉的价值观，其重要性可以说不亚于可持续生存和健康、正常运作的生态系统的消逝。当然，它们是相互关联的。由于人们的身份认同和他们的土地交织在一起，当发展毁灭了一个地方的自然遗产，人们也会遭受严重的文化损失，即身份认同的丧失。例如，帕利卡拉奈沼泽是 neithal 的家园——neithal 是一种特有的、醒目的蓝紫色睡莲，是泰米尔文学中最早描述的花朵之一。沼泽中其他受人喜爱的生物还有彩鹮以及有毒的驼鼻蝮蛇——后者也许会让人感到惊讶。但在邻邦长大的文卡特森说："蛇在泰米尔纳德邦非常受人尊敬。"

在金奈北部（这里的部分地区仍然是农村），贾亚拉曼在一代人的时间里见证了这种身份认同的丧失。"老年人对水文和季节的了解要深入得多，"他感叹道，"而在年轻人中，这种了解正在迅速消失。它和景观一起消失。你的文化也随着景观的变化而变化。"

随着金奈的人口不断增长，边缘化的人群已经占据了水体与河流边缘仅存的公共用地的一大部分。在 2015 年的洪水中，居住在库姆河（Cooum River）与阿达亚河沿岸的人们受灾最严重——但他们的家园也是问题的一部分，它们使得河堤与洪泛区硬化，没有空地容纳多余的水。

根据地方政府和邦政府的一项有争议的决定，数万人从市中心附近的河岸与运河搬迁到城市南端新建的高层公寓大楼。这些房屋靠近 IT 走廊，位于佩鲁姆巴卡姆街区——这个名字是为了纪念它所在的佩鲁姆巴卡姆湿地。贾亚拉曼讽刺地说，政府"以其无限的智慧"，让人们从河流洪泛区搬迁到海拔仅 0—2 英尺的湿地，从而保护他们不受洪水侵袭。这是一个"眼不见心不烦"的决定，完全忽视了当地水文的现实。因此，这一举措未能使脆弱的人们更加安全，贾亚拉曼总结道。

取而代之的是，"绿化库姆（河）已经成为驱逐我们不喜欢的人的借口，比如达利特人①和穆斯林少数民族，他们生活在河边，因为城市没有为他们提供一个体面的居住地"，他继续说道。他们的新住所距离以前的家大约50分钟的车程，所以其中许多人实际上也失去了工作。而城市的行为实际上使整个金奈更加脆弱，因为新的开发项目填埋了更多的湿地。

政府也已经开始驱逐和重新安置阿达亚河畔的几千户家庭。[17]但这一次，它发誓要采取不同的方式。这种做法被称为"就近安置"[18]，即在原来的地方重新开发住房，或者在原住地附近寻找新的居住点，这样他们就可以留在原来的街区，保留原来的邻里关系。

建筑公司 Madras Terrace 在基于自然的水管理方面拥有丰富的经验，该公司正在与"以水为杠杆"项目合作，计划在阿达亚河畔的奇特拉纳加尔街区进行就近安置，该街区都是由铁皮和木头搭建成的棚屋和房子。另一天，我与该公司的工程师兼财政预算员苏迪尔[19]参观了这一区域。我们从城市中心的一条主干道安娜萨莱转到一条土路上，山羊、鸡、狗在这条路上游荡。苏迪尔摇着头告诉我，在2015年的洪水中，这个街区被淹没的高度达到两层楼。Madras Terrace 提议重新开发，而不是重新安置。重新开发要求在湿地旁边修复更高的公寓楼，利用湿

---

① 在印度和尼泊尔的种姓制度中，达利特人是最低的阶层，其更直白的意思是"贱民"。在梵文中，达利特（Dalit）的字面意思是"地面，被控制的"。

地的植物和自然过程清洁建筑物的污水。它还将扩大沿河两岸的洪泛区，在下一次洪水到来时，恢复足够的蓄水空间，使人类邻居得以缓冲。

金奈的市民：水战士

在某种程度上，现代金奈的居民比大多数北美人或欧洲人更了解水，因为他们的水龙头不会自动地流出干净的水。和大多数印度城市一样，金奈的自来水每天或每隔几天才供应几个小时。人们必须有计划地获取所需的水。我的酒店房间的淋浴间有一个水桶和水瓢，原因是让花洒淌水的想法是"亵渎的"，我的朋友乌塔拉解释说。

当我见到纳兹·加尼（Naaz Gani）[20]的时候，我对这个日常现实有了更多的了解。她是为《新印度快报》（*New Indian Express*）撰稿的年轻记者，住在戈帕拉普拉姆街区。她告诉我，水会在半夜送到她的公寓大楼，大楼管理员会把水泵到屋顶，以建立水压。水只在上午7:30—9:30对居民开放。她打开水龙头，装满一两个水桶，用于日常的洗澡、洗碗和冲厕所。但如果她7:30没有起床，或者她得早点去上班……"那就太糟糕了。你得让你的朋友帮你接水"。招待客人也很困难。当她的父母来访时，她不得不另外向朋友借水桶。

但加尼提醒我，29%的人生活在没有城市供水的非正规定居点，他们的情况更加糟糕。人们拿着塑料水桶排队，从政府的水箱或路边的公共地下水泵取水，然后用手推车把水运回家。更麻烦的是，人们认为城市的水不能安全饮用。如果负担得起，他们要么通过净水器处理城市水，要么购买经过处理的饮用水。

和许多在这里拥有房产的人一样，乌塔拉的家人钻了一口水井，从而在较浅的雨水井枯竭时获得额外的水。如果井里的水也干涸了，他们就会购买水箱的水储存在自己的水池里。她承认："这肯定只有少数人才能负担得起。"

一位水务官员告诉我，缺乏城市供水的不仅仅是穷人。[21]在该市许多较新的地区，特别是南部地区，也没有供水。那里的居民购买水箱里的水。每天大约有5300万加仑的水在城市里运输。[22]运水车里的水通常来自地下。[23]但由于人行道积聚了雨水，雨水无法渗透回地下，抽取地下水是不可持续的。因为几乎没有使用限制，金奈的地下水位每年下降4—8英寸。[24]

正如加州帕加罗河谷的农民所经历的那样，抽取海洋附近的地下水会产生一个压力真空，吸引海水，使含水层变咸。长期生活在这里的居民直接看到了这个问题，其中一个人受到启发，想要为这个问题做些什么。"雨水中心"位于阿达亚河以南，是一个展览雨水收集方法的场所，在去"雨水中心"时，我遇到了人称"雨侠"的塞卡·拉格万（Sekhar Raghavan）。对拉格万来说，一切都始于1970年他搬到迷人的海滨街区巴桑特纳加尔，当时这里刚开发不久。在悠闲的咖啡馆和多样化的餐馆前，宽阔的海滩经常是狂欢节游戏、音乐等活动的现场。当拉格万搬进来的时候，海滩仍然是渔民的领地。沙地迅速吸收了季风降雨，开放水井中的水几乎涌出地面。有时，渔民会打出甜美的水，挨家挨户地出售。

但很快，随着新的开发项目铺设了更多的人行道，拉格万注意到地下水位正在下降，巴桑特纳加尔从前的甜水现在变成了半咸水。拉格万是一个身材矮小的老年人，手势幅度很大，戴着长方形的黑框眼镜，眼神犀利而亲切。他讲述了自己当时的感悟："唯一的解决办法就是把雨水推进土壤。"拉格万成立了雨水中心，告诉别人应该怎么做。他向我展示了我们所在的大楼的有机玻璃复制品，然后把一杯水倒在屋顶上。水的径流排到一个角落，然后通过管道流入水井和水池。2002年，他说服了该邦的首席部长，强制要求每一栋楼房都收集雨水。尽管取得了这一成功，但几年前雨水中心的调查显示，只有40%的楼房遵守这个做法。不过2019年的水荒再次激发了人们收集雨水的兴趣，他略带辩解地告诉我。

对于这么低的遵守率，纳拉辛汉教授并不感到惊讶。他指出，有些地质并不是储存地下水的理想场所。金奈大约70%的土地覆盖着岩石或厚重的黏土，水很难流过。但在这样的地方，人们可以钻穿不透水层，把水转移到地下。现在，市政府和个人都在挖掘这样的补水井。

在我访问的那一天，四个男人正在雨水中心外面挖一口补水井。两个男人光着脚，穿着传统的笼吉和纽扣领衬衫，把一个深坑底部的泥土铲到一个浅篮子里。另外两个人用绳子把篮子吊起来，还有第五个人蹲在旁边看。拉格万告诉我，他们必须挖掘大约15英尺深，才能到达多孔地质层。这些井的直径为

3—5英尺，具体取决于它们要排水的集水区范围——直径从100—300英尺不等。他们用一圈水泥把水井围起来，用于防止侵蚀；中间隔着1英尺的间隙，让一些水从井边渗入地下。但大多数渗透发生在井底。井口的宽度还允许人们定期下到井中清理沉积物和垃圾。在今天的金奈，这样的水井越来越常见，它们的圆形井盖布满了整个城市的街道和人行道。

恢复寺庙蓄水池

通过"以水为杠杆"项目，Madras Terrace公司提出了另一种让水进入城市地下的方法：利用蓄水池系统的残迹，也就是寺庙蓄水池。KK告诉我，以前每个村庄都有一座寺庙，每个寺庙都有一个水体。如今，许多村庄、寺庙和水体已经被城市吞没。

在晴朗的蓝天下，我再次见到了苏迪尔，他向我解释这个在城市中为"慢水"寻找空间的项目。我们在迷人、热闹的美勒坡汇合，这个街区的中心是卡帕利锡瓦拉尔寺，其标志是120英尺高的锥体塔，上面雕刻着印度教3000多位神灵的图案，色彩鲜明、十分复杂。小贩们出售鲜花供品、小神像以及传统上用后即碎的无釉陶杯。金奈最著名的蓄水池之一坐落在寺庙旁边，占据了一个城市街区。它的顶部与街道平齐，是一个沉入地面的倒置的阶梯式金字塔，因此当水位下降时，人们还可以继续取水。

图 5.2　金奈的美勒坡街区的卡帕利锡瓦拉尔寺的蓄水池，占地相当于一个城市街区。它的底部已被铺设，所以水可以永久性地用于仪式，但当地的水文侦探希望移除混凝土，恢复它和整个金奈的其他蓄水池的功能：集水和地下水补给。(Photo © Erica Gies)

苏迪尔穿着紫色的亚麻古尔达①、白色裤子和凉鞋，当他带着我参观时，他经常在看手机、发短信。但不知道为什么，他总是毫不费力地跨过牛粪，而我的凉鞋上似乎有导航装置自动导向牛粪。

"你是怎么做到的？"我惊讶地问他。

他从手机上抬头看了一眼，简单地笑了笑。"多年的实践。"

苏迪尔解释说，以前的蓄水池底部并没有铺砌，所以它们与地下水系相连。地下水从下往上补充蓄水池，而雨水和径流帮助补充地下水位。寺庙蓄水池连接着更大的蓄水池系统，也用于仪式目的。如今的卡帕利锡瓦拉尔蓄水池还有水——鸭子在边上游泳、淡水龟在晒太阳——但这只是因为大约 10 年前铺

---

① 一种宽松的无领长衬衫，是传统印度男性的日常穿着。——编注

设了底部，为宗教仪式保留了水。这些水实际上是海市蜃楼。

　　为了向我展示地下水位的真实状况，苏迪尔把我带到街对面的另一个寺庙蓄水池——奇丹库拉姆水池（Chitrakulam Pond）。据说它有2000多年的历史，底部没有水泥。它的底部覆盖着一层新草，是最近的雨水后发芽的，但水已经下降到地下深处。"这才是真实的情况。"苏迪尔非常惋惜。太多的人行道和太多的水井导致地下水位低于地表60多英尺。

　　苏迪尔和他在Madras Terrace的同事希望将整个金奈的寺庙蓄水池恢复到自然的、未铺设的状态，从而把水转移到地下。市政府正在尽可能地将雨水渠和寺庙蓄水池连起来，以便补给地下水。苏迪尔的团队也在帮助提高地下水位，他们通过生态

图5.3　这个被称为奇丹库拉姆水池的寺庙蓄水池显示了地下水位的真实状况：位于地下。该蓄水池在卡帕利锡瓦拉尔蓄水池的对面。(Photo © Erica Gies)

湿地收集建筑物中的雨水——生态湿地是有植被的沟渠，被设置在沿街、酒店、后院和校园等他们能找到任何空间的地方。苏迪尔说，一个社区学校的试点项目正在进行，该项目还有一个额外的好处，就是让下一代了解这方面的问题。然而，水的渗透并不是只发生在空地。在另一个街区，一名男子指着街区围栏外的校园告诉我，下雨时那里有水池。如果土壤被压实了，比如被孩子们的脚踩实了，或者大部分土壤是黏土，人们可能需要混合一些沙子，或者建造补水井，让水渗透。

许多小块的透水土地拼在一起可以产生巨大的影响。美勒坡项目预计平均每天提供100万加仑的水，几乎是该街区需求的一半。根据"以水为杠杆"团队的预测，在金奈的其他53个寺庙蓄水池中复制该项目，每天可提供1600万加仑的补水，约占全市需求的6%。[25]

连接水流

金奈仍然有大片的开放水域和湿地，大部分在城市的南端。关爱地球基金正在努力保护这些自然水系以及帕利卡拉奈沼泽。在和关爱地球基金的工作人员一起参观这些地点时，我看到了蜡烛花（一种药用植物，花朵分泌的乳汁可以舒缓皮肤损伤）、铜翅水雉、鱼鹰、黑冠鹃隼、琵嘴鸭，以及很多其他物种。

在城市南部一个因采石而遭到破坏的地区，塔兰布尔湖

(Thalambur Lake)，关爱地球基金的团队清理并修复了被堵塞和侵占的排水渠。我们沿着他们筑起的堤岸走，堤岸的作用是使湖水维持更长的时间，这样鱼就能再次在湖中产卵。在整个堤岸的表面，他们种植了菩提树和本地竹子的幼苗，从而稳定堤岸。俯视修复后的湖底，我看到了他们建造的小丘，还种上了树，只要水回来，这些树就可以作为鸟类筑巢的地方。在我访问之后一年，他们成功地把水请了回来。塔兰布尔湖现在占地76英亩，是一个保护区，现场还有一个科学实验室，供科学家研究它的生态。[26]

在帕利卡拉奈沼泽以南的马哈巴斯高速公路附近的某个地方，有一个码头，人们在这里租脚踏船探索穆图卡杜回水区，这是一个靠近印度洋的河口，一片沙洲缓和了这里的潮汐流。几十只鹈鹕坐在水面上，在平静的水面上上下摆动着。类似于巴桑特纳加尔等邻近海洋的街区，这里过度使用地下水导致海水涌入。穆图卡杜回水区对一些本地鱼类来说已经太咸了，而且它的水位已经下降。因此，关爱地球基金的工作人员正在培养当地人规范水的开采，同时要求政府采取行动，恢复上游通道，让淡水流入湿地、补充湿地。他们还重新种植了红树林，以保护海岸、清洁水、改善鱼类的繁殖栖息地。

这些减少干旱和洪水的无数项目分布在整个城市的广阔景观中，是分散的管理，部分回归了该地区的传统方法。然而，大学的水文工程学教授纳拉辛汉说，尽管政府支持这些"慢水"项目，但很难让公共事业工程师接受绿色解决方案。这些系统比混凝土衬砌的排水渠、河堤或水坝更复杂。他说，"慢水"项目通常含有生物成分，比如植物可能需要土壤改良物来实现所需的化学反应或过滤。此外，这类项目往往比混凝土覆盖更大的区域，公众更有可能接触到它们，所以项目管理者需要培养社区的理解和支持。但这种要求也有好处——将人们和他们的水重新联系起来——纳拉辛汉连忙补充道。

当水通过集中分配"神奇地"到达人们手中，人们就不再关心他们的水体。这显然不同于古代泰米尔人对当地水资源的积极管理。"甚至仅仅在200年前，人们曾经把河流奉为女神，"KK告诉我，"正因为如此，我们才要保护水。现在我们已经失去了这些文化价值；我们忘了。"但也许有可能扭转这一趋势。随着政府机构和NGO开垦空间、重建"慢水"，随着人们从当地供应中获得了一些个人用水，纳拉辛汉希望他们能拥有新的动力来保持水的清洁和补充。

有一个项目也被列入了"以水为杠杆"的愿景，它直接针对下一代。在12月初一个暖和的阴天，我乘坐机动三轮车前往托卡皮亚蓬加生态公园，这是一个58英亩的绿色天堂，位于市中心，靠近阿达亚河口。这里的树冠很厚，一道混凝土墙将其与外面嗡嗡作响的交通分隔开。在宁静的步行道上（下面是泥土，上面是空气），蝴蝶、甲虫、黄绿相间的蚱蜢、大蚊、蜥蜴、鹦鹉和其他鸟类来来往往。

多年前，阿达亚河的一条支流被填平用于开发。但是，这个地方变成了一个垃圾场，堆满了垃圾和人类粪便，并被用于非法活动。然后在十多年前，当地的NGO"皮昌迪库拉姆森林顾问"以及市政府机构"金奈河流恢复基金"开始恢复以前的河流与河口栖息地。目标是对抗污染物和生物多样性丧失。

　　我的向导是K.伊拉诺凡（K. Ilangovan），他是生态学家和湿地专家，从一开始就监督这个项目。他亲自种植了几千棵树，包括红树林和250种其他植物。（他特别喜欢红树林；在2004年那场臭名昭著的海啸中，他在城市南部种植的一些红树林救了他，当时他紧紧抓住这些树，避免被卷进大海，然后在那里等了几个小时，直到海水退去。）生态公园项目启动后，他看到了蛇、獴、老鼠，甚至还有以螃蟹、鱼类为食的胡狼。"我们并没有引进任何东西"，他说。恢复种植以后，"一切都来了"。

　　附近街区的人参与了规划和种植，以便更好地理解该区域的用途。有些人仍然在这里工作，负责照顾这些植物。在季风期间，整个公园都被水淹没，减缓了水，也储存了水。周围街区的水井水位上升，洪水减少，包括在2015年，他们躲过了毁灭性洪水的最严重的影响。小气候①也发生了变化，相比于城市其他地方的混凝土丛林，这里的空气更加凉爽。另一阶段的恢复工作最近已经完成，使总面积达到358英亩。[27]

　　除了在城市中心为各种生物提供家园，缓和水的问题，这个生态公园还是小学生最喜欢的实地考察地点，他们来到这里，然后深受震撼。生活在城市里，很少接触自然，"他们很高兴地触摸和感受植物"，伊拉诺凡带着明显的感情说，"你可以看到他们脸上的光芒"。他相信，这种拓展对改变社会方向

———————————
① 小气候，接近地表的空气层因局部地形、土壤和植被等影响所产生的特殊气候。——编注

至关重要——他也把自己的小儿子带到这里。"我们无法改变四五十岁的人。所以我们更关注孩子。"

据文卡特森报道，由于公众和政府的环保意识不断增强，荷兰与当地合作提出的几个项目[28]正在推进，包括美勒坡蓄水池和穆图卡杜回水区。最近，泰米尔纳德邦的湿地专家小组在金奈又指定了4个水体进行保护，并正在考虑另外31个。[29]此外，德里的中央政府正在考虑文卡特森的提议，将帕利卡拉奈沼泽列入"拉姆萨尔湿地"①，即具有国际重要性的湿地。但发展压力仍然很大。"我们的国家正在努力成为一个不只是富裕的国家，"文卡特森指出，"如果我们认为人们不希望这样，那就错了。"

回到帕利卡拉奈沼泽，我们沿着浅水区边缘的泥泞小路走，经过了关爱地球基金种植的树木。为防止牛群啃食，树干上缠绕着一种难以下咽的植物枝条。食蜂鸟和蜂鸟呼啸而过，一只扇喉蜥蜴在岩石下飞奔。阳光闪烁着什么东西，吸引了我的眼睛，我探进灌木丛，发现了一只绿莹莹的宝石甲虫，它身上带着黑点，正跌跌撞撞地在茎和叶上行走。它挥舞着触角，仿佛在努力保持平衡，然后突然翻了个身，露出了亮橙色的"底盘"。虽然近几十年来损失惨重，但这里仍然有令人惊叹的地方。

对于文卡特森来说，培养人们了解水系和生物多样性的价

---

① 拉姆萨尔湿地，即受《拉姆萨尔公约》保护的湿地；后者又称《湿地公约》，于1975年正式生效，是为了保护湿地而签署的全球性政府间保护公约，其宗旨是通过国家行动和国际合作来保护与合理利用湿地。

值是一个长期过程，几十年来，她一直在以自己特有的坚持不懈的精神为之努力。在我被困在小货车里的那个地方附近，她正在计划改变交通路线，使其远离沼泽，并修建一条"带状步行道"，人们可以在那里接触自然。"他们应该看到其中的价值，"她说，"否则，大自然不会持久。"

第六章　播种水：

在古代秘鲁，水如何塑造文化

这是南半球的秘鲁，一个冬季的晴天，新冠大流行还没有开始，[1]我早晨5点起床，驱车向北离开利马，前往瓦曼坦加的高原村庄。我与几名科学家同行，他们正在研究当地农民的一种有1400年历史的技术，该技术可以在漫长的旱季延长可用水的时间。我们穿过狭窄的奇利翁河谷，这是一条细长的走廊，种植着灌溉的绿色作物，四周是黄褐色的岩石峭壁。我们渡了河，开始沿着一条紧贴陡峭山壁的单车道土路缓慢行驶。在我们左侧的悬崖峭壁之上，秃鹫在视线范围内乘着气流翱翔。

73英里的车程把我们从海平面带到了海拔11000英尺以上——这个过程以一种令人惊叹的方式介绍了这个国家的戏剧性地形。秘鲁是一个极端的国家，长约800英里，宽约350英里。它位于赤道附近的热带地区，这个位置为秘鲁腹地茂盛的亚马孙雨林带来了热量和湿度。极其陡峭的安第斯山脉是这个国家的"脊柱"，那里有积雪和冰川；而山脉的西侧是干旱的沿海平原，大多数秘鲁人都住在那里。在山区，两极分化的情况很严重。气温摇摆不定，人们经常说"每日都是夏天，每夜都是冬天"。[2]降水也同样极端：南部夏季的几个月里有雨雪，其余时间则是漫长的干旱。

那段没有水的时期一次又一次地成为水文创新的催化剂。在秘鲁的安第斯山脉，水塑造了文化，使该地区成为全世界出现复杂文明的六个地点之一（另外还有美索不达米亚、古埃及、中国、印度河流域和中美洲）。这些早期的水文侦探培养了丰富的关于水和地下世界的知识，运用了放在今天都令人惊讶的策略——这些策略有些人至今还在使用。秘鲁北部萨尼亚河谷的渠道灌溉可以追溯到公元前4700年，[3] 早于中国和中美洲。最初的水资源管理尝试后面，紧跟着那些对历史学家来说著名的文明，包括北奇科文明、查文文明、帕拉卡斯文明、莫切文明、蒂亚瓦纳科文明和奇穆文明。

水和早期人类之间的关系对今天的我们有借鉴意义。他们通过艰苦卓绝的努力，学会了如何优化不稳定的水供应，这些知识可以帮助现代秘鲁应对气候变化。秘鲁是西半球最缺水的国家之一，由于气候变化和人类活动，秘鲁的水荒越来越严重。[4] 冰川正在消失，山区的人们告诉我，在他们的一生中，雨季已经变得越来越短。但是，和加州的情况一样，那些更长久、更干旱的时期伴随着更强烈的雨季，人们有机会收集这些丰富的降雨。同时，自1960年以来，秘鲁的人口增加了两倍多，土地使用的变化阻碍了生态系统自然地调节这些周期。但是，现代秘鲁人开始重新运用古老的知识，保护自然生态系统，比如高海拔湿地，从而探求更安全的水资源。这是全世界第一个在全国范围内将自然融入水管理的努力。

他们不需要到很远的地方寻找灵感。相对晚近文明的水管理策略，在今天仍然可见。纳斯卡以神秘的地画（即干旱沙漠上的巨大图画）出名，在这里人们仍然通过1500年前的"普基奥斯"（puquios）取水。普基奥斯是在砾石地面下挖的水平沟渠，河流随之消失在地面之下。凿入地面的螺旋路径（被称为ojos，即眼睛）让人们可以从普基奥斯中打水。这些通道也改变了渠道内的大气压强，把风引进来，像水泵一样推动水流。[5]在距今1500年—2000年前的全盛时期，利用这种对水的深刻知识，纳斯卡文明在沙漠里种植作物。作为曾经庞大的系统的一部分，36个普基奥斯至今仍在使用。[6]

大约同一时期，瓦里人（Huari）在高山地区蓬勃发展。他们修建水渠，在雨季将高山溪流中的高流量引入到多孔的盆地，水从这里渗入地下，然后从低海拔的泉水中涌出。相比于地表水，水在地下通过泥沙，流动的速度更慢，所以在下雨几周后或几月后的旱季，人们可以利用这种策略获得灌溉用水。如今，在安第斯山脉的至少三个村庄，人们继续使用和照料这些水渠。这些水渠在克丘亚语①中被称为"阿穆纳"（amuna），意思是"保留"。

快进到15世纪，在马丘比丘、奥扬泰坦博、萨克塞瓦曼等著名的印加城市中，水管理是其设计的必要部分。在萨克塞瓦曼，管道和沟渠引导水远离建筑物，从而防止土壤侵蚀，收集可用的水。马丘比丘和奥扬泰坦博的陡峭梯田包含了层层叠叠的土层、砾石层和岩石层，就像提拉米苏；它们吸收降雨，防止侵蚀，并补充地下水——地下水是下游的乌鲁班巴河（Rio

---

① 南美洲原住民的一种语言，也是印加帝国官方语言。——编注

Urubamba）的水源。我在秘鲁安第斯山脉旅行时，在小型农业社区看到了类似的梯田，上面种植着各种各样的作物。乡村的梯田被称为 terrazas，结构中包含石墙的梯田被称为 andenes。①如今，人们用这些系统来收集和渗透水，为他们的作物减缓水流，而不是让水从山上奔腾而下。纳斯卡、瓦里、印加的技术都是基于自然的，因为他们利用地下来减缓水流。

在很大程度上，西班牙殖民者破坏了这些创新。在 1992 年的经典著作《被偷走的大陆》（Stolen Continents）[7]中，作者罗纳德·赖特（Ronald Wright）引用了一位当代原住民的说法。费利佩·瓦曼·普马（Felipe Waman Puma，又名 Felipe Guamán Poma de Alaya）花了三十年时间一丝不苟地述说了《秘鲁编年史》（The First New Chronicle and Good Government）[8]，于 1615 年完成。瓦曼·普马提到了由"具有世界上最精湛技术的印第安人"修建的灌溉渠道。他们利用从河流与泉水中引来的水，种植足够多的粮食养活了大量的人。这些创新使他们能够在所有土地上生产食物，"无论是丛林、沙漠，还是这个王国的艰苦山区"。印加国王下令保护这些基础设施，使其免遭牲畜等的伤害。但西班牙人到来后，"这条法律不再被遵守，因此所有的田地都因为缺水而荒废"，瓦曼·普马解释说。西班牙人让他们的牲畜自由奔跑，造成了巨大的破坏。"他们还取走了水，破坏了灌溉渠道，以至于现在花多少钱都无法修复……所以，印第安人放弃了他们的城镇。"

---

① 在西班牙语中，terrazas 的意思是台阶，andenes 的意思是平台。

大多数现代秘鲁人的祖先是西班牙人和原住民的混血，一些后裔继承了早期文明的知识。刘易斯·阿科斯塔（Luis Acosta）是一名农业工程师，也是秘鲁国家卫生服务监督局的主管——该监督局是秘鲁的水务监管机构。阿科斯塔在山区出生和长大，他相当于城市人的译员，为城市人提供农业问题和传统知识方面的建议。"在秘鲁，安第斯山脉是脊柱，是水的源头，"他在位于利马的秘鲁国家卫生服务监督局办公室告诉我，"秘鲁的所有文明都理解这一点。"

*

首都利马居住着大约1/3的秘鲁人口——1100万。冰冷的洪堡洋流①在太平洋的近海游荡，给这座城市带来了凉爽的灰色雾气，就像夏天的旧金山；但是利马几乎没有降雨，雨量每年只有半英寸。（另外大约1/3的秘鲁人居住在沿海的其他地方，雨水也很有限。）为了养活丰富的人口，利马依赖于三条河流，它们的源头位于城市后面的安第斯山脉。就像世界各地的许多人，在利马和秘鲁的其他沿海城市，人们的大部分水资源依赖于山区。随着全球人口的增长，到2050年，可能有大约15亿人依赖于从山上流下来的水，而在20世纪60年代只有2亿人。[9]由于冰川和积雪正在消失，这种依赖让人深感不安。

在利马，自来水公司"利马饮用水和污水处理服务系统"每天只能向客户供水21个小时，这个数字来自秘鲁国家卫生服

---

① 洪堡洋流，又称"秘鲁寒流"，指沿南美洲西岸从智利南端伸延至秘鲁北部的洋流。

务监督局的负责人伊万·卢奇（Ivan Lucich）——我在利马的监管机构办公大楼见到他。他们的客户还不包括没有接入城市供水的 150 万人。[10] 大多数公寓楼有水箱，所以中产阶级居民不会注意到供水的缺口。但卢奇说，如果情况不改变，他预计供水量会进一步减少，也许每年会减少一个小时。

尽管利马在水坝后面的水库和城市地下的含水层中储存了雨季的水，但储水量不足以让利马熬过一场严重的干旱，利马也无法充分捕获雨季过剩的水。经过连续两年的低水位，"我们被烤焦了"，卢奇严肃地说。根据世界银行 2019 年的一份报告，利马的水资源最早将在 2030 年出现不足。[11] 人类活动对水资源造成了进一步的压力，特别是土壤退化以及土地利用的改变，降低了土壤的持水能力。

卢奇似乎感受到了这种责任的分量，他告诉我，这些水的问题刺激他"为我们的圣徒点燃蜡烛"——这是西班牙遗产的影响。"我们也求助于我们的安第斯遗产：我们去找山上的神灵。许多秘鲁人实际上是泛神论者：我们信仰许多神明。"他补充说："生态系统不仅仅是水。"考虑到这种世界观以及与水密切相关的丰富的文化史，秘鲁人提出的解决方案是有道理的。

国家级的雄心：指望自然

出于对水安全的渴望，秘鲁领导人采取了一些激进的做法：几年前，他们通过了一系列国家法律，要求自来水公司将客户付款的一部分投资于"自然基础设施"。这些基金被称为"生态系统服务奖励机制"，用于基于自然的水措施，比如恢复与自然合作的古老传统；保护高海拔的湿地和森林；引入划区轮牧恢复受损的草地；或者回归传统的牲畜，比如羊驼和美洲驼——相比于牛羊，它们在陆地上行走更轻盈，吃草量更少。

目标不是取代灰色基础设施，而是利用"慢水"项目使旱季的供水更有弹性、更持久。法律迫使政府机构投资于保护和恢复自然基础设施，就像他们曾经投资于水坝和净水设施等。人们意识到，上游的行动可以帮助确保下游的供水。以前，如果自来水公司投资于流域，人们会认为这是滥用公共资金；但现在它必须这么做。

然而，尽管秘鲁制定了前瞻性的政策，但付诸实践的速度却很慢，部分是因为政府人员更替频繁——6年内有6任总统。另一大障碍——同时也是大多数国家面临的障碍——是克服水务部门根深蒂固的做法，尝试一些新东西。

2018年，加拿大全球事务部和美国国际开发署承诺在5年内投资2750万美元，帮助秘鲁启动创新项目。这笔钱捐给了NGO"森林趋势"，该组织从2012年以来一直致力于为秘鲁的水提供基于自然的解决方案。该组织的利马办公室执行主任费尔南多·莫米（Fernando Momiy）近二十年来一直倡导这个理念——先是在政府中担任秘鲁国家卫生服务监督局的负责人，然后是通过"森林趋势"。他监督了对水的使用者征税的早期实验，在莫约班巴的云雾小镇扭转了森林砍伐，在库斯科解决了乡村和城市居民的用水冲突。该NGO的倡议被称为"水安全的自然基础设施"，旨在提供专门的技术知识。

"森林趋势"的副主任吉纳·甘米（Gena Gammie）负责大部分的日常工作，她是一个聪明的美国人，充满了乐观进取的活力。我在"森林趋势"的利马办公室见到了甘米，这是一栋位于米拉弗洛雷斯高档社区的房子。甘米原本想要成为气候谈判专家，但在一次全球峰会后，她意识到人类无法逃脱灾难性的气候变化，于是她的幻想破灭了。她改变了方向，专注于适应。"水似乎是气候影响人类和社会的最明显的方式：更长久的干旱，更严重的洪水，"她告诉我，"无论我们做什么来改善水利，将有助于我们适应气候变化。"

作为在毛伊岛长大的白人[①]，她认为自己已经准备好在秘鲁成为一个"外国女人"。她的成长经历向她灌输了对原住民知识和当地文化的尊重。在她的小学课堂上，夏威夷原住民每周都来上文化课。与她今天的工作有关联的是夏威夷的ahupua'a传统[②]，这是一种以河流与山谷为中心的土地划分方法，从山顶到海洋的水被整体地管理。这是一种全球各地的政府和其他机构在几代人里都不再使用的看待水的方式。现在，有了"森林趋势"的投资，"我们有了做出真正改变所需的资源，但这是一个巨大的责任"，她说，"我们经常有这种感觉"。

在全球范围内，基于自然的解决方案在某些方面仍然不受

---

① 此处的"白人"（halo）这个词也有"非原住民"的意思。——编注
② 在夏威夷的传统中，每个独立的岛屿被称为Mokupuni，岛屿被分为若干个大区域Moku，Moku又分为若干个小区域ahupua'a。在夏威夷语中，ahu的意思是石碓，pua'a的意思是猪。这是因为夏威夷人会在两个ahupua'a之间用石碓作为分界标志；石碓上会放着猪，作为对酋长的献礼。

重视。其中一个迹象是，提供给它们的资金相对较少（如第一章所述）。而且，许多早期项目规模较小，人们倾向于认为它们是有吸引力的附加特色，而不是关键的工具。这类似于长期以来人们对太阳能和风能的态度（这种态度正迅速变得过时）：它们很好，但我们认为它们无法满足我们的大部分能源需求。像供能或供水这样的基本的事情，任何根本性的转变都取决于一个转折点，即克服几十年或几百年来的单一行事方式造成的根深蒂固的心态。伴随具有国家级雄心的计划，秘鲁有望证明"慢水"解决方案在流域范围内能取得多大的收效。

这样一来，它可以影响世界各地的人们，让他们根据自己的生态和当地知识，重建与水的健康关系。其他地方的文化也有各自通过渗透水进入地下来与自然合作的历史。世界各地的很多社区有类似于秘鲁的阿穆纳的设施：南加州用来补给含水层的派尤特渠；[12]西班牙南部的卡雷奥渠；以及伊朗、伊拉克、阿曼和中东其他地方的坎儿井。

保留下来的水和知识

古代人类与水的关系促使我踏上这段险峻的旅程，进入利马北部的山区，来到瓦曼坦加的村庄。与我同行的科学家正在收集当地阿穆纳的数据，以衡量这种古老的措施对于"利马饮用水和污水处理服务系统"等自来水公司的价值。瓦曼坦加的人民被称为"公社成员"（comunero），即农业集体的成员，他们会延长水在地下的时间，然后收获水来浇灌作物。他们的大部分灌溉水会渗入地下，并最终回到供应利马的河流；修复散落在高原上的废弃的阿穆纳，也可以为城市的居民延长旱季的供水时间。

我与鲍里斯·奥乔亚-托卡奇（Boris Ochoa-Tocachi）一起坐车，他是水文工程师，正在伦敦帝国学院攻读山地水文学博士学位。他现在是厄瓜多尔的一家名为ATUK的环境咨询公司的董事长，也是"森林趋势"的顾问。奥乔亚-托卡奇是一位友好、健谈的厄瓜多尔人，有一些原住民血统。他告诉我，小时候他和父亲一起穿过安第斯山脉，来到瓦曼坦加这样的村庄，他的父亲是一名律师，致力于为原住民农民争取更好的工作条件。"我有过这种联结，我真的很喜欢这种方式，因为你能够看到你自己的工作产生了影响。"他平静地告诉我。他在大学里主修工程学，但他的朋友们——他们在原住民土地上反对厄瓜多尔的石油开发——让他接触到环保活动，于是他被吸引去追随父亲的脚步。他说，与他们一起在高原上度过的一个意外的周末"彻底改变了我的生活"。

我们的卡车开始攀登令人眩目的山峰，我尽量不去看我们左边的那个豁开的峡谷。奥乔亚-托卡奇穿着灰黑相间的夹克，戴着墨镜，已经像这样旅行过很多次。他很随意地抓住翻车保护杆，以应对频繁的转弯。他告诉我，他的硕士论文的主题是公路建设，但他逐渐认识到，公路使环境更脆弱。"那对我来说是非常艰难的时刻。我意识到，我花了6年时间从事的职业基本上都是与自然相悖的。"这就是为什么他重新专注于水文学，他认为这是把环境问题与他帮助农民的热情结合起来的一种方法。

阿穆纳也极大地促使他的思维方式远离了标准化的工程。"第一次去瓦曼坦加的时候，我看到了渠道，那是一种启示，"他回忆说，"我意识到：'噢！所以我实际上可以与自然合作。如果我们想要储存水，不一定要建造水坝。'"有了这个顿悟，他成了一名水文侦探。

我们来到了11000英尺以上的高原，土地在我们周围展开，露出了种植着鳄梨、啤酒花、土豆和豆类的农田。最后，我们到达瓦曼坦加，那里有两层楼高的泥砖和混凝土建筑——有些涂了漆，有些没有——排列在狭窄的土路上。驴、马、牛、狗和人在这里闲逛。

我们在中心广场下了车，天主教堂就在这里，背对着更高的山峰。奥乔亚-托卡奇向我介绍了他的同事卡蒂亚·佩雷斯（Katya Perez），她现在不属于任何组织，但当时她是设在利马和基多的NGO安第斯生态区可持续发展联盟的社会研究员。在瓦曼坦加，佩雷斯与公社成员建立了联系，记录了他们在维修阿穆纳、共享水以及集体工作方面的知识与传统。这种社会组织类似于由亲属团体"阿伊鲁"（ayllu）组成的古代农业社区，"早在印加帝国以前，阿伊鲁就是每个安第斯国家的基石"，赖特在《被偷走的大陆》一书中写道。

佩雷斯带我来到欧亨尼奥·加西亚（Eugenio Garcia）的家中，他是一位年长的公社成员，戴着典型的安第斯黑毡帽，穿着匡威风格的帆布运动鞋，尽管脸上有深深的皱纹，但他灿烂而温暖的笑容传递出年轻人的气息。通过佩雷斯居中翻译，加西亚告诉我，瓦曼坦加有非常好的土地，但十分缺水。祖先的天才想出了如何使其发挥作用。他非常自信但有点无礼地说，他很自豪能够出力维护这种传统。

安第斯生态区可持续发展联盟的其他人到达后，我们在一家餐厅吃了一顿迟来的早餐，这家餐厅在安第斯城镇十分典型，位于某户人家的前厅。餐厅里有几张餐桌和一个卖肥皂、白瓜、饼干等商品的柜台。早餐是面包和当地人制作的白奶酪，质地像羊乳酪，但味道更温和。我去了一趟卫生间，途中穿过一个大厅，来到一个挂着晾衣绳的开放中庭，洗好的衣服和风干的肉并排挂在那里。

短短几个小时内从海平面高度的利马突然上升到 11000 英尺以上，这意味着我们不太适合攀登海拔近 13000 英尺的阿穆纳。高原反应似乎是随机的；此外，极其稀薄的空气使徒步旅行成为一项缓慢的活动。奥乔亚-托卡奇和哈维尔·安蒂波特（Javier Antiporta，安第斯生态区可持续发展联盟的林业工程师）通常在旅行中徒步前往高原收集数据。但今天，村民带来马匹租给我们。我的坐骑是一匹黑色的雄马，身上有大块的白斑，它有闻屁股的倾向，会激怒其他的马。它似乎对这次旅行没有热情，一直走在队伍后面，但它很温柔地坚持着。它驮着我走上陡峭的斜坡，吃力地喘着气，我对它表示感激和同情。

往城镇上方走一段距离，我们到达了另一个起伏的高原，这里的普纳草地①上散落着低矮的油脂木花丛和开着颓废的紫

---

① 普纳草地，即秘鲁安第斯山的高山草地。——编注

花的羽扇豆。层峦叠嶂，似乎无穷无尽。一群彩鹮飞过，它们的绿黑色羽毛在强烈的阳光下闪着色彩斑斓的光，在这个阳光下天气很快变得适宜穿着 T 恤，尽管在夜晚我们会穿上羽绒服、戴上帽子。一只巨大的鸟在高空翱翔，我感觉有些头晕目眩——可能是因为温暖的自然美景，加上我头顶有一只安第斯秃鹫，也可能是因为氧气不足。

在我们前面，一块长方形的岩石从一个小池塘中间露出来。安蒂波特解释说，这块岩石在克丘亚语中被称为"万卡"（Huanca），它向下延伸 6 英尺，标志着它是一个神圣的区域，当地人在这里取水。"万卡"可以翻译为"巨石"或"图腾"——基本上是一个神圣的标识。佩雷斯后来告诉我，万卡与水密切相关，瓦曼坦加人认为它们是祖先的神。为了尊重传统和维系传统的资源，他们在池塘里放一块万卡。水从高山溪流到阿穆纳—渗滤盆地—下坡泉水—溪流，然后到收集和储存水的池塘。我们面前的池塘是 14 个中的一个。这些池塘的俗称是"祖父母的潟湖"，反映了它们的古老。

俯瞰池塘的是另一块万卡，一块水平放置、长度可能有 15 英尺的岩石，它长着地衣，上面有一个石座和一个木制十字架。安蒂波特告诉我，这个十字架戴着缎子围巾、鲜花和金属花环，反映了当地人将天主教融入传统信仰中。在这种情况下，十字架也被称为万卡——一层宗教传统叠在了另一层宗教传统之上。

对资源和彼此的照看是安第斯传统文化的基础。在《被偷走的大陆》一书中，赖特解释了这些社会"像美洲的许多其他社会一样，建立在互惠而非掠夺的伦理之上"。[13]一直存在的原住民传统规定了这些价值观，包括公社成员公平使用水和共同维护阿穆纳。每年12月或1月的雨季开始时，公社成员会走进山区，在一个被称为faena（克丘亚语，意思是"公共任务"）的工作日中，清理阿穆纳的碎片和淤泥。雨季结束时（通常是4月左右），他们会再聚集一次，清理那些在雨水下坡时会局部充满沉积物的低海拔渠道。

在瓦曼坦加过夜后，我了解到更多的信息。我在早晨7:30拜访了公社成员费雷尔·希门尼斯·德拉罗萨（Ferrer Jimenez de la Rosa），他挤完了牛奶，他的妻子正在做奶酪。他告诉我，4月的工作日之后是一个聚会，名为"水节"。村民用鲜花装饰帽子，并向土地和水敬献古柯叶、香烟和酒。然后他们重新祭祀万卡，重新装饰十字架，唱天主教的歌曲。最后，他们欢迎这一年的新的水管理者，即一位负责公平分配水并对浪费者进行处罚的公社成员。

另一位公社成员卢西拉·卡斯蒂略·弗洛雷斯（Lucila Castillo Flores）是一位穿着裙子、戴着宽边帽的祖母，脸上露出亲切的微笑。她和4岁的孙女坐

图6.1　来自瓦曼坦加的村庄的公社成员卢西拉·卡斯蒂略·弗洛雷斯告诉我："如果我们播种水，就可以收获水。"（Photo © Erica Gies）

在中心广场附近的小商店里，向我解释了这场聚会的意义：
"我们相信，这就像是给大地付款，它就可以永远给我们足够
的水。"

原住民的知识＋科学

在高原上，我们离开万卡，骑马上了更远的山，在那里我
终于见到了滋养他们的阿穆纳。这是一条宽约 2 英尺、深约几
英尺的渠道，它像蛇一样沿着山丘的轮廓蜿蜒了近一英里。现
在是旱季的中期，它
几乎没有水，液体财
富已经被输送到一个
碗状的岩石洼地，并
从那里渗透到地下。
卡斯蒂略·弗洛雷斯
把这里发生的事情比
喻成播种水，她用到
了 sembrar 这个动词，
意思是"播种"。"如
果我们播种水，就可
以收获水，"她告诉
我，"否则我们就会
有麻烦。"

图 6.2　公社成员（安第斯山脉的公社农民）使用这样
的阿穆纳把供水延长到旱季。(Photo © Erica Gies)

人们小心翼翼地把岩石堆放在一起，阿穆纳通常是透水的，一些从山涧分流出来的水在进入渗滤盆地的过程中会泄漏出来。然而，我们要看的这1640英尺长的一段，是公社成员在2015年用灰泥涂抹的。安第斯生态区可持续发展联盟、斯坦福大学的"自然资本项目"以及秘鲁的NGO Aquafondo资助了这项工作；目标是确保更多的水离开溪流更远。奥乔亚-托卡奇解释说："如果水渗透到离分流点太近的地方，它几乎会立刻回到溪流中，而不是流向泉水。"然而，不一定要用灰泥修复阿穆纳，因为一些分流的水仍然会流向渗滤盆地。

我们下了马，让马自己吃草，然后我们走到渠道边。在阿穆纳的起点前面，也就是溪流水被分流到渠道的位置之前，研究人员安装了一个小型测流堰，就像我在英国西德文的河狸建筑群中看到的那样。测流堰是监测河道流量的经典水文工具，它是一块垂直放置在河流上的金属板，上面刻着V形的凹槽。它位于两个河岸之间，形成了一个小池塘，抬高了水位，所以即使现在流量很低，水也可以通过V形槽，研究人员可以准确地测量水流。"你看到的流出测流堰的水流，和流入池塘的水流是一样的，"当其他人在阳光下闲逛的时候，奥乔亚-托卡奇对我说，"是这个结构使它很容易测量水流。"

V形槽的几何形状是标准的，所以测流堰后面的水的高度可以换算为体积。在这里，他们用压力传感器测量高度，传感器放置在管道中，而管道浸入测流堰形成的池塘内。传感器上的重量越大，意味着水位越高，因此流量越大。

在我们头顶，一种植物从溪边的悬崖上发芽，裸露的长茎上悬挂着一簇簇尖叶，让我想起了20世纪中叶的现代灯具。每个花环的末端是一簇粉色的管状花朵，有我手指那么长，花蕊像百合一样。后来我发现，这是与"名人"擦肩而过。这种植物是坎涂花，有时也被称为"印加钟"或"魔法花"。我能理解其中的意义——它是植物学上的奇迹。除了美丽，它还具有药用、实用和文化价值，是秘鲁的国花。

然而，这美景之中也有危险。在离开阿穆纳之前，我们小组中的一个人开始出现高原反应，感觉虚弱和恶心。安蒂波特为这一时刻做好了准备，从背包里拿出一个小氧气瓶。我们坐在阿穆纳的边缘，吃着零食；而出现高原反应的同事通过面罩呼吸氧气，直到恢复得可以继续下坡。

我们跳上马背，骑马下到半山腰，停在一个泉水旁边，泉水由该地区的一个阿穆纳滋养。在这里，穿过岩石和土壤的水渗透到一条潺潺的溪流中。"你看，比起我们在测流堰中看到的溪流，这里的水实际上是很多的。"奥乔亚-托卡奇很满意地说道。

关于阿穆纳最了不起的一件事情是，村民们知道哪条渠道滋养着哪个泉水，这表明他们很了解地下水的路径。通过采访他们，佩雷斯已经能够记录他们对这些联系的了解，这种知识是代代相传的。

奥乔亚-托卡奇认真地说，城市居民往往低估了乡村人和原住民的专业知识，但他和其他研究人员通过水文追踪验证了公社成员的知识"非常准确"。研究人员在阿穆纳的水流中添加了示踪剂，然后用灵敏的探测器追踪这些分子如何出现在泉水滋养的池塘中。奥乔亚-托卡奇说，这一发现"让我们感到惊讶",足以平息那些城市里的怀疑论者。"它表明,我们实际上可以利用和重估原住民知识,把它作为现代科学的补充,为当前的问题提供解决方案。"

我遇到的村民都不知道他们的祖父如何在阿穆纳和泉水之间找到具体的地下路径。但欢迎我去他家的公社成员加西亚告诉我,最近几年他们又用灰泥涂抹了另一条阿穆纳。之后,他们观察到某一个泉水中的水流更满了。发现地下的路径可能是实验和密切观察的结果。

*

回到瓦曼坦加,在一顿有牛奶汤、咖喱牛肉、木薯、土豆和自制奶酪的晚餐上,奥乔亚-托卡奇、安蒂波特和佩雷斯向我解释了他们的研究结果,说明了这一古老的知识如何有助于解决秘鲁的水荒。[14]在测量了流入阿穆纳和流出泉水的水流之后,研究人员模拟了恢复散落在安第斯高原上的许多废弃的阿穆纳并修建新的阿穆纳,会如何帮助利马。

利马通过灰色基础设施将冬季河水储存在水库中,即便如此,它仍然每年短缺5%左右。这听起来可能不多,但平均每年的缺额接近114亿加仑,相当于47.5万利马居民一整年的需求。(由于每年的需求量只计算那些由管道供水系统提供服务的人,它不包含没有城市供水的150万利马居民,所以实际的短缺肯定更严重。)

研究人员计算出,里马茨河(Rimac River)流域的阿穆纳可以弥补这一短缺——里马茨河是比奇利翁河更大的利马水源。根据他们的模拟，里马茨河流域的雨季的河流有35%流入阿穆纳，剩余的水留在河中支持水生生物。他们还做了一个保守的假设，即分流的水有一半会进入环境——深入地下或通过植物的蒸腾作用释放到大气中。然而，剩余的大约260亿加仑是利马缺水额的两倍多。而且由于穷人用水远远少于富人，剩余的水也许可以服务于大部分没有城市供水的人。如果算上同样为利马供水的奇利翁河与卢林河（Lurin River）流域，那么剩余的水量会超过260亿加仑。[15]

研究人员试图回答的另一个关键问题是，水的出现究竟被推迟了多久。他们发现，阿穆纳的水在地下的时间为2周到8个月，平均被延缓了45天。扩大阿穆纳的使用范围将使里马茨河在旱季开始时的流量增加33%，从而推迟水库管理者必须使用利马水库的日期。

像这样的研究显著地扩大了秘鲁国家计划的推广。尽管新的法律要求投资于自然基础设施，但秘鲁的技术、规划和金融系统并没有真正地为此类支出做好准备。"森林趋势"正在与当地机构合作克服这些障碍，收集和发布数据是这项工作的一部分。在世界各地——包括在秘鲁——决策者都来自混凝土社会。他们默认选择水坝、河堤等灰色基础设施，因为这些选择得到了大量科学论文的支持，论文还精确地量化了它们的好处（尽管往往忽略了它们的危害）；而支持自然基础设施的科学仍然很年轻。正如甘米所说："灰色基础设施有150年的领先经验。"

造成这种困境的部分原因是，项目必须在建成之后才能被研究。在某种程度上，这是一个"先有鸡还是先有蛋"的问题：先有项目，还是先有数据？当然，世界各地在建设自然基础设施的时候，往往没有足够的资金来监测它的运行。对于获得国际融资，这是一个障碍，它限制了更多项目的建设。[16]因此，阿穆纳这样的研究对于改变我们的水利方式至关重要。它将"慢水"项目的功效转化为决策者可以使用的语言。

奥乔亚-托卡奇正在秘鲁等地从事许多其他研究，为越来越多的自然基础设施项目做出贡献。总的来说，迄今为止的研究表明，这些与自然合作的项目带来了多种好处，成本往往比工程替代方案更低。

受到阿穆纳研究结果的鼓舞，"利马饮用水和污水处理服务系统"正在投资300万美元，加固瓦曼坦加上方的12个阿穆纳，同时新建2个阿穆纳，并恢复附近的草地。它还投资于恢复和支持其他城镇的阿穆纳。其他原住民的技术也鼓舞了"利马饮用水和污水处理服务系统"。在另一个山村，该公司正在设法恢复andenes：这是一种用于农业的梯田系统，可以收集和渗透水，为作物节约用水，减少土壤侵蚀。[17]

生态系统服务

决策者之所以不愿意支持基于自然的解决方案，有另一个更微妙的原因。全球资本主义是一种占主导地位的经济体系，它认为大自然给予我们的一切都是理所当然的。湿地清洁和储存水。树木释放氧气，呼出水分形成雨，并冷却空气。珊瑚礁与红树林保护我们的家园免受风暴侵袭，并为我们食用的野生鱼类提供育儿栖息地。土壤中的有机物质养育了我们的食用作物。昆虫和鸟类为它们授粉。在我们的经济体系中，这些资源是免费的，或者几乎是免费的。

工业对这些资源造成了伤害（比如增加的短缺或污染），而承受这些伤害的人往往不是从中获利的人，而是大自然或边缘化的人。经济学家把这些成本称为"外部性"，因为它们位于经济体系之外。石油公司将污染物排放到原住民赖以饮食的河流中，但前者一般不会为此付出代价。水坝威胁了河流动物的生存，也让自给自足的渔民损失了食物，但建造者不会为此赔偿。即使淹没了文化遗址，或者迫使人们离开祖先的村庄，这些行业也很少付出代价。（许多地方正在通过法律，试图纠正这些疏忽，但工业界往往通过施加政治压力来避免后果。）这是使富人更富、穷人更穷的一个主要方式。

主流经济学的另一个关键缺陷也影响了水和环境的其余部分，那就是它的永恒增长目标。我们的经济大部分依赖于自然资源，而这些资源是有限的——经济体系没有认识到这个现实。如果我们认为自然资源是理所当然的，就不会为资源枯竭或生态紊乱而未雨绸缪。事实上，标准经济学的核心就是稀缺：当某样东西由于过度开发而变得稀少时，它就会更有价值，某地、某人就会从中获利。最终，各行业会寻找替代方案，重新开始这个循环。全球资本主义的目标不是简单地为每个人提供足够的东西，而是为特权阶层攫取尽可能多的东西。

把某种东西掠夺到经济灭绝的程度，这个目标与该物所属的系统的长期健康是背道而驰的。全球贸易往往会加剧这一现象，因为当工业界耗尽本国的资源，或者发现其他地方的资源更便宜，他们就会转向国外，在那里损失处于人们视野之外，没有控制消费的激励。[18]相比之下，奉行互惠主义的文化，比如公社成员，植根于富足的心态：你给予别人东西，同时相信你也会得到你需要的东西。

永恒增长的逻辑漏洞也体现在人口问题上，人口统计学家认为，一些国家的人口增长放缓是一个大问题，因为没有足够的年轻的工作人口支付养老金计划，以供养更大数量的老年人。根据这种观点，人口的永恒增长似乎是我们的目标，是支撑当前经济体系的拐杖。这种假设忽略了地球的局限性，以及人口增长带来的所有问题：从住房、食物和水的短缺，到生态系统的破坏。

因为主流体系的建构忽略了所有这些问题，因为它着眼于短期利润，而不是长期可持续性，决策者可能不理解基于自然的解决方案的必要性。然而，经过几个世纪对生态系统的索取和掠夺，在没有任何支持和保护的前提下，大自然自由给予的能力几乎已到尽头。随着生态系统的崩溃，它们的服务也随之崩溃。在我们与水的相互关系中，这一点表现得最为明显。2018年，世界银行行长金墉（Jim Yong Kim）表示："我们的粮食安全、能源可持续性、公共卫生、就业、城市——生命本身所依赖的生态系统都因为当今的水利方式而面临危险。"[19]

环境经济学、生态经济学和稳态经济学等领域试图纠正这些破坏的不准确之处。在2017年出版的优秀著作《甜甜圈经济学》（*Doughnut Economics*）中，经济学家凯特·雷沃思（Kate Raworth）提出了一个模型，既适用地球的边界，又适用于人类平等的社会基础。有迹象表明，这种想法可能正变得越来越主流：2021年春天，联合国通过了一个新的框架，在衡量经济繁荣和人类福祉的时候，将自然的贡献纳入其中。该框架有一个朗朗上口的名字，即"环境经济核算与生态系统核算体系"（SEEA EA），旨在将"自然资本"纳入经济报告之中。自然资本包括森林、湿地和其他生态系统。这一框架将超越长期占主导地位的国内生产总值（GDP），后者忽视了经济对自然的依赖和影响。在关于新建议的备忘录中，联合国表示："超过34个国家正在实验性地编制生态系统账目"，预计会有更多国家加入。[20]

1997年发表在《自然》（*Nature*）杂志上的一项开创性研究解释了"自然资本"的概念，该研究试图量化一个问题：如果我们破坏了生态系统服务，而人们不得不试图制造替代品，将花费多少钱？[21]如果被污染的水需要净化，要花费多少钱？如果没有可用的水，需要通过海水淡化，将花费多少钱？如果给作物授粉的昆虫都灭绝了，人们必须手工施肥，这将花费多少钱？当时的价格是每年33万亿美元，略多于全球GDP。2014年，研究人员更新了他们的研究，估计为每年125万亿美元，是当时全球GDP的1.5倍多。[22]考虑到这些价值，人们创造了为生态系统服务付费的想法，试图将大自然为经济提供的价值纳入会计账簿——将"外部性"转移到系统内部。[23]

并非所有致力于可持续发展的人都支持这一举措。他们认为，其他物种和自然本身拥有基本的生存权，这种生存权与它们是否有益于人类无关。主张自然权利的律师提出了相同的论点。出于这个原因，他们说，给大自然为人类所做的事情标价是不道德的。因为物种和自然的基本生存权从某种意义上来说是无价的；因为这种定价使使用自然或保护自然成了一种市场决策，从而意味着自然可能被任意破坏。但那些倡导生态系统服务的人——包括"森林趋势"等 NGO 或斯坦福大学的"自然资本项目"等智库——认为，如果想让企业或政府重视某样东西，你就必须把它翻译成他们的语言：金钱。

秘鲁政府授权的"生态系统服务奖励机制"在一定程度上受影响于早期以自愿支付生态系统服务为中心的项目。例如，在厄瓜多尔和哥伦比亚，由企业或下游用户提供资金的区域水资源基金，帮助建设了支持水资源的自然基础设施。尽管"生态系统服务奖励机制"具有不同的结构，但它承认自然生态系统在供水方面的作用，这是基于同样的认识，即生态系统提供了人类所需的东西。

这些想法听起来可能很激进，但并不局限于边缘人群。考虑一下 2019 年发表在《生物科学》（*BioScience*）杂志上的一封信，标题是"世界科学家对气候紧急情况的警告"。[24] 来自 153 个国家的 11258 名科学家签署了这份宣言，呼吁"经济政策方面的大胆而彻底的转变"，包括"从 GDP 增长和追求富裕，转向维持生态系统和改善人类福祉"。

＊

不过，很难把愿景变成现实。尽管秘鲁的国家政策支持对生态系统服务的投资，但政府的频繁改组减缓了它推广的速度。

回到利马，在自由部落区，我见到了弗朗西斯科·杜姆勒（Francisco Dumler），他穿着一件灰色羊毛人字纹大衣和鲑鱼粉色裤子，衣着整洁，发际线后退。2019 年 7 月，他刚刚被任命为利马自来水公司"利马饮用水和污水处理服务系统"的董事会主席。在他的职业生涯中，杜姆勒从事过许多政府工作，除了在秘鲁国家水务局，他还从事过住房、卫生相关的工作。他是费尔南多·莫米的老同学，后者创造了"水安全的自然基础设施"的概念。我祝贺他的新职位，并且问他，考虑到明显的人事变动，他会在那里干多久。

"两年。"他毫不犹豫地回答。

他对人事方面的旋转木马无动于衷。他告诉我，他决心建造尽可能多的项目，最大限度地利用自己的任期。"我的工作是向住在海边的人解释，我们需要愿意付钱给那些在山上为我们照顾水的人。因为利马人依然认为水是一种魔法，只要打开水龙头就会有。"他还列举了混凝土文化：公用事业的决策者接受的教育都是关于水坝、管道和海水淡化厂的。生态系统以及它们对供水的影响，对这些人来说是陌生的领域。他棕色的眼睛眼角略皱起，微笑着问道："你觉得我花了多少时间来解释阿穆纳是什么？或者试图向他们解释如何恢复古代文明最初开发的梯田？"

　　对于先有数据还是先有项目的问题，杜姆勒很清楚：项目。他指出，自然基础设施确实很便宜。他的理念是：建造它们，监测它们，看看哪些是有效的。为了证明他是如何工作的，杜姆勒打开WhatsApp，向我展示了他与官员就具体项目细节进行的对话。他向我保证："在这方面我是一个真正的信仰者。"

　　两年后，甘米告诉我，杜姆勒仍然在这个职位上，极大地推动了项目的进展。当我在2021年年中写到这里时，秘鲁50家自来水公司里有40家正在筹集"生态系统服务奖励机制"基金，总共筹集了3000多万美元。秘鲁国家卫生服务监督局预计，到2024年他们将筹集至少4300万美元。公用事业正在通过全国60多个项目将这笔资金投资于他们的自然流域，包括阿穆纳和一个罕见的高海拔持水生态系统。[25]

浸透了水的垫子

　　再次离开利马，这一次是沿着里马茨河向东北方向前进，我跟随"森林趋势"的一群地区水专家来到一个罕见的高海拔热带泥炭地，被称为 bofedale，或者"垫状沼泽"（cushion bog）。垫状沼泽是安第斯山脉独特的高山河谷，它主要是适应热带山地环境的植物，尽管有强烈的阳光、强风、短暂的生长季节、每天的霜冻和季节性的雪，它们仍然茁壮生长。

泥炭地的土壤，包括垫状沼泽的土壤，有机物质的比例高于其他土壤，因此它们拥有异常良好的持水能力。虽然泥炭地只占全球陆地面积的3%，却储存了全球10%的淡水[26]（更不用说占全球30%的土壤碳）。在安第斯山脉的陡峭地形中，垫状沼泽减缓了雨水径流，防止了洪水和山体滑坡。随着冰川消失，湿地在延长旱季供水方面发挥着更重要的作用。由于垫状沼泽四季常青，它们拥有丰富的生物多样性，鸟类和哺乳动物经常光顾，包括鹿、美洲狮、山狐、南美草原猫、小羊驼和原驼——原驼是家养羊驼和大羊驼的野生祖先。[27]

我们在一条蜿蜒、低速的单车道土路上行驶了几个小时，一直开到云端，却只走了60英里左右。一路上，迎面而来的车辆让我们胆战心惊，成群结队的大羊驼和"墨西哥卷饼"触动我们的心——"墨西哥卷饼"是当地对美洲驴的昵称，考虑到我的加州血统，我不禁嗤之以鼻。（墨西哥卷饼是一种以玉米粉薄烙饼为基础的食物，并不属于秘鲁美食。）最后，在经过卡兰波马区的安第斯小村庄之后不久，我们到达海拔近15000英尺的一个地方，那里的河谷变宽了，有一个季节性的湖泊和垫状沼泽。但有些事情很不对劲。土地被泥炭"偷猎者"切割成棋盘状，一块块边长5英尺、厚1英尺的方形土块，被卖给了利马的苗圃。剩下的小块刚刚被剥离到自然环境中，随着有机物的氧化，散发出腐烂的气味。裸露的土地上堆满了土丘，有一种病态的锈迹。我们拉起夹克衫的兜帽，顶着猛烈的狂风，跌跌撞撞地走在凹凸不平的路面上，脚下踢起了尘土。这些泥炭经过了几千年的沉淀，却在几分钟内就被破坏了。安第斯生态区可持续发展联盟的一位水安全专家捡起一些干燥的土层，宣布说："这是一个公益广告：当你在利马的时候，不要为你的观赏植物或蔬菜购买这个。用堆肥替代。"[28]她的观点是：破坏向沙漠城市供水的生态系统，用来培育这个城市里的东西，这是毫无道理的。

可悲的是，当泥炭盗窃案发生时，"森林趋势"和其他当地NGO正试图说服"利马饮用水和污水处理服务系统"投资于该地区的保护。甘米给我看了她手机里2016年初拍摄的照片。照片里的山谷覆盖着一片郁郁葱葱的绿色，就像传说中的香格里拉，或者电影《音乐之声》（*The Sound of Music*）中玛丽亚踢腿的高山草甸，是一种田园牧歌的场景。甘米第一次见到它是在2013年，她满怀感情地回忆道，在漫长而干燥的车程之后，这里正在下雨。"我想：'这是一个神圣的地方。河流从这里开始。而且它是该流域唯一真正下雨的地方。'"

但是在2021年3月，多年的努力得到了回报。"利马饮用水和污水处理服务系统"的高管和几位国家部长从利马长途跋涉到卡兰波马区，参加自来水公司的85万美元投资的启动仪式，目的是恢复被破坏的地区，保护仍然健康的垫状沼泽。[29]该项目将与社区合作，让放牧远离受影响的地区，并引入对垫状沼泽的监测。

秘鲁有保护湿地的法律，但执法管辖权很模糊。为了明确这一点，"森林趋势"正在与当局会面，并为社区编写一份手册。该手册将指导当地人应该做什么[30]（比如拍照和定位GPS坐标），以及通知哪些当局。为了恢复被破坏的湿地，人们重新引入从附近地点精心搜集的植物，并确保有水流来支持它们。科学家不知道恢复泥炭需要多长时间，但"森林趋势"希望，大自然可以因为这一点帮助而快速开始愈合。

幸运的是，这些高地上仍然有一些健康的湿地，我终于看到了它们。离开了

图6.3 人们为了苗圃贸易而盗窃泥炭，破坏了这个重要的生态系统。水文侦探希望，如果他们恢复了当地的植物，重新连接通往该地区的水道，这个垫状沼泽就会恢复。(Photo © Erica Gies)

被亵渎的泥炭地，我们绕过一座小山，另一个高山河谷展现在我们面前。低矮的、松软的绿色垫子上点缀着高山的小花。一些小水池中散布着一种主要的植物，寒蔺属。这种地形前面是一片水蓝色的冰川湖，后面是一座光秃秃的山峰，山上的冰川在如今的卡兰波马区村民出生前就已经融化了。在昏暗、赭色的群山中，绿色和浅绿色是生命之光。

在所有这些项目中，当地社区的受益是非常关键的，因为只有这样人们才会积极地采取土地管理和水管理措施，最终造

福于更广阔的流域。

　　从水费中筹钱投资基于自然的项目，这个过程起步很慢，但"利马饮用水和污水处理服务系统"正在保护这些湿地，表明人们的态度正在发生变化。灰色基础设施的传统方法通常是建造某个东西，把物理干预作为一种成就，而不是保护自然生态系统。这种本能的一个例子是库斯科的自来水公司的一个被误导的早期项目，该项目是自然基础设施计划的前身。

图6.4　垫状沼泽是热带山区的一种罕见的生态系统。这些湿地减缓了水流，把供水延长到旱季，防止山体滑坡和洪水，储存大量的碳，并为许多鸟类和动物提供栖息地。（Photo © Erica Gies）

为了加强城市的供水，该公司通过将更多的雨水渗入地下，来收集由于过度放牧而从山上流下的水。事实上，从土壤到被称为ichu（克丘亚语，意思是"稻草"）的标志性金色丛生禾草，库斯科上方的安第斯高地自然生态系统就是用来储水的。这种草有助于保留降水，并将其转移到地下，秘鲁国家卫生服务监督局的主管刘易斯·阿科斯塔解释说："Ichu 是一种高效的植物，它不会消耗大量的水，因为它的螺旋状叶子可以防止水分蒸发。"而且它的根系可以捕捉降雨，方法是在地下开辟一条水的流动路径。

　　但是，库斯科的自来水公司的项目经理并不想恢复这种自然景观，而是想建造一些东西。他们在山的两侧切了几十条紧密排列的水平沟渠，仿佛一位巨人禅宗园丁刚刚梳理过它。但他们所做的一切进一步削弱了 ichu，所以在几年内，沟渠被严重侵蚀了。我去的时候，现任的项目经理正在沿着沟渠的下坡边缘重新种植 ichu，从而固定土壤。2020 年，奥乔亚-托卡奇与人合作，分析了多项国际研究，探讨了诸如此类的渗透渠道是否真的将水带入土壤。研究人员得出结论，目前还不清楚它们的作用，并且提出，自然的土地覆盖①可能会提供更大的水文效益。[31]

　　然而，专注于使用自然的项目也会被误导。"有时候我们做决定只凭热情，"奥乔亚-托卡奇解释道，"我们会说：'噢，我们想保护自然。所以我们必须在这里种树。'"但在草原上植树——秘鲁的普纳草地和厄瓜多尔类似的安第斯高山草甸已经尝试过这么做——会减少可用的水，因为树木比本地的草消耗更多的水。在库斯科之外，我看到桉树被连根拔起，因为人们看到这些树木在脆弱的生态系统中消耗了大量的水，于是推

---

① 土地覆盖，即以地表植被为主的陆地表面覆盖层。——编注

翻了之前的另一个项目。

　　因地制宜的解决方案——与当地的水、植物群、土壤、地质、地形相协调——可以更好地避免这些陷阱。由于沟渠或种植桉树这样的错误做法，决策者和公众会对自然基础设施产生更广泛的怀疑。因此在指导项目方面，科学研究和重视原住民知识非常重要。

　　"我们现在没有我们想要的所有信息来做出最好的决定，"甘米承认，"但我们可以做出好的决定。"幸运的是，秘鲁的水务监管机构秘鲁国家卫生服务监督局要求地区的公用事业监督并报告所有 MRSE 项目。于是这里的人可以在工作中不断学习和提高。随着时间的推移，秘鲁的研究机构将为这一不断增长的领域做出重大贡献。

　　在全球水利工作者都在努力寻找新方法来提高社区供水的灵活性和弹性的时候，这一点至关重要。甘米解释说，以前的许多水管理者，会基于相对稳定的水模式以及对水坝和水库的长期投资，制订 20 年的计划。但是同样的投资，可能会使今天的水管理者陷入注定失败的解决方案。填充这些水库的雨水可能不会到来，根据历史天气建造的水坝可能无法容纳我们今天看到的巨大暴风雨的径流。

　　另一方面，基于自然的水措施规模较小、分布在整个景观中，就像能源领域的太阳能和风能。它们的建造速度比大型水坝要快——后者可能需要 10 年或更长时间。基于自然的解决方案可以根据需要扩大规模，或者在人们看到它们的效果后更容易地根据需要进行调整。奥乔亚-托卡奇说，在秘鲁，阿穆纳

是模块化的和可调节的，它们的成本大约是灰色基础设施的
1/10。

　　在整个流域推广"慢水"解决方案——这是秘鲁现在的做
法——其学习曲线几乎和安第斯山脉一样陡峭。但秘鲁转向自
然水利基础设施，这并不是一场演习。甘米总结说，随着日
益严重的水危机和气候危机，"我们没有太多时间采取这一行
动——可能只有5到10年"。

第七章 让洪泛区成为洪泛区：工业时代的解药

水利工作者之间流传着一个笑话：世界上只有两种河堤，一种是已经决堤的，一种是将要决堤的。那么，我们为什么如此依赖这种根本不可靠的东西——而且气候变化使它变得更不可靠？我们的主流文化从近距离地观察水的需求并适应水的需求——就像南印度的泰米尔人和秘鲁安第斯山脉的瓦里人那样——转变为傲慢地试图控制水，这是为什么？答案超越了人类与水的关系，更广泛地延伸到人类与自然的关系。其根源在于一种权宜之计，即人类和自然的文化分离，使我们能够毫无良心地剥削自然。

在犹太–基督教思想中，自然界的存在是为了人类的利益，这一观点源于《圣经·创世纪》。人类将要"管理"所有其他动物。人类将要生养众多，"遍满地面，治理这地"。犹太–基督教传统与我们谈论的问题相关，是因为许多主流文化以它为基础输出到世界各地，首先是通过欧洲和美国的殖民主义，然后是通过国际贷款需求。（虽然今天有些基督徒认为"管理"要求的只是照管财产，爱上帝意味的是关爱他创造的世界——他们称之为"关爱受造世界"。）

基督教学者用"存在锁链"更明确地表达了这一观点。存在锁链是所有生命的等级组织，最上面是上帝，其次是天使、国王、其他人类、哺乳动物、鸟类、鱼类、植物和矿物。他们受古希腊哲学家亚里士多德的启发，后者的生物学著作《动物志》（*History of Animals*）将脊椎动物排在第一位，然后是无脊椎动物，然后是植物。17世纪，法国哲学家勒内·笛卡尔（René Descartes）认为，人类是唯一理性的存在，因此有别于自然界和其他动物，并高于它们，其他动物不过是没有头脑的自动机器，只对刺激作出反应——这种观点后来被科学家一再推翻。

在工业革命之前，人类至上主义的流行是为人类利益而剥削自然的一种便利方式。这种观点深深地植根于我们的现代经济体系中。举个例子，人们会认为保护一个自然区域或一个物种代价太高，因为它牺牲了人类的就业和企业的利润。环保主义者奥尔多·利奥波德谴责这种单向的心态，他说："（人类）与土地的关系仍然是严格的经济关系，包含特权，而不包含义务。"

随着殖民化的发展，将大自然和原住民视为"他者"的观念变得更加根深蒂固。殖民者侵占了对他们来说遥远的、陌生的地方，他们发现了对人类生命的新威胁：蝗虫吞噬了庄稼；黑豹跟踪森林里的人；漫长的严冬带来了疾病和饥饿；沼泽吞噬了马车，滋生了带病的蚊子。自然界冷酷无情，甚至会惩罚人类，这种感觉导致人类对抗自然。这是一场战争，一场殖民者往往失败的战争。胜利需要被庆祝，然后变成故事，变成蓝图。

水与工业时代的人类的关系，戏剧性地偏离了它与早期人类的关系——不仅在哲学上，也在规模上。批量生产、技术和化石燃料放大了我们的力量，于是天平似乎向人类倾斜。但是，如果我们没有补偿性地改变观点来缓和人类的影响，那么最初让我们战胜自然的一些东西，最终会导致大规模的破坏。而我们直到现在才开始应对这些破坏。

为了追求对水的控制，我们沉迷于超级工程——建造河堤，疏导河道，建造水坝，掩埋溪流和湿地。随着我们治水的努力范围越来越大，失败的赌注也越来越高，无论是在农业地区（比如美国中西部与荷兰等地），还是在快速扩张的城市（比如在中国）。当水凭借自己的力量夺取它想要的东西，其结果并不美好。根据世界资源研究所的"沟渠工具"，2010—2030年期间，世界范围内受洪水影响的人数预计将翻倍。沿着河流，每年受影响的人数将从6500万上升到1.32亿，损失将从1570亿美元上升到5350亿美元。在沿海地区，受影响的人数将从700万上升到1500万，损失将从170亿美元上升到1770亿美元。[1]

为了应对灾害，荷兰与中国等地开始放松工业方法，大规模地为水提供空间。人类在工业时代给自己带来了各种弊病，而荷兰与中国的措施为这些弊病设定了一个改正的方向。

在寻求控制水的过程中，我们失去了很多东西：土壤和土地的保留、海岸的自然保护、水的清洁服务、碳的储存和调节、关于如何在有限的水资源中生活的知识、许多植物和动物的栖息地，以及人类自己的更宜居的栖息地。也许最直接的后果是突然的溃败：农场和城市被大规模洪水淹没。

　　事实证明，控制是虚幻的。你听说过河堤的故事吗？

岌岌可危的河堤

　　2018—2019年的冬季、春季、夏季直至秋季，美国中部的河堤发生了惊人的溃败。在极端雨雪天气（气候变化的先兆）的挑战下，几十个河堤决堤，数百英里的堤防被淹没。沿着密西西比河、密苏里河与阿肯色河——美国的主要河流——19个州的部分地区被洪水淹没了，有些甚至淹没长达7个月。这场灾难总共造成了200亿美元损失，导致了2000万英亩农田荒芜。在路易斯安那州南部，密西西比河有226天高出危险水位[①]。这是该地区历史上范围最广、持续时间最长的洪灾。这场严峻的灾难是对人们的残酷惩罚——人们在应对之前的洪水时，首先用人力、后来用推土机建造河堤。如今，仅密西西比河就有3500英里长的河堤，平均高25英尺。[2]但对水文侦探来说，极端的洪水一点都不奇怪。

　　在一边的河岸上修建河堤，会把高水位推向对岸，引发一场工程军备竞赛。对岸的人们也开始修建河堤，河水被限制在一条不自然的狭窄河道中，无法在洪泛区与湿地上扩散和减速，于是水位上升、流速加快。河堤越长，限制越大，水位越

---

① 危险水位，当水体上升到这个水平时，就可以认为发生了洪水。与之相应的概念还有洪水位，指汛期超过两岸地面上升的水位。

高，流速越快，发生在下游以及每一个决堤的地方的洪水就会越严重。变窄的河流甚至会形成瓶颈，导致上游洪水泛滥。

1995 年，美国综合决算署①承认了关于密苏里河与密西西比河的水文事实："河堤会抬高洪水水位，这一点几乎没有争议。"研究指出，在 20 世纪，圣路易斯附近的洪水水位上升了 13 英尺。[3]

不幸的是，人们通常在事后才认识到这些影响，因为拟建的河堤是单独评估的，没有考虑到沿河许多项目的累积影响。就连大力支持和建造河堤的美国陆军工兵部队也承认了这一现实：逐个获得的河堤建设批准，通过"逐渐损耗洪泛区土地以让位于发展"，导致了一场"千疮百孔的死亡"。[4]

具有讽刺意味的是，河堤给人一种虚假的安全感，从而加剧了洪水的破坏。河堤能够防止小的洪水，降低了洪水的频率，使一个地区看起来很干燥。这鼓励了进一步的开发，吸引更多的人搬进洪泛区，当洪水溢出或河堤决口的时候，他们的新住宅和新企业很容易遭受灾难性的洪水。[5]

这种现象被称为"河堤效应"，最早由地理学家吉尔伯特·怀特（Gilbert White）在 1945 年提出，他在水管理界被称为"洪泛区管理之父"。我们在第三章中已经看到，洪水对于许多自然过程是必要的。人类只有在受到影响时才会将洪水视为一个问题，但洪泛区的建筑物大大增加了受影响的风险。在他的博士论文中，怀特反对用工程方法解决洪水。相反，他主

---

① 美国综合决算署（General Accounting Office）成立于 1921 年，已于 2004 年改名为政府问责署（Government Accountability Office）。

张改变人类行为（例如不要在洪泛区上建造房屋），从而减少潜在的危害。"洪水是天灾，"他写道，"但洪水造成的损失很大程度上是人为的。"[6]

近年来，更多的研究人员开始关注河堤效应，特别是随着社会水文学的兴起——该领域研究人类行为与水和基础设施的互动。例如，根据研究人员的记录，经历过一次大洪水的社区会在一段时间内阻止洪泛区的进一步发展，但这种公共记忆往往会在10年内衰退。[7]一个著名的例子是1993年的历史性洪水，密西西比河有长达147天高出危险水位，标志性的圣路易斯拱门的底部被淹没。但12年后，这座城市在被淹没的土地上建造了2.8万套新住宅，开发了超过10平方英里的商业区和工业区。[8]

在1998年出版的《大浪涌起》（*Rising Tide*）一书中，历史学家约翰·M.巴里（John M. Barry）生动地记录了我们如何在世界上最具活力的河流系统上建造河堤。19世纪的工程师和其他人为如何治理密西西比河及其支流而争论不休。著名的土木工程师查尔斯·埃莱特（Charles Ellet）主张采取多管齐下的方法来缓解洪水[9]——是的，要有河堤，但也要有在高流量时可以打开的分流通道和出口，以及吸收雨水的湿地。美国陆军工兵部队的A. A.汉弗莱斯（A. A. Humphrey）反对这种观点，他认为美国应该采取"只建河堤"的方法。[10]汉弗莱斯的支持者认为，关闭天然河口会限制水流，迫使河水冲刷河道，使其变得更深，既有利于航运，也有利于将大洪水安全地输送到下游。陆军工兵部队占了上风，"只建河堤"主导了几十年。但工程师也增加了"河流治理结构"——比如垂直于河流流动方向的翼坝——在干旱的夏季限制水流，使其有足够的深度用于航运。当洪水来袭时，这些结构会起到屏障的作用，把实际的洪水位抬高许多英尺。[11]

　　一般来说，由于根深蒂固的控制传统，今天的中西部文化仍然拒绝为水提供空间。记者莎伦·利维（Sharon Levy）在 *Undark* 杂志的一篇文章中解释了原因。现在的玉米带①有一部分属于曾经的大黑沼泽（Great Black Swamp），这是"一片广袤的潮湿森林和沼泽，绵延100万英亩"，她写道。欧洲殖民者砍伐了巨大的梧桐树和橡树，并挖掘了"数英里长的排水沟，将淤泥中的水缓慢排出"。创新最终导致"地下排水"：在田地下面挖掘沟渠，用管道排出多余的水。[12]通过这些技术，玉米带的许多州——包括艾奥瓦州、伊利诺伊州、印第安纳州、俄亥俄州和密苏里州——消灭了85%至90%的原生湿地。[13]利维写道，几代人投入血液、汗水和眼泪使土地变干，这意味着今天的居民拒绝恢复湿地。"他们对湿地有着根深蒂固的厌恶。他们认为湿地是一种威胁、一种恐吓，或一种需要克服的东西。"俄亥俄州的一项法律甚至禁止"减缓几英里长的人造排水沟中的径流"——包括恢复湿地在内的任何措施。

　　21世纪10年代初，美国陆军工兵部队的奥马哈地区和堪萨斯城地区沿着密苏里河进行了一些小型的河堤后退项目，让河流有一点机会进入洪泛区。为此，372名业主起诉了他们，[14]业

---

① 玉米带是美国中西部的一个地区，该地区的主要粮食作物是玉米。玉米带主要包括艾奥瓦州、伊利诺伊州、印第安纳州、俄亥俄州，其他部分州的部分地方有时也被认为属于玉米带。

主们声称，由于河堤后退所带来的可预测的洪水，这些行为相当于剥夺财产，而他们没有得到赔偿。土地所有者赢得了大约3亿美元的赔偿金。在中西部地区赢得公众支持的往往是大型工程，一位专家称之为"军事水文综合项目"。[15]

当然，并非所有的中西部人都这样想。奥利维娅·多萝西（Olivia Dorothy）[16]是NGO"美国河流"的密西西比河上游流域的主管。她住在伊利诺伊州的东莫林，2019年那里因为河堤决堤而发生了洪水。她在电话中告诉我，那年的特殊之处在于洪水的持续时间。（虽然气候变化给中西部带来了更多的降雨，但这种情况有可能再次发生。）河堤系统的设计可以经受住短暂的洪水事件："最多一周或一个月。当河堤上的水存在时间过长，河堤就会被水浸透——就会决堤。"她解释了原因："河流不仅仅存在于地表。如果你把沙堤换成泥土，甚至是混凝土，水也可以在下面流动，因为它与地下水及含水层相连。"

2019年洪水进程上的几个地方之前采取过慢水措施。21世纪初，位于密西西比河沿岸的艾奥瓦州的达文波特决定恢复纳汉特沼泽（Nahant Marsh），并利用河滨公园来容纳高流量——纳汉特沼泽是一片紧邻市区、面积达305英亩的湿地。2019年，纳汉特沼泽吸收了多达1万亿加仑的洪水，保护了达文波特的大部分地区。最终，市中心部分地区被洪水淹没，但损失比其他地方小得多。2018年，沼泽管理人员在纳汉特沼泽和密西西比河之间额外购买了39英亩的农田，将其恢复为湿地和大草原。如今他们正在寻找更多的土地。[17]这座城市正在接受当地一位土木与环境工程教授的智慧，"让洪泛区成为洪泛区"。[18]

小规模地放弃控制，给水一些空间让它做它想做的事情，这在农业地区和城市都变得越来越普遍。但目前为止，大多数倡议都相对有限，就像纳汉特沼泽那样。在面对2019年那样的洪水时，问题是显而易见的：我们让出的空间太小了。当流量达到2019年的水平时，为了保护人民和财产，一条河流需要在它流经的更多地方能进入洪泛区。如果密西西比河沿岸有更多的城市加入达文波特的行列，拆除一些河堤，让河流可以定期地泛滥河边的土地，那么他们的微小努力可以更好地减缓洪水的涌入，每座城市都吸收一部分洪水，从而降低每个人的风险。仅仅在1.5%的景观上恢复湿地，就可以将洪峰的高度和体积减少29%。[19]

退出工业化：还地于河

文化变革很困难，但并非不可能。荷兰是最早以工业规模建造河堤的国家之一，然后他们意识到一切都完了。尽管荷兰人仍然具有工业头脑，但他们已经调整了自己的基本理念。亨克·奥文克（Henk Ovink）[20]，荷兰景观设计师、"自然洪水措施"的推广者，他也是荷兰的国际水务特使（并与金奈当地的水利工作者合作）。他说，关键是"尝试与水共存，而不是与水斗争"。

近千年来，荷兰人一直与大海及4个河流三角洲共舞，他们建造了所谓的"河堤"（dike），可以包围河流，阻挡大海，从而保护低洼地带。但1953年，一场强烈的风暴冲垮了他们的河堤——记者辛西娅·巴内特（Cynthia Barnett）在2011年出版的《蓝色革命》（*Blue Revolution*）一书中记录了这场可怕的灾难。[21] 风暴发生在春潮高涨的时候，产生的海浪高达32英尺。水像尼亚加拉大瀑布一样从裂缝中奔流而过。巴内特写道，最终，风暴和洪水导致1835人和5万头牛死亡，并摧毁或损坏了4.3万所房屋和3300个农场。

饱受创伤的荷兰人决定建造巨型河堤，这个项目需要40年才能完成。由于河口与海洋隔绝，河堤后面的水停滞不前。生态系统死亡，鸟类和鱼类消失，污染积累，藻类大量繁殖。尽管付出了巨大的代价，巨型河堤并没有解决洪水。河水自然流入海洋的通道被关闭，气候变化和人类开发导致了更大的河流洪水，1995年，莱茵河、马斯河与瓦尔河（Rijn, Maas and Waal Rivers）的水位急剧上升，25万人被迫撤离。虽然洪水最终退去，没有淹没城市，但"它让人们更加认识到，我们的河流系统有多么脆弱"，奥文克告诉我。

1995年以后，政府决定采用新的方法。[22] 奥文克帮助制定了这个名为"还地于河"的项目，即通过拆除和降低河堤，使一些河段与洪泛区重新连接，从而增加河流三角洲的蓄水能力。

农民被要求放弃世代相传的土地。当地的所有社区聚集起来，与专家和官员讨论这个问题，最终达成一致的解决方案。奥文克说，这种方法之所以奏效，是因为荷兰从12世纪开始就在水管理方面相互合作。他们不得不如此，因为如果一个农民在他的房子周围建造河堤，水就会淹没邻居。"我们的政治民主基于水务民主。早在荷兰成为一个王国之前，我们就已经有地区水务局。"

不过，这并不容易，而且进展缓慢。民主需要时间。政府并没有说人们必须离开自己的房子。相反，政府说"存在一些风险，这里有一些可能的解决方案……我们必须为水让出空间"，奥文克回忆道。一些农民被说服放弃他们的土地；另一些农民则同意在必要的时候允许自己的土地被淹没，并在此之前把牛群疏散到更高的地方。

"还地于河"并不是完全基于自然的系统。它利用了洪泛区，但也依赖于河堤。一些"还地于河"工程在第一道河堤后面还有第二道防线：另一道河堤。不同之处在于，如果河堤决堤，其后果将比传统的封闭河流系统更轻微。

在减轻决堤后果的前提下，荷兰在2017年更新了《水法》，增加了所谓的"风险标准"。这个想法是，不再试图防止洪水，而是转向控制风险。评估一个地方的风险标准，根据的是发生洪水的可能性以及后果的严重程度。大体来说，风险＝概率×后果。在一个拥有昂贵基础设施的地方，人们设法降低洪水的概率，从而尽可能地减小风险。这一政策的后果（尽管法律中没有明确规定）意味着将水输送到其他地方，在成本低的地方增加洪水的概率。

海绵城市革命

在欧亚大陆另一端的北京，中国领导人采取了一个类似的信条，为城市中的水让出空间。他们的行动也是被灾难所驱使。2011年至2014年，中国有62%的城市遭遇过洪水，[23]造成了1000亿美元的经济损失。这个比例听起来可能很令人震惊，但中国并不是特例。比如在美国，2018年对城市雨水和洪水管理人员的调查中，83%的人报告说他们所在地区发生了洪水。

最近几十年，随着全球人口大规模地从农村迁移到城市，城市洪灾变得尤为严重。1960年，全世界只有不到34%的人居住在城市地区。根据联合国的数据，这一比例在2018年为55%，到2050年可能达到68%。而且，由于世界人口从1960年以来增加了一倍多，生活在城市地区的人数已经从当时的10亿跃升为如今的40多亿。[24]

为了容纳新的城市居民，1992年以来，世界范围内的城市面积增加了一倍，其中包括不透水路面覆盖的面积。[25]纽约占地4669平方英里；东京—横滨，3178平方英里；芝加哥，2705平方英里；莫斯科，2270平方英里；休斯敦，1904平方英里；北京，1611平方英里；约翰内斯堡—比勒陀利亚，1560平方英里。[26]约翰斯·霍普金斯大学的研究人员计算了不透水表面如何增加洪水：城市的公路、人行道和停车场覆盖吸水土壤，覆盖率每增加1%，径流就会使附近水道每年的洪水规模增强3.3%。[27]从新奥尔良到纽约、从伦敦到巴黎、从休斯敦到威尼斯和上海，部分建立在填埋湿地上的许多城市特别容易发生洪水，因为水仍然想遵循它内在的路径。

没有任何地方的城市化进程比中国更快。在过去的40年，大量人口从农村涌出，城市居民的数量激增，从1980年占总人口的 20% 上升到 2020 年的 64%。为了解决这些人的住房和就业，城市不断扩张，新的城市从头开始建设。建设者铺砌了洪泛区和农田，砍伐了森林，疏通了河道，使曾经渗入地下的雨水无处可去，只能从河堤上流过。然后，一场引人注目的洪水袭击了国家政府所在的地方。被戳中了鼻子，于是龙改变了方向。

*

2012 年 7 月 21 日，北京地区的降雨高达 460 毫米，[28] 道路被淹没近 1 米深，地下通道被灌满。景观设计师俞孔坚勉强从工作中赶回家。"我很幸运，"他说，"我看到许多人放弃他们的汽车。"随着暴雨来临，这座城市陷入了混乱。北京 60 多年来最大的一场暴雨造成了 79 人死亡，其中大部分人淹死在车里、触电身亡，或被压在倒塌的建筑物下。受灾面积达 1.6 万平方千米，经济损失近 100 亿元人民币。

俞孔坚是享誉国际的景观设计公司"土人设计"的联合创始人，他不仅感到悲伤，而且感到沮丧。几年前他就告诫过政府，灾难即将来临。他曾带领一个研究团队绘制了所谓的城市"生态安全格局"，向政府展示了哪些土地是洪水的高风险区，并敦促政府阻止开发，利用这些土地吸收雨水。政府未能正视他的建议。2018 年我在北京见到了俞孔坚，他告诉我："2012年的洪水给我们上了一课，生态安全格局是一个生死攸关的问题。"

城市扩张也加剧了中国的水荒，特别是在北部和西部。在中国的一些人口密集的城市，雨水从建筑物、街道和停车场流过，大约只有20%的降雨真正渗透到土壤中。相反，下水道和管道排走大部分雨水——就像世界上的许多其他城市一样。俞孔坚认为，在一个缺水的地方，这非常疯狂。和中国北方的其他城市一样，北京在夏季季风季节之外相当干燥。几十年来，中国一直在抽取地下水，以满足不断增长的人口和消费率。这座城市每年使地下水位下降0.9米左右，导致地面下沉。[29]其他地方也有相同的现象，比如墨西哥城以及加州的圣华金河谷，随着砾石和沙子之间的空隙变得紧实，含水层的容量会永久性地降低。

但是现在，俞孔坚，一个身材苗条、精神饱满、眼神敏锐、鬓角有一点白发的男人，正引领着中国旧城改造和新城设计的潮流，适应而非对抗自然水流。他的景观设计项目采用了"慢水原则"，目的是减少洪水、为旱季节约用水、减少水污染。

2012年的北京水灾是一个转折点。一个月后，"土人设计"的一个哈尔滨雨水项目——哈尔滨是北京西北方大约800英里的城市——获得了美国最高设计奖。中国中央电视台播出了对俞孔坚的高调采访。习近平主席在中央城镇化工作会议上宣布了"海绵城市"倡议，把这个想法从边缘概念提升为国家政策。（海绵吸水，然后缓慢释放。）这是生态文明建设的一部分，海绵城市的议程旨在清理污染、洪水危害以及此前工业文明造成的相关成本。在中央政府的领导下，中国以极快的速度发展工业和经济。同样，中国正在以大多数国家难以想象的规模追求海绵城市。

2015年，中国政府开始在16个城市开展试点项目，2016年又增加了14个。每个项目至少覆盖13平方千米，有些项目要大得多。海绵城市的目标包括减少城市洪水、保留未来用水、清理污染、改善自然生态系统。2020年的目标是，每个项目储存年平均降雨量的70%，以帮助预防洪水，或者为旱季使水渗入地下。

其中一个挑战是融资。在首批16个试点城市中，中国住房和城乡建设部连续三年每年平均向每个城市投入5亿元人民币。与此同时，据估计，这16个城市的项目总成本将达到865亿元人民币。[30]因此，住房和城乡建设部投资的金额大约是成本的28%。[①]中央政府呼吁地方政府和私人投资者承担剩下的资金。但俞孔坚告诉我，海绵城市项目很难推销给私营企业，因为回报是公共利益，而非投资者的利润。

根据报道，尽管有这些挑战，试点城市还是实现了既定的目标，荷兰国际水利环境工程学院的城市洪水风险管理专家、中国东南大学的客座教授克里斯·泽文伯根（Chris Zevenbergen）说。"当然，这是一个成功的故事。"中央电视台在2020年11月报道说，这30个试点项目已经完成，显著地预防和减轻了城市灾害，增加了水道的环境效益，减少了水污染。有迹

---

① 根据中国财政部发布的《财政部关于开展中央财政支持海绵城市建设试点工作的通知》，连续三年投向试点城市的专项资金补助按城市级别有所不同，其中直辖市每年6亿元、省会城市每年5亿元、其他城市每年4亿元。作者这里说的"平均"是三个不同级别的城市平均获得的补助，由于两批30座试点城市中直辖市和省会城市是少数，入围城市平均每年获得的补助要少于5亿元。另外，试点城市采用政府和社会资本合作模式（即PPP模式）达到一定比例的，中央财政将按补助基数奖励10%，因此实际拨付的补助可能会略多于计划拨付的资金，这里的数据只是一个粗略的测算。——编注

象表明，中国正在致力于海绵城市的建设。泽文伯根在电话中告诉我，很难获得试点项目的数据，原因可能是缺乏监测数据和评估标准。[31]但中央政府在2019年公布了评估标准，所以可能会出现更多的数据。在2020年，中央政府敦促所有试点城市提交关于海绵城市建设的自我评估报告。

中国已经将这一国家计划扩展到试点城市之外。中央电视台进一步报道说，2016年至2020年，海绵城市概念在90个省级城市实施，并被纳入538个城市的总体规划。当时的目标是到2020年，城市建成区的20%以上的面积能够就地收集70%的雨水；到2030年，城市建成区的80%以上的面积实现这一目标。[32]

旨在减缓水的景观设计项目突然出现在世界各地的城市，但规模通常较小，挤在建筑物之间或街道的狭窄通道里。在休斯敦，新公寓楼的开发商挖掘了生态湿地，以替代混凝土结构的雨水蓄水池。旧金山在人行道或车行道中间种植了一些可以吸收少量雨水的植物。即便是中国最近的项目，规模可能也是不够的。在2021年的大雨期间，试点城市郑州仍然遭受了严重的洪灾和重大的人员伤亡。在一个占地数千平方千米的城市中，吸收13平方千米的降雨并不足以避免灾难。[33]

但是，俞孔坚和其他的城市水文侦探正在寻求范围更广的水管理项目，为水寻找连通的路线，使其在整个流域内缓慢流动，这往往跨越了管辖边界。中国的试点项目显示了跨越行政界线进行协调的挑战。但这些问题必须得到解决，因为解决城市的洪水问题需要协调上游的社区和土地所有者，就像秘鲁的利马正在寻找山区城镇来解决水荒。为了真正减少城市洪水，城市设计师最好能在整个流域内吸收水，减少每个屋顶和上游农田的雨水径流。俞孔坚敏锐地发现，他的梦想已经超越了"海绵城市"，变成"海绵土地"。"这是一种关怀大陆景观的哲学，"他告诉我，"是时候扩大规模了。"

美国景观设计师沃伦·曼宁（Warren Manning）在一个世纪前设计了"美国国家规划"，俞孔坚在一定程度上受到了他的启发，正在为中国制定一个整体景观规划。他有一系列的地图，记录了这个国家的海拔、流域、洪水路径、生物多样性、荒漠化、生态安全、土壤侵蚀和文化遗产。哈佛大学设计研究生院的景观设计和技术教授尼尔·柯克伍德（Niall Kirkwood）[34]与俞孔坚相识多年，他在电话中告诉我："这是一个令人难以置信的愿景。没有人会以那种规模和政治智慧来思考问题。"

随着城市化的蔓延，随着河口与三角洲的淤积，随着水开始在乡村景观和城市景观之间以不同的方式流动，俞孔坚追踪了中国的景观变化。对于那些项目将产生最大影响的区域，他可以优先分离出来。柯克伍德把这比喻为人体上的针灸。柯克伍德解释说，俞孔坚"明白一个区域上的一项工作会影响到另一个区域"。他比大多数景观设计师"更全面地思考"。

海绵城市先生

某年春天，在一个空气污染等级"非常高"的日子里，我在位于北京西北部海淀区的"土人设计"总部拜访了俞孔坚。在摆满植物的办公室里，他告诉我，他对于修复人类与水的关系的热情，可以追溯到他成长的公社，位于上海西南方的浙江省。在那里，他观察到了中国水管理的"农民智慧"，这种智慧已经实践了几千年。农民维护着小池塘和岐堤，帮助雨水渗入地面，为干旱的日子储存雨水。他村子旁边的季节性溪流随着季节的变化而起起落落。"对我来说，洪水是一个激动人心的时刻，因为鱼来到田野，来到池塘。"在他看来，洪水不一定是敌人。"如果你用明智的方法应对洪水，水也可以是友好的。"

1998 年，俞孔坚和妻子以及一个朋友创办了"土人设计"，后来，他已经把这家备受赞誉的公司发展成一个景观设计帝国，拥有 3 个办公室和 600 名员工。该公司在中国的 250 座城市和其他 10 个国家拥有 640 多个已建或在建项目。俞孔坚也是北京大学建筑与景观设计学院的创始人和院长，并定期在哈佛大学任教。

多年来，俞孔坚在给公司的作品集增加新项目时，中国的许多人嘲笑他以农民经验为基础的想法是落后的。一些人甚至称他为美国间谍，因为他在哈佛大学设计研究生院获得博士学位，也因为他反对水坝。但自从倡导海绵城市以来，人们的情绪已经转变。中国的各种组织正在建设绿色基础设施，通常是与美国人、澳大利亚人和欧洲人合作。俞孔坚的影响力也在同步增长。

他定期在住房和城乡建设部讲课，他在 2003 年出版的书《城市景观之路：与市长们交流》（*Letters to the Leaders of China:*

Kongjian Yu and the Future of the Chinese City）已经印刷了13次。他已经被邀请去其他国家进行咨询和演讲，比如墨西哥希望他能帮助解决墨西哥城的水问题，这些问题与北京面临的水问题相似。

虽然俞孔坚还保留着他的农民价值观，但他是一个现代中国人。他在北京仅存的几个历史悠久的胡同之一购买并翻新了一处四合院，把它变成哈佛毕业生和其他有影响力者的私人俱乐部。那天晚些时候，他陪着我和彼得穿过有雕饰的砖石，穿过院子，院子里的传统石头地板已经被厚玻璃取代。他带我们往下走，透明的厚玻璃下面有一张巨大的桌子。我们坐在古朴的椅子上，喝着鲜绿色的黄瓜汁，这时我抬起头，看到了天上的月亮。晚餐之后，他的司机把我们送到酒店，他自己则步行回家，大约20分钟的路程，这是他每天的必修课。

制作数字孪生地图

在规划一个项目时，俞孔坚和其他城市设计师首先试图弄清楚在城市扩张之前水的作用，以及在当前范围内水的作用。在"土人设计"的一个白色大房间里，办公桌被大量绿色植物分隔开，年轻男女坐在桌前专注地思考这个问题。他们正在建立地理信息系统（GIS）模型，根据整个景观的文化、物理、生物和水文模式，研究水在当今城市中的表现。这是一种计算地理学。

和我遇到的许多水文侦探一样，他们使用环境系统研究所的空间制图软件。环境系统研究所的创建者是杰克·丹杰蒙德（Jack Dangermond）[35] 和他的妻子劳拉（Laura）。杰克·丹杰蒙德是一个低调谦逊的人，成长于 20 世纪中期的南加州。他的父母拥有一片苗圃，全家人在大自然中度过了很多时间。和俞孔坚一样，丹杰蒙德也曾在哈佛大学学习景观设计学（尽管时间稍早），在那里他接触了电脑制图。他意识到地图下面有一个数据库，这激励他去建立数据库，让他能够模拟自然过程和人类行为。环境系统研究所可以绘制从山脉和海洋的流域地图，模拟洪水、植物演替、基础设施等，帮助我们超越单一问题的解决思路。有了这个工具，我们就可以了解复杂系统及其相互关联的挑战，比如，如何防止生物多样性的丧失，如何建设更智能的城市，以及如何减少资源浪费。一个名为 arcHydro 的专门插件包括了水文学家的数据，从而更好地预测降雨和洪水。

规划者首先绘制的是地图——景观的高低起伏——这是影响水流的主要因素。环境系统研究所的绿色基础设施负责人瑞安·佩克尔（Ryan Perkl）[36] 说，虽然可以通过卫星获得这些数据，但卫星的分辨率通常不足以用于城市。飞机上的激光雷达传感器可以收集更精确的数据，该传感器使用激光测量建筑物下面的城市地形。然后，城市地图可以叠加在一起，显示交通走廊、公园、庭院，以及有着巨大屋顶的工业建筑。

模型包括土壤类型，我们已经看到，土壤类型会极大地影响水的排出。模型也包括植被，佩克尔解释说，植被会影响有多少水从植物中渗入、流出或蒸发到空气中。在已经修复的地区，土壤的 pH 值会决定哪些植物茁壮成长，哪些植物死亡。但是，我们很难在一个城市中获得良好的土壤数据。例如在美国，土壤目录来自美国农业部，而农业部"对城市景观不感兴趣"，佩克尔说。此外，建筑商经常将土壤从一个地方移动到另一个地方，在平整地基的同时改变其自然成分。为了获得可靠的土壤数据，工程公司通常会钻一个洞，获取岩芯样本。如果项目现场的土壤不能以预期的速度渗水，绿色基础设施的设计者通常会挖出黏土并混入沙子。[37]

"土人设计"也建模了历史和生态数据，以及人口、经济和交通的信息。有了这些信息，"慢水"实践者可以更好地理解一个变量如何影响水的行为方式。当他们完成景观地图后，他们发送测试洪水，流过他们创建的数字"孪生"地图。这些实验使他们能够确定水会受到限制并且会首先泛滥的关键点。然后他们测试对地形进行调整，或增加湿地或池塘，从而观察它如何影响雨水的行为。[38]

当然，要建立准确的模型，需要准确的数据。佩克尔告诉我，在许多快速发展的地方，比如在中国，目前缺乏这方面的数据，但中国正在启动国家倡议来收集这些数据。泽文伯根更关注数据获取渠道。在他的工作中，他发现"数据共享是一个制约了合作的大问题"。

一条重建的河流

在见到俞孔坚之后一周，我参观了"土人设计"的一个在建项目，永兴河公园，位于北京远郊的大兴区。标示着"过去"的三年前的卫星照片显示，陡峭的混凝土墙拉直并限制了河流周围的开阔地。"如今"的照片挤满了建筑物，周围是一条更宽敞、更蜿蜒的水路。带我参观公园的是俞孔坚的两名员工，耿莘和张梦月。耿莘和我因为我们养的猫而结缘，我们分享照片，笑着说她的猫有一个美国名字，"迈克尔·乔丹"，而我的猫有一个中国名字，叫"毛毛"。

张梦月在我们沿河散步的时候告诉我，中国政府明白，开发会减少雨水的渗入，所以邀请"土人设计"设计一个公园，扩大河床，从而容纳更多的水。"我们说，你无法阻止河流的重要性，"耿莘补充道，"这就是为什么我们要加强这条河流。"

我在2018年4月看到这个项目时，它已经接近完成。永兴河公园沿河而建，长约4千米，大约有两个街区宽。工人沿着河道拆除混凝土，挖土拓宽河床。然后，这些泥土被塑造成一个位于中央的大型戗堤，形成了左右两个通道。河流在一侧流动；另一侧河道有不同深度的大洞，作为过滤池，并引导水流。在旱季，过滤的一侧充满了来自污水处理厂的半清洁的污水。过滤池中的湿地植物减缓了水的流速，进一步清洁了水，也让一些水通过含水层得到过滤。在季风季节，这条河道被保留给洪水，废水则由工业手段处理。

我们行走在中央戗堤的一条细长的混凝土路上。"土人设计"的许多设计都以这样的人行道为特色，人行道高耸于湿地之上，所以即使在潮湿的季节人们也可以进入景观之中。这个公园还有圆形的水泥小屋，人们可以在那里逗留，欣赏风景。

它们被切割成抽象的几何图形，给人一种《摩登原始人》（*Flintstones*）的味道。刚从混凝土中解放出来的河岸更加宽阔，上面点缀着数以千计的小苔草，它们植根于大地，紧密地排在一起，像一幅点彩画①。我们行走在这条路上，经过了一些新生的柳树，它们的树枝彼此搭在一起，以便在成长过程中获得额外的力量。柳树是河狸喜爱的本土河边植物，它的根系可以伸到空气中——就像柏树和红树林一样——这使得它们能够在旷日持久的洪水中生存下来。其他地方，芦苇、茂密的小柳树、麦冬等本土植物可以固定土壤。现有的大树，包括榆树和杨树，被保留了下来。

在2020年的大雨期间，俞孔坚给我发来了永兴河公园的照片。自从两年前我看到它以来，树木和草都长大了很多，这里变成了一片郁郁葱葱的绿洲。河道里有大量的水，但远没有到漫溢的程度。"土人设计"目前还没有数据来衡量永兴河公园的防洪能力、入渗率或水清洁服务，但俞孔坚称公园对这一阵暴雨的成功应对是一场"伟大的表演"。

"土人设计"的早期项目的效益已经得到了监测。浙江省金华市的燕尾洲公园——离俞孔坚长大的地方不远——2015年吸收了一场百年一遇的洪水，保护了这座城市。上海占地约14万平方米的后滩公园每天清理多达2500立方米的污染河水，仅通过生物处理就将水质从劣V级（不适合人类接触）改善到II级（适合景观用水）。[39]

---

① 点彩画是运用一种用很粗的彩点堆砌、创造整体形象的油画绘画方法创作的油画。

图7.1 "土人设计"拍摄的中国浙江省金华市燕尾洲公园的两张照片：枯水期的公园，以及2015年季风期间遭遇洪水的公园。(Photos © Turenscape)

中国的城市化进程非常迅速，以至于整个新城市都在从头开始建设。其中一些项目表明，当人们在建造之前计划为水让出空间，可能达到什么效果。"土人设计"设计了湖北省雄心勃勃的五里界生态城的一部分，它保护了自然湿地，用于捕捉和清洁当地的雨水。这种方法保护了野生动物和植被的栖息地，同时消除了对下水道的需求，从而降低了建筑成本。建筑物有花园屋顶和活墙①，人行道和自行车道贯穿绿色空间，提

---

① 活墙，指长满绿色植物的墙壁，是一种用于建筑物墙壁的现代设计和建筑系统。有时也被称为"绿墙"。

高了居民的生活质量。

邀请水进来

　　和金奈的情况一样，在一个已经建成的、人口稠密的城市里，给水让出空间可能具有挑战性。但历史地图显示，建筑物会随着时间而更替。美国的许多建筑物将在50年后被取代。[40]而在中国这样快速增长的地方，这种更替可能只需要15年（尽管平均约为30年）。[41]这提供了绝佳的机会，让人们来重新设计建筑和城市系统，根据需要、在城市改造允许范围内，扩大基于自然的进程。灾害也可以起到城市变迁催化剂的效果。例如，政府使用紧急资金征用洪泛区的土地，把居民迁移走，拆除建筑物，并将该地区改造成一个吸水性公园。

　　开垦沿河的废弃工业用地，也可以为水清理出大量重要的空间。"土人设计"在俄罗斯喀山这座千年古城监理了这样的一个项目——喀山周边围绕着伏尔加河上的三个牛轭湖。苏联解体后，污染物几乎杀死了湖中的所有生物。这座城市也容易发生洪水，因为河上的水坝将水库抬高到湖面之上，当水位上涨时，七个抽水站也无法跟上。

　　"土人设计"为喀山设计的洪水新生地超过74英亩，沿着河流及其支流绵延1.4英里。这座城市建造了带状公园、人行漫步道和生态湿地，减缓、吸收和清洁城市径流，然后再排放到湖泊。步行道和自行车道让人们能够进入沿河河岸带，支持整个城市的人力交通。根据行业组织"世界建筑师"的数据，这些公园于2018年5月开放，每天吸引成千上万的人来到从前荒芜的河滨。[42]

除了在这些自然水道周围夺回空间的大型项目，其他行业工具也可以在紧凑的城市中容纳水。包括生态湿地、蓄水池和渗滤池、公园，以及渗水井和注水井。为了达到最佳效果，这些措施应该结合起来使用，这样水就可以在某种程度上接近其自然路径，并沿途找到沉入地下的地方。这个想法是尽可能地模仿自然。在人类空间不可调和的情况下，设计师有时会使用替代物，比如可以吸水的透水路面和绿色屋顶。

俞孔坚已经把自己的公寓住宅改造成了其中一些技术的"生态实验室"。在两个公寓之间，俞孔坚向我展示了他用多孔石灰石建造的一面生态墙。屋顶收集的水从它的表面顺着墙面流下来，铁线蕨和绿萝从这里发芽。这堵绿墙为两个公寓提供了足够的凉爽，它们不需要空调，尽管俞孔坚承认，夏天的时候会有点热。

屋顶收集的雨水用于浇灌卧室外露台上的植物，多的雨水则储存在抬高的植物架下方的水箱中。俞孔坚的露台闻起来很香，散发着迷迭香、柠檬和中国菊花的味道。它甚至有一条"小溪"，小鱼在里面游泳。俞孔坚的姐姐住在另一间公寓。她的露台上种满了生菜和甜菜。"我们（每年）收集52立方米的雨水，我种了32公斤的蔬菜。"俞孔坚自豪地说。他的努力减少了自己屋顶的径流，并减少了个人用水里来自城市水源的部分。

需要定制方案

和所有的"慢水"项目一样，从俞孔坚的露台花园到"土人设计"的最大改造，每个设计都必须考虑当地的气候、土壤和水文地质学。以用水需求截然相反的两个中国城市为例。昆山位于江苏省、靠近上海，建在围垦地之上，围垦地就是用河堤从水中开垦出来的土地。它的地下水位非常高，地表水不可能入渗，但过滤——清洁水——是必要的。和田是新疆维吾尔自治区最西部的一个沙漠城市，每年平均只有半英寸的降雨，所以洪水不是问题，但它需要保护地下水供应。

荷兰教授泽文伯根表示，如果中国忽略了这种特殊性，其建设海绵城市的雄心可能会动摇。在过去的20年，急于发展城市的做法使建设者没有足够的时间了解设计中的缺陷并做出相应的调整。这导致中国各地的城市在同一时间面临相同的问题：大范围的城市洪水。仓促实施海绵城市也可能导致失误。海绵城市建设计划有实施期限，可能会导致没有足够的时间监测性能，并在必要时调整和转变。泽文伯根警告说，人们"需要时间来学习和反思"。

2017年，中国政府的研究机构撰写的一份文件对这种千篇一律的做法表达了类似的担忧。[43]它指出，需要训练、长期数据和新的设计规范，以避免产生问题的模式。为了提供指导，政府成立了海绵城市建设技术指导专家委员会，成员包括土木工程师、经济学家，以及俞孔坚等景观设计师。

尽管泽文伯根预计在这一过程中会犯很多错误，但他认为，"最终，他们将成为海绵城市的领导者。中国人在可再生能源领域就是这么过来的"。因为这个国家有"把事情做成"的文化。"每年我在中国，和学生们一起做设计，第二年项目就已经实施了。这真的很令人惊讶。"

然而，快速把事情做成的另一面，是一种较少维护和善后的文化。正如工程师纳拉辛汉在金奈所指出的那样，绿色基础设施的维护不同于灰色基础设施，前者包括修建和更换植物。泽文伯根参与的一个中国–欧洲同行学习交流项目正在加快学习的步伐。

中国需要快速学习。灰色基础设施在近年的夏季强季风中苦苦挣扎，几座大型水坝被推到崩溃的边缘，有219人死亡或失踪。[44] 与此同时，仅长江地区就有如此多的水坝阻塞，333条河流已经不同程度地断流。[45]

泽文伯根显然很沮丧，他称这些大型水坝是"愚蠢的基础设施"。在气候变化的时代，这样的巨型灰色基础设施不太可能有很长的寿命，因为它们的建造可能需要10年时间，而且它们的设计是为了适应某个最大流量。要有效地做到这一点，"我们需要知道，我们可以预期多大程度的气候变化"，泽文伯根告诉我。"问题是，我们不知道。"

然而，中国仍然倚重水坝。俞孔坚说，虽然国家正在推广海绵城市，但中国的学校仍在用20世纪的理念培训工程师。在制定决策的办公室里，俞孔坚仍然面对着一种偏好，喜欢更坚固的水坝、更宏大的管道、更庞大的水库——我从世界各地的水文侦探那里反复听到同样的抱怨。俞孔坚痛心地说："我们正在努力让人们以生态的方式思考。"

工作景观

改变主流文化，采用一种新的水管理和土地管理理念，这是一项艰巨的任务。在工业时代，人们已经习惯了水的外观和行为：在混凝土的限制中有条不紊地运行。但水并不是一种可以迅速冲走的废物；它也不是一种货物，可以闲置在水库里，直到农田或公寓需要它的时候才出库。水具有能动性。

从工业的角度看，大自然的周期可能看起来很草率。俞孔坚试图拓展我们的审美，使人们能够再一次欣赏一个地区的季节变化——遵循自然系统功能的形态。他的设计经常带有流行的色彩，比如在偶尔泛滥或泥泞的湿地上铺设起伏的红色走道，或者在野生植物中设置长椅。这些元素邀请城市居民进入充满活力的景观中，并提供统一的润色，就好像在自然的不断演变之上打了个蝴蝶结。

他经常谈论自己的"大脚美学"概念，这是对于"缠足"的反向类比——缠足是富贵和美丽的象征，因为小脚使女性失去行动的自由。充满了外来植物的城市景观，需要定期灌溉、施肥和施用农药，就像是那些小脚：无用，缺乏恢复力。另一方面，符合"大脚美学"的土地和水是强壮的、生态健康的、维护成本低和高产的。俞孔坚的一些设计甚至为城市居民生产食物，比如浙江衢州的鹿鸣公园。

海绵城市景观也在努力解决工业化造成的另一个水问题：污染。加州大学戴维斯分校研究土壤和水化学的科学家兰迪·达尔格伦（Randy Dahlgren）[46]曾在浙江省工作，他说，氮和磷等营养物质，以及重金属、杀虫剂和微塑料，污染着中国的地表水。他告诉我："如果他们能让水渗入地下，大量的潜在污染物将保留在湿地系统、缓冲区、蓄滞洪区和生态湿地中。"

但这并不容易。在被污染的城市地区，人造的湿地不可以在建成后就放任不管。植物可以吸收重金属和多余的营养物质，但当这些植物死亡时，它们又会回到土壤中。"你需要收获这些植物。"达尔格伦说。它们可以制成生物质燃料并焚烧，尽管一些污染物（比如金属）会积聚在灰烬中，需要另外处理。规划者还应谨慎地将地表水污染转移到地下水中，因为地下水中的杂质可能会持续几十年到几个世纪。这种复杂性提高了用好海绵城市的标准。

尽管如此，海绵城市技术已经在费城等地减少了污染，它们在那里被称为"低影响设计"。就像美国东北部和中西部的许多城市一样，费城将雨水导入污水处理厂。起初，这似乎是个好主意——在雨水返回河流之前对它进行额外的清洁——直到城市扩张导致系统在大风暴期间溢流，将未经处理的污水推入河流。在"绿色城市、清洁水源"的倡议下，费城正在沿着当地的溪流与河流，将两岸的土地开垦为公园，吸收过多的降雨，并在必要的时候使其泛滥。其中一个项目恢复了一段曾被埋在管道中的小溪，并在小溪旁边开垦出自然空间。沿着城市动物园停车场的生态湿地收集附近大道的径流。该市还鼓励土地所有者用行道树井开辟天然水道，在人行道、雨水花园、绿色屋顶、城市农场和多孔人行道上种植"缓冲"植物。通过这些措施使雨水渗入地下，减少了进入污水系统的雨水量。截至2021年6月，该市已经在850多个地点安装了3000多个绿色雨水系统，每年减少的合流制溢流量超过20亿加仑。[47]

　　城市中的"慢水"项目还在其他方面改善了人类健康。根据有影响力的生物学家爱德华·威尔逊的说法，这是因为人类为非人类生命让出了空间，而人类具有亲生命性。这意味着我们是爱其他生物的生物。我们热爱生命。有很多研究表明，当人类与自然分离时，抑郁症和焦虑症的发病率会增加；而当人类与自然重新联系在一起时，会有一种镇静的效果。花时间在自然环境中（甚至在城市公园中）可以使患有注意缺陷障碍的孩子集中注意力，改善抑郁症患者的情绪，帮助病人更快地从手术中恢复。有一些证据表明，土壤中的细菌是一种抗抑郁药——至少在小鼠身上是这样的，它们增加了小鼠的血清素水平。[48]"森林浴"是日本的一种流行的消遣方式，对心理和生理都有影响。植物学家和医学生物化学家黛安娜·贝雷斯福德-克勒格尔（Diana Beresford-Kroeger）是《为树说话》（*To Speak for the Trees*）和《全球森林》（*The Global Forest*）的作者，她说，树木释放的化合物可以增强免疫系统，让人放松。[49]这是有道理的。我们是动物。我们在大自然中演化，这是我们的原始栖息地。这就是为什么人类对自然世界造成的损害，既伤害我们的身体，也伤害我们的情感。

生物多样化的土地

为了人类的健康，为了挣扎中的物种，为了"慢水"的利益，恢复退化的景观的最有效方法通常是种植本土植物。这正是"土人设计"的方法。它主要使用本土植物，因为它们适应当地环境，不需要补充水、肥料或农药。

尽管人们越来越喜欢在花园和城市景观中使用本土植物，但这还远远不是主流。随着人类遍布全球，他们有意无意地带去了其他物种。他们带了最喜欢的食物，或者让他们怀念童年的植物，或者是一种"解决问题"的物种，比如用南非的冰叶日中花限制加州的海岸沙丘。因此，在世界各地的城市中，我们有非常相似的植物物种。[50]但是，正如水利工程掩盖了水的需求，这些外来的植物物种隔绝了我们人类以及我们所在地方的自然遗产和特性。

进口植物通常会对水资源产生巨大的影响，比如原产于澳大利亚的桉树在秘鲁种植时会有问题。草坪是最大的用水恶棍之一。草坪是美国最大的灌溉作物，每天要吸收近90亿加仑的水。[51]我们还向草坪喷洒化学品，杀死土壤微生物，将污染的径流送入水道。

　　值得思考的是，我们因为草坪而失去了什么。我的朋友玛利亚·阿克（Maleea Acker）是一位地理学教授，也是不列颠哥伦比亚省维多利亚的本土植物活动家。她写了一本关于原住民在殖民之前如何管理景观的书，名为《燃烧的花园》（*Gardens Aflame: Garry Oak Meadows of B.C.'s South Coast*），她也把自己在郊区的园子改造成本土植物景观。她在其他地方撰文介绍过自己的动机："当我们试图把一样东西变成另一样东西时（草坪是对英国庞大庄园的怀旧），我们就脱离了这里的实际存在物：苔藓、甘草蕨、仙女杯地衣……是时候抛开这些有害的成见。是时候生活在我们所在的地方，而不是整洁版的郊外庄园。让我们把公园之美带回家，让其他物种也可以在这些避难所之外生活。"[52]

　　我在有大面积铺砌的旧金山看到了生物多样性的增加，那里的房子一栋挨着一栋。我公寓后面的院子是一个大约25英尺×50英尺的长方形。我想要的是不需要浇水的植物，我开始研究本土植物，因为我发现，在本地演化的植物可以从雨水和雾气中获得所需的水分。我从加州本土植物协会的当地分会了解到，旧金山有一种特殊的生物群落，由于这座城市发展得太过密集，这种生物群落几乎消失了。然而，城市南部的圣布鲁诺山已经被环保主义者保护起来，该协会的植物专家从那里的植物中收获种子，用于发芽和分发。由于城市中到处都是混凝土，人们的院子成了动物的避难所。自从我扯掉了英国常春藤和杂草，在院子里种满了鼠李和熊果树，我看到了红尾鸳、白鹭、一只大蓝鹭、浣熊、木蜂、暗冠蓝鸦、加州细长蝾螈，以及更多的动物。

重建城市的部分地区，为"慢水"让出空间，不太可能重新创造一个拥有全部原始物种的完整生态系统。但正如我们在第三章中看到的西雅图的桑顿溪，它将创造出比我们现在拥有的更多的栖息地。它真的有效：我收集了一大堆故事，其中的主人公在恢复一些景观后注意到，物种正在回归。

人类的健康也受益于城市中生物多样性的增加。[53]这是因为哮喘、炎症性肠病和过敏等慢性疾病都涉及人类微生物群落的多样性不足——这些微生物生活在我们体内和体表。研究人员说，在城市环境中重新种植本土植物有助于恢复自然地貌，增加环境和人类微生物群的多样性。

当我们更深入地了解这些好处，我们的审美也会改变。我们创造的工业农场和城市景观不一定要成为我们的遗产。我们可以让河堤后退，为洪泛区和湿地腾出空间。我们可以创造充满本土植物的城市绿地，同时满足水的需求。我们只需要一个后工业化的愿景。

几年前，一位共同好友鼓励我去见多伦多的阿尼什纳比电影制片人丽莎·杰克逊（Lisa Jackson）。她的作品涉猎广泛，但原住民故事是一个常规的主题。杰克逊风趣开朗、博览群书、富有创造力；我立刻就喜欢上了她。她正在不列颠哥伦比亚省的维多利亚——这是我的第二个家——展示她的最新作品《Biidaaban：第一束光》（2018）。[54]这是在虚拟现实（VR）中创作的。在那天之前，我不知道为什么一直不愿意尝试VR。我戴上头戴显示器，它遮住了我的眼睛。一瞬间，我就站在了未来的多伦多。我可以在场景中向前或向后迈出一小步，并扭头环顾四周。

《Biidaaban：第一束光》有点像《银翼杀手》（*Blade Runner*），因为它描绘了一个既熟悉又陌生的城市未来图景。但其中的多伦多完全不同于一个满是绝望者的地狱景象。相反，我站在一栋建筑物的平屋顶上，俯视着一个安静的城市广场。本土植物从混凝土中慢慢回归，在我身后，原住民建造了一个传统的圆形结构，自然的、像子宫一样的结构。Wendat（殖民者称他们为休伦人）、Kanyen'keha（莫霍克人）和阿尼什纳比人（奥吉布韦人）的词汇不断浮现，承载着人类与自然合作的传统知识，表明了当地语言对这个地方非常熟悉。杰克逊对未来的想象是可辨认的，但是它比当今的现实更加整体。它不是用混凝土控制来取代自然的忙碌模式，也不是把技术作为救世主，而是以有着人类和其他生物的社区为中心。它唤起了这片土地上的原住民的根，以及原住民的价值观：感恩和关怀养育我们的自然世界。

突然，城市景观从我脚下消失了，我倒抽了一口气，因为我感觉自己在坠落。但并没有——什么东西支撑着我，我站在太空中，星星环绕在我周围。我是宇宙的一部分。我们都属于这里：人类、其他动物、植物、水。这种知识、这种包容、这些功能和恢复力，仍然围绕着我们——前提是我们愿意开放自己的思想，重新考虑这种古老的东西。

第八章　为了未来的人类：在肯尼亚保护水塔

如果你破坏了森林，河流将不再流动，雨水将变得随机，农作物将歉收，你将死于饥荒。

——旺加里·马塔伊（Wangari Maathai），诺贝尔和平奖得主

在肯尼亚的阿伯德尔国家公园，彼得和我前往在树顶小屋酒店的房间：伊丽莎白公主套房。这个房间是为了纪念英国在位时间最长的君主和现任女王[①]，1952年她的父亲去世、把王位留给他的时候，她就住在树顶小屋酒店。在她入住之后几年，茅茅自由战士[②]烧毁了酒店最初的树屋设计——该设计曾经出现在Netflix的热门电视剧《王冠》（The Crown）中。如今的酒店已经重建过，而且比原来更大。我们被安排住在帐篷营房，因为现在是2020年2月。新型冠状病毒感染还没有达到肯尼亚，但亚洲和欧洲的游客已经被封锁，而我们是唯一的客人。这感觉有点怪异，就像《史酷比》（Scooby Doo）中的一集，

[①] 指英国女王伊丽莎白二世（1926—2022）。

[②] 1952年至1960年，肯尼亚殖民地发起了一场针对英国殖民政府的起义，被称为"茅茅起义"。这场战争的最终结果是英方获胜。英国人称他们为"茅茅"，至于原因，学界有不同的说法；而他们自称是"肯尼亚国土自由军"。

一群人去了一家看似废弃的酒店。但我们很快就屈服于这里的舒服和好客。

幸运的是，动物并没有远离我们。树顶小屋酒店的主要景点是它脚下的一个池塘，野生动物在这里饮水和游憩。成群的大象欢快地走过，非洲水牛从池塘的另一边涉水而来，汤氏瞪羚怯生生地出场。酒店有一个蜂鸣器，在夜间提醒客人注意某些动物：一声代表鬣狗，两声代表豹子，三声代表黑犀牛，四声代表大象。第一天晚上，蜂鸣器响了三声。犀牛！我们冲向飘窗，凝视着越来越深的夜色。我们眯起眼睛，通过双筒望远镜看到了池塘另一边的动物的粗壮肩膀，当它转身的时候，我们还能看到它的角。犀牛是濒临灭绝的物种，所以这次邂逅就像是与独角兽擦肩而过。

在现代肯尼亚，阿伯德尔是这些动物以及更多动物的避难所。一条249英里长的电篱笆围绕着主要森林和集水区，目的是防止野生动物和人类出入——尤其是那些可能砍伐树木、种植作物或非法狩猎的人。树顶小屋酒店周围的景观是长满落叶树的草地。在我们到达的那天夜晚，鬣狗在土路上杀死了一头水牛；接下来的36个小时，我们看着那具尸体在持续不断的鬣狗狂欢中消失。该公园拥有相对完整的生态系统，不仅是50多种哺乳动物、270多种鸟类和770种植物的天堂。这种丰富性为肯尼亚的主要产业之一，旅游业，贡献了吸引力。

对许多肯尼亚人来说更重要的是，阿伯德尔国家公园是肯尼亚首都内罗毕的主要水源。塔纳河（Tana River）发源于此，它的两条支流锡卡河（Thika River）与哈尼亚河（Chania River）

为该城市提供水源。塔纳河流域还提供了肯尼亚大约一半的水力发电。阿伯德尔的海拔高达 1.3 万英尺，是一座"水塔"——意思是高地水源。和秘鲁一样，大部分肯尼亚人依赖于山上的水。阿伯德尔是肯尼亚的五大水塔之一，其他水塔分别是茅森林、切兰加尼山、埃尔贡山和肯尼亚山，它们的海拔在 1 万—1.7 万英尺不等。山脉之所以能提供水，是因为当暖空气撞上山峰的一侧、被迫上升时，它就会冷却，无法容纳太多的水蒸气。多余的水蒸气变成液态水滴，形成云。当这些云释放雨，覆盖在山体上的植物和树木有助于减缓斜坡上的降水，而根部在土壤中开辟的空间为水向地下流动创造了通道。最终，这些水供给了塔纳河这样的河流，并流向下面的城市和城镇。植物和树木也会吸收地下的水分，获取它们所需的水分，然后通过叶子上的气孔以水蒸气的形式释放到大气中。这个过程叫"蒸腾作用"，类似于动物通过呼气释放水蒸气。一棵树每天可以蒸腾出几百升水，所以森林极大地促进了当地的雨水供应，同时惠及更遥远的地方。[1]

科学家仍在探索健康的森林如何支持健康的供水。但在肯尼亚，人们的传统观念是，砍伐森林会导致水流下降，因为当地人已经直接观察到这一现象。诺贝尔和平奖得主旺加里·马塔伊[2]是一位社会和环境活动家，也是内罗毕大学的第一位女性教授、国会议员、环境与自然资源部部长。在 20 世纪 70 年代末，妇女们告诉她，她们的森林正在消失，取而代之的是木材，以及政府批准的伐木场和林场。结果，她们的河流正在干涸，导致她们没有稳定的粮食供应。为此，马塔伊发起了"绿带运动"，并动员人们（主要是妇女）参与其中，重新种植了5100多万棵原住民树（主要是在五座主要水塔周围）以扭转这些负面趋势。（肯尼亚人说到当地植物时用的词汇是原住民植物，而非本土植物。）① 她还反对农业和政府对森林土地的侵占和掠夺。

如今，通过森林保护和可持续农业，设法让水在山间流动而不是直接流失，这一点对当地的水安全至关重要。肯尼亚的面积几乎和得克萨斯州相等，却拥有热带气候的印度洋沿岸，干旱的东北部内陆，以及肥沃的西部平原。它位于赤道，部分地区郁郁葱葱——尤其是在雨后；然而，它的大部分位于气候舒适的高海拔地区。肯尼亚的中部高地被东非大裂谷一分为二；东非大裂谷是板块构造运动的产物，正在缓慢地将非洲分开。肯尼亚经常发生洪水和干旱，威胁到粮食、水和能源的安全。（肯尼亚34%的电力来自水电大坝。在整个非洲大陆，1/3的国家的大部分电力来自水力发电厂，而干旱使这种电力供应变得不再可靠。³）肯尼亚的主要人口中心是首都内罗毕和蒙巴萨。内罗毕位于海拔约6000英尺的温带高原，有600万人口；蒙巴萨位于炎热潮湿的海岸，有120万人口。

---

① 这一句中的"原住民"和"本土"本书原文使用的对应词汇分别是indigenous和native，就其本身而言两个形容词仅有细微差异，前者强调是"属于当地的"人或物，后者侧重"出生、成长于当地的"人或物。但一些原住民会认为native是有冒犯性的，或更偏好indigenous，其中一种可能原因是native常与国籍信息组合成描述原住民的称谓，如Native Canadians，而这样的说法是成问题的：比如例子中的称谓字面意思是"本土加拿大人"，但一些原住民不认为自己是加拿大人，或者自己的祖先早于加拿大建立而生活在这片土地上因而自己所属的人群不该被称为"加拿大人"；而indigenous较多地与"人""部落"而非国籍连用，如indigenous tribes in Kenya（生活在肯尼亚的原住民部落）。——编注

近年来，保护阿伯德尔、蒙巴萨的新巴山和埃尔多雷特的切兰加尼山等水塔变得越来越困难。由于人口增长、富人消费的增加以及国际资源的掠夺，肯尼亚的供水面临着额外的压力。国际资源的掠夺可能是政府与国际投资者之间的合法商业交易。但还有一种全球性的土地掠夺，即富裕国家和大型企业越来越多地在较贫穷的国家购买和租赁大片的土地，以获取粮食和水。一个富裕而干旱的国家利用别国的土地种植国内无法种植的粮食或产品，这本质上就是一种掠夺。"交易"和"掠夺"的区别在于，后者无视环境保护和人权，比如强迫人们离开他们的传统土地，将土地交给企业。[4]一个跟踪土地掠夺的独立全球土地检测数据库发现，肯尼亚被掠夺的土地大约是1350平方英里。[5]

但是，人口增长以及努力为人们提供足够的食物、水、教育和医疗保健，是我在肯尼亚遇到的所有政府官员都关心的问题。这个国家的人口已经从1980年的1600万增长到今天的6400万。在过去的几十年，人们越来越多地迁入高地森林，砍树制造木炭，种植农作物。这些活动限制了野生生物的生存空间，也使耕作变得更加困难，因为失去了控制土壤的树木，下雨时土壤就会被冲到山下，营养物质就会流失。而且由于土地无法持水，也失去了帮助形成雨的树木，最终由于地下缺水，溪流会干涸。下游的水会充满沉积物，清洁成本更高昂，雨季会发生更频繁的洪水，旱季有更严重的水荒和电荒。同时，气候变化给肯尼亚和整个非洲带来了更久的干旱以及更强烈的风暴和洪水；根据联合国的预测，非洲大陆的升温幅度将是全球平均水平的 1.5 倍。[6]

　　整个非洲的人口在 21 世纪发生了激增，肯尼亚的人口增长只是其中的一部分。非洲大陆的尺寸很难把握。非洲的 54 个国家的面积几乎是俄罗斯的两倍，或者是美国的三倍多。如今，非洲的人口是 13 亿。相比之下，印度有 14 亿人口，但面积只有非洲的 1/10，这意味着其他物种在非洲还有很大的生存空间。非洲仍然拥有如此庞大的自然景观，包括比其他任何大陆都要多的自由流动的淡水系统，这就是为什么大型哺乳动物——大象、长颈鹿、猎豹、狮子、大猩猩、黑猩猩、犀牛——仍然在这里生存，至少目前如此。

　　虽然世界上许多地方的人口增长正在放缓，但整个非洲的人口预计在未来 30 年翻倍，达到 25 亿，并将在 2100 年超过 40 亿。在许多国家，人口增长仍然是一个敏感问题，因为人们担心它可能带来宗教、文化、贫穷或种族方面的偏见，但实际上，它在很大程度上是女性去权的一种反映。肯尼亚的一项研究发现，从 20 世纪 70 年代中期到 21 世纪 10 年代中期，接受中等教育的女孩从 12% 增加到 59%，避孕普及率从 5% 增加到 51%，而每名妇女的平均生育数量从 7.6 下降到 4。[7]然而，撒哈拉以南的非洲地区仍然有 40% 的妇女无法获得包括避孕在内的生殖保健服务，[8]也无法选择生育的数量和间隔。

　　人口增长，不断扩张的工业开发区、高尔夫球场及类似的东西，也增加了对水的需求。然而，整个非洲大约 25% 的人已经面临用水压力。非洲领导人要努力解决如何供养比现在三倍还多的人口，他们有机会避开在其他地方引发问题的水管理方案，找到更好的方法。他们的目标是，在保护非洲大陆的自然资源和野生动物的同时，为不断增长的人口提供食物。在肯尼亚，这种转变正在进行中。政府和NGO领袖正在认识到生态系统和水在政策和制度中的联系。一些决策者开始回避混凝土水利基础设施，转而保护森林和高海拔草原——水的产生者。他们正在保护低海拔的湿地，这里是蓄水设施。此外，他们还支持那些能够捕捉降雨、节约用水、保持土壤而不是让土壤流入河流的耕作方法——这些策略也能提高作物产量。在这里，水文侦探不需要查阅历史来了解水的需求，因为从自然的水系到人类干预的水系的改变正在发生，它还没有超出这一代人的记忆。

水塔的力量

我们在阿伯德尔国家公园的第二天，彼得和我出发去参观水塔最顶端的长满草的荒野。在海拔大约8000英尺的地方，我们停在一个小木屋前，去接一位年轻的护林员。如果我们想走出车外徒步旅行，就需要他作为安全监护人，因为这里有很多野生动物，其中一些可能会吃掉我们。和肯尼亚的大多数护林员一样，他穿着迷彩服，肩上扛着一支自动步枪。

"我叫约书亚。"他说。

"我弟弟的名字也是约书亚！"我回答道。

"我就像是你的弟弟。"他笑着说，我可以感觉到他的真诚。

　　我们沿着土路行驶，路上几乎长满了齐腿高的草。随着海拔升高，我们穿行在不同的生态系统之间。首先是山地混交林，我们看到东非狒狒穿过马路，领头的狒狒停下来盯着我们看了一会儿。然后，道路蜿蜒穿过濒临灭绝的红木森林，树木的虬枝在我们头顶张开形成树冠，像芭蕾舞演员举起的手臂。美丽的红木表面覆盖着厚厚的苔藓，它们在中国是流行的家具材料。亚洲的红木几乎已经被盗猎一空，东非的红木也面临着压力，所以这些美丽的树木十分罕见。我们遗憾地离开了，进入高耸的本土山间竹林，这些竹子在风中摇曳，斜倚在道路上。在这里，灰棕色与白色相间的赛克斯猴互相打闹，紧紧地抓住树干，并打量着我们；东黑白疣猴则蹦蹦跳跳地从我们身边蹿过，它们长着黑白相间的长毛和古怪的面孔，很是潇洒。

图8.1　阿伯德尔国家公园的最高处是一片荒地，这里是塔纳河的上游，塔纳河是内罗毕的主要水源。彼得·费尔利（Peter Fairley）和约书亚·肯博伊（Joshua Kemboi）徒步旅行。（Photo © Erica Gies）

最终，我们来到最高处，进入海拔大约11000英尺的荒野。

这里的风景很迷人，到处都是在风中荡漾的齐腰高的草丛，长得像丝兰一样的被称为"巨型千里光"的植物，开着绿花、看起来像巨大松果的苏斯半边莲。山峰是从起伏的地面上伸出来的小块岩石。当我们开始行走的时候，我发现部分小路是泥泞的，水从起伏山丘的较低处渗出来。阿伯德尔的山峰、公园和森林等地形成的沼泽和山涧，为肯尼亚的六大流域中的四个提供水源。

广袤的景观和各种不同寻常的高山小植物，让人感到振奋。约书亚的姓是肯博伊，他知道很多植物的名字，我很欣赏这一点。每次我蹲下来仔细观察或拍特写，当我站起来的时候就会因为缺氧而头晕目眩。虽然偶尔会在这里发现豹子，但我们看到的最危险的动物是在小径上晒太阳的山地毒蛇。这是一条迷你的小蛇，和其他植物一样小，但它的咬伤是致命的。

"蛇毒有多快发作？"我问。

"非常快。"肯博伊回答说。

彼得指了指护林员的手机。"你在这里有信号吗？"他问。

"没有。"肯博伊说，我们默默地思考着自己的与世隔绝，以及开车去医院接受抗蛇毒血清治疗需要多长时间。"最好不要被咬。"他面无表情地说，然后带着我们绕过那条小蛇，离开了小路。它似乎非常满意地继续晒太阳。

*

肯尼亚政府意识到，保护这些生态系统、维持水安全，是非常重要的事情。2012年，政府成立了肯尼亚水塔局来辅助这项工作。这是肯尼亚为管理水资源而设立的几个具有前瞻性的政策和政府部门之一。2016年的《水法》引入并加强了其他的创新方法。一个是水资源管理局，它根据当年的可用水量按比例分配水资源。这听起来像是常识，但它并不是所有地方的标准操作。例如，在加州和美国西部的大部分地区，水务官员把固定数量的水分配给该州历史上最早主张权利的用户。这意味着在干旱的年份，那些优先用户仍然可以得到所有的水，而较新的用户可能完全没有水；并不是每个人都"分担痛苦"。肯尼亚另一项精明的政策是努力让当地人参与到照顾当地水资源的责任中。社区水资源用户协会联合起来，对当地的水资源管理做出决策。然而，寻求资金支持是这些组织的长期挑战。

这些不寻常的机构和政策是肯尼亚政府重组的结果。20世纪60年代从英国独立后，肯尼亚被两名独裁者乔莫·肯雅塔（Jomo Kenyatta）和丹尼尔·阿拉普·莫伊（Daniel arap Moi）统治了30年，他们延续了某种形式的殖民主义，使自己和亲信受益。但在2004年，肯尼亚宣布独立进入了第二阶段，有了新的领导人，并开始实施肯尼亚人制定的宪法，而不是英国议会宣传的宪法。肯尼亚人也有动力在水管理方面做出改变，部分原因是干旱导致电力不足，加剧了粮食危机。

"在改革之前，获取水变得非常困难。"水资源管理局的技术协调主管博尼费斯·姆瓦尼基（Boniface Mwaniki）说。我在位于内罗毕的办公室见到了他。肯尼亚在反复的干旱和严重的洪水之间来回切换，这干扰了供水和水力发电，导致了定量配给。根据姆瓦尼基的说法，这些周期正在加速："洪水和干旱过去是每十年一次，然后是每六年一次，然后是每三年一次，现在几乎是每年一次。"

无论是从理论上还是从设计上看，这些水政策都是全世界最先进的。当然，肯尼亚和其他地方一样，政府和机构的既定目标可能会因官僚主义、腐败或资金短缺而放缓。地方层面上的执行通常很困难。不过，政府政策考虑到自然资源的整体管理，与掠夺自然资源以换取资本的经典西方发展模式存在显著差异。

扩大自然生态系统的保护以实现水安全，其他国家也可以从中受益。例如，1997年，纽约市以15亿美元的价格购买了卡茨基尔山的1600平方英里的土地，目的是保护和清洁水，而不是投资建造一个昂贵的给水处理厂——据估计建造这样一座处理厂需要超过60亿美元，另外还有每年2.5亿美元的维护费。[9]保护森林的成本更低。通常情况下，保护流域的成本要低于破坏性的供水替代方案，比如海水淡化厂或水坝后面的新水库。

非洲第一个水资源基金

阿伯德尔国家公园是高地上的皇冠。在山下，阿伯德尔森林保护区环绕着整个保护区域，再下面是小型家庭农场。最近几十年，农场的数量已经激增至30万，农民砍伐了曾经用来稳固土壤和水的森林。

下游的城市居民依赖于从水塔流出的河流，水危机正在加剧，特别是对于生活在大型贫民窟的人们，比如内罗毕的基贝拉贫民窟。根据世界银行的数据，内罗毕只有53%的人能够直接获取水。[10]最穷的人将支付最高的费用：贫民窟的水站或卡车里的水通常来自地下水，那些用电子货币购买这些水的人，支付的费用超过城市水费的50倍。[11]

为了帮助政府机构实现水资源管理的激进目标，大自然保护协会在2015年推出了"上塔纳—内罗毕水基金"。该基金将塔纳河上游流域的农业和林业实践与内罗毕的水流和水质联系起来。这类似于大自然保护协会在南美洲帮助成立的水基金，比如在哥伦比亚和厄瓜多尔；秘鲁受此启发，创建了"生态系统服务奖励机制"。在肯尼亚，大自然保护协会已经筹集了2000多万美元，[12]其中大约160万美元来自使用水的私营公司，比如可口可乐和一家啤酒厂。政府机构也在提供资金和制度支持，包括国家水资源管理局、内罗毕城市供水和污水处理公司，以及肯尼亚电力公司。水基金的利息是一个稳定的资金来源，用于资助项目维护流域的自然功能。

上塔纳的水基金项目主要集中在两个方面。在国家林地上，他们正在重新种植原住民树。在下面，也就是小型家庭农场的起点，项目鼓励农民实施有利于水和土壤的耕作方法。这些策略有助于减缓土地上的水，使其在土壤中停留更长的时间，帮助农民生产更多的粮食，提高他们的收入。干预也增加了地下水补给，使河流在旱季保持流动，并降低了可能导致下游泛滥的洪峰流量。它们还减少了沉积物，如没有这些措施，由于沉积物会降低发电量和水质，灰色基础设施需要定期清理沉积物，导致处理成本提高。

弗雷德·基哈拉（Fred Kihara）是大自然保护协会的非洲水基金主管，他帮助成立了上塔纳—内罗毕水基金。我在大自然保护协会的内罗毕办公室见到了他，那是西北住宅区的一栋漂亮的带院子的房子。他的家族史是塔纳河上游流域开发的一部分。基哈拉是一个几乎剃了光头的中年男子，他穿着衬衫，戴着有肯尼亚国旗图案的手镯。他在阿伯德尔森林保护区的边缘长大。

"这里的农耕历史并不久远。"他解释说。相反，当地的肯尼亚人大多饲养绵羊和山羊。为了养活这些动物，"人们会保留良好的放牧地。他们还会悉心地照顾沼泽湿地，因为即使在干旱的时候，这些湿地仍然存在。它们是牲畜饮水和家庭取水的地方"。

肯尼亚从英国独立后，基哈拉的父母得到了一小块地，开始种植茶叶，把这种经济作物出售给他们的前殖民者。当他帮助父母处理茶叶和牲畜时，他注意到，随着时间的推移，农民的成功正在被侵蚀——这种侵蚀既是实际意义上的，也是象征意义上的——特别是当人们搬到很陡峭的土地上耕种时。

"水流过农田，带走了表层的土壤，"他告诉我，"农田正在失去养分。即便使用化肥，也无法避免这一点。"

他们需要让水慢下来。

　　基哈拉曾在内罗毕学习水土工程学，后来在肯尼亚山附近的一个地区担任农业部的土壤保持官员。他学会了如何利用梯田和农业林等技术保护土地。这种方法可以保持土壤，从而保持水分和营养，帮助农民用更少的水和更少的肥料获得更高的产量。"好处是，即使雨水不多，你也能有好的收成。"他说。

　　在塔纳河上游流域，土壤贫瘠导致了真正的苦难。因此，这些项目最重要的目标是让农民受益。上塔纳—内罗毕水基金估计，它已经给2.9万户家庭带来了一些好处，比如粮食安全。"我们刚刚种了100万棵鳄梨树，"基哈拉说，"三年后，这些树将长出鳄梨，可以改善饮食，也可以进入国际市场。"其他重要的目标是，在2017年的基准上，增加农场的水土保持。

　　根据基哈拉的描述，鳄梨树也符合这些目标。"它们仅靠降雨就可以生存，并且有助于保持土壤。"支持农民也会带来重要的附加收益。健康的土壤储存碳，而不是释放碳。广泛采用可持续农业也有助于保护野生生物，因为人们的粮食安全有所提高，意味着他们没有足够的动机侵入野生区域和偷猎野生生物。

　　到目前为止，塔纳河上游流域的5万英亩土地采用了改进的土壤管理办法。相比于2013年，供应内罗毕的主要河流的泥沙量减少了40%。大自然保护协会的科学家还测量到，相比于2016年的水平，2020年流入内罗毕主要水库的水量平均增加了近500万加仑/天。[13]

　　上塔纳—内罗毕水基金是非洲的第一支此类基金，但这种模式正在推广。已经有另一支基金正在运作：南非的开普敦水基金。在肯尼亚的蒙巴萨和东非大裂谷的埃尔多雷特—伊藤也正在推进提供额外资金的计划。其他对水基金感兴趣的地区包括：马拉维、乌干达、坦桑尼亚、摩洛哥、塞拉利昂的弗里敦、埃塞俄比亚的亚的斯亚贝巴、莫桑比克的贝拉、卢旺达的基加利、塞内加尔的达喀尔、南非的德班和伊丽莎白港。

在高地上更聪明地耕种

在一个明媚的 2 月天，我和穆兰卡郡的农业推广官员卡罗琳·恩古鲁（Caroline Nguru）一起，从内罗毕往东北方向行驶大约两个小时，拜访那些正在改进耕作方式的农民。我们行驶在锡卡河与哈尼亚河流域，沿途的村庄都只有几条街道，建筑物的材料是混凝土、石头、泥巴和草或者波纹金属。手绘的广告牌出现在教堂、学校以及出售肉类和牛奶的商店。这个区域被称为"高地"，海拔从 4500 英尺到 8000 英尺不等。起伏的丘陵和陡峭的山脉展现在我们面前——湛蓝的天空，红色的土壤，鲜绿的植被，穿着彩色衣服的人们——像一首田园诗。

在肯尼亚开车非常慢，车速很少超过每小时 30 英里，原因是有很多土路、坑洼和减速带，其中一些减速带非常高，或者完全没有标志。放慢车速很重要，因为路上有很多人在散步，或者在草丛边闲逛、聊天。如果目的地在更远的地方，许多人会乘坐 matatus，这是一种大型巴士，可以载 14 个人，外加货物。另一些人有自己的 moto，也就是摩托车，车后绑着各种各样的东西，从水壶到整头肉猪。

茶叶是这片流域的主要经济作物，陡峭的山坡上覆盖着齐腰高的、整齐的绿色方块。在它们之间有很多小路，工人可以每天采摘树叶，装在篮子里，篮子有几英尺高，有弯曲的手臂大小。装满后，工人把篮子背在背上，绑在额头或胸前，送到路边的收贮点。在路边的一个地方，提着茶篮的人越来越多，我们遇到了一辆卡车，车后面的开放式框架上布满了挂钩。人们排好队，把篮子里的东西倒进帆布袋，然后用带子挂在挂钩上。

恩古鲁在大自然保护协会工作，担任水基金联络员。她走访了这一流域，与农民见面，鼓励他们采取更好的做法，以减少土壤侵蚀，保障水质和水量。今天她带着我去巡视，这样我就能见到其中一些人，看到他们手工打造的水利创新。恩古鲁今年30多岁，梳着粗大的辫子，眼神睿智，浑身散发着一种与生俱来的酷。她穿着长筒雨靴，佐约克牌紫色连帽衫，戴着一顶编织的遮阳帽。她热情友好，一边踩着厚厚的泥浆与农民交谈，一边向一个外国人传授这项工作背后的神秘政策和科学。对这些农民，她既能说教（"你挖的这条沟在坡上太高了"），又很谦逊（她对一个农民的创新表示感兴趣，问："你在这里做什么？"）。她也不吝赞美（"我对这个农场印象非常深刻。"）。农民似乎真的很高兴见到她，炫耀自己所做的事情，征求意见，索取更多的鳄梨树苗。

和生活在这一地区的人一样，恩古鲁是基库尤人（Kikuyu），讲基库尤语。虽然几乎所有肯尼亚人都讲斯瓦希里语，许多人说英语，但他们也有自己的语言；[①]整个肯尼亚至少有42种方言。政治和生活的许多方面都遵循族群界限。这也体现在恩古鲁的工作中。为了让农民听从她的建议，她必须讲他们的语言——她用低沉悦耳的声音解释道。

成功在于倾听和理解当地人——融入他们的语言、文化，解决他们的具体需求。大自然保护协会的策略还包括从社区内招募人员，向当地人介绍水利创新，比如丹尼尔·穆奇里（Daniel Muchiri）——他与恩古鲁和我一起骑行过一段时间——他向邻居们宣扬"水盘"的优点，这是一种小型蓄水池，是水基金赞助的干预措施之一。

恩古鲁是这样说的：我们做的任何事情都要考虑到农民的生计。他们不会因为改善流域的做法而直接获得报酬。但他们能赚到更多的钱，因为土地的持水能力更强，产量更高；或者因为引入了鳄梨等有利可图的新作物。她总结说："如果不对当地人有益，如果不让他们参与到解决方案中来，他们就不会投入其中，也不会继续做下去。"

*

瓦亚加镇高处的第一个农场位于被凉爽雾气笼罩的山丘上，我们在这里拜访了埃索洛姆·万达卡·基古鲁（Esolom Wandaka Kiguru）。他拿着一把砍刀，穿着御寒的毛衣和橡胶靴。他是一个充满魅力的老人，幽默感像鞭子一样迸发出来。

---

① 斯瓦希里语是非洲使用人数最多的语言之一，它和英语是肯尼亚的官方语言。

　　我们走到基古鲁的田地的上部，恩古鲁指了指他种植象草和巴拉草的地方，这些原住民草扎根很深，可以保持土壤，为奶牛和山羊提供长年的饲料。大多数农场有一两头奶牛和几只山羊或绵羊。牲畜不会在高地上闲逛吃草，因为所有家庭的农场都紧挨在一起，每个农场可能有1—4英亩。虽然人们有时会把绵羊和山羊拴在路边吃草，但他们一般会把牧草送到奶牛嘴边，方法是装在卡车里，或者把笨重的牧草捆在摩托车后面。

　　基古鲁邀请我们去他的茶田，我们在下坡路上走啊走，走啊走，小路十分陡峭，我们必须边走边身体后倾。许多农场都是类似的坡度，这就是为什么土壤很容易被冲进河流。穿过狭窄的山谷，在分隔地界的河流的另一边，另一个农民的茶树方阵覆盖在山丘之上。"茶树是我的朋友。"恩古鲁告诉我，因为这种植物年复一年地长在土壤里，保持着土壤；人们只是采摘树叶。这是农业转向精耕细作的光明面；在旺加里·马塔伊的自传《永不屈服》（*Unbowed*）中，她写道，在20世纪四五十年代她的童年时期，这个地区是原始森林。[14]

　　在底部土地最终变平的地方，基古鲁种植了南瓜和玉米。但是在河边，他保留着原住民植被缓冲带，其中包括刺桫椤和完全覆盖的藤蔓。肯尼亚有一项法律，要求农民沿河保留20英尺宽的自然植被，目的是保护水质；但这项法律没有得到严格执行。恩古鲁对水质很着迷。在我们巡视的时候，她经过每条河流与小溪都会停车，根据上游项目的数量指出它的清澈程度。在最好的情况下，水几乎是完全透明的，就像基古鲁农场坡底的水一样。而在最坏的情况下，水会冒泡，红色的泥浆在水中舞动。

徒步回到陡峭的山上后，我们告别了基古鲁，开车前往不远处的另一个农场。成群的金贝粉蝶飞过，就像神奇的夏雪。它们浑身雪白，带着灰黑色的斑点，大规模地迁徙。我们的司机迪克森·恩古尔（Dickson Ngure）紧张地笑着，偶尔说一句他的口头禅："好好好！"或者"哇哇哇！"。他说，他的祖母曾经告诉他，当蝴蝶向东移动时，就意味着要下雨了。另一方面，恩古鲁的记忆是，蝴蝶向东移动意味着干旱。无论哪个版本的民间智慧是正确的，这都表明了供水的重要性，以及期待自然馈赠的文化。

*

下一个农场的主人是露丝·卡马乌（Ruth Kamau），一位穿着裙子、衬衫、橡胶靴，戴着包头巾的中年妇女。她也种植茶树，正把经营范围扩展到鳄梨。她的农场就像是现实里的梦境——飞鸟啁啾，山坡翠绿，蔚蓝的天空中点缀着蓬松的云朵。她和她的丈夫挖了三块洼地，水基金为它们提供了厚而柔韧的塑料衬垫——这就是"水盘"。雨水从波纹铁皮屋顶流下，通过管道流入这些水塘，平均每个水塘可以容纳大约8700加仑。我们穿过她的鳄梨园，卡马乌带着满意的笑容打开水龙头，水在她的茶园里水平涌出。

大自然保护协会的非洲监测和评估主管克雷格·雷舍尔（Craig Leisher）[15]表示，这种水盘很受农民欢迎。我后来与他通了电话，他正在新泽西州的家中。目前正在使用的水盘超过1.4万个。肯尼亚有两个雨季，10月到11月的短雨季以及3月到5月的长雨季，两个雨季之间是干旱期，所以农民每年有两次机会收集水。有了这些水盘，农民就可以在旱季种植额外的作物，比如扁豆。"这对于农民的收入来说是巨大的额外收获，"雷舍尔说，"农民喜欢水盘。最好的证据是，人们开始自发地建造水盘。"

由于水塘有衬垫，雨水不会直接渗入土壤和地下水中。但农民使用收集来的水灌溉作物，很多水最终还是会回到河里。此外，当农民使用水盘里的水，他们就可以不从河里取水；这为水生物种和下游用水者留下了更多的水。另外，对于卡马乌这样的农民，它节省了运水上山的体力劳动，这样他们就没有必要为了省事而在河边种植。雷舍尔正在进行一项研究，利用项目下游的电子传感器，结合家庭调查，测量水盘对当地河流的水量和水质的影响。通过这种方式，他能够比较有水盘的小流域和没有水盘的小流域。

他继续解释说，水盘对大自然也有好处。"塔纳河上游的青蛙喜欢这些水盘。世界上几乎所有地方的两栖动物都遇到了严重的麻烦。但我们创造了很多栖息地。"

这个水盘有点像浅水游泳池，我很怀疑它是否适合青蛙。

"它们对新的住所非常满意，"雷舍尔向我保证说，"你会看到很多鸟类，既有路过的鸟类，也有常年生活在这里的鸟类，因为这个水源并不总是在那里。"

追踪水

要让决策者投资更多的项目，需要证明项目的好处，这就需要监测和研究。但即使上塔纳—内罗毕水基金将10%的项目资金用于研究，也很难实现这一点。第二天，恩古鲁和我出发去了山另一边的另一个流域，检查一个监测站。

在气温更高的马拉瓜（Maragua watershed）流域，咖啡和香蕉已经取代了茶。在伊伦布镇外，我们把车停在一条湍急的小溪边，溪流蜿蜒穿过高高的草丛。河边的一棵相思树吸引了我的注意，树上点缀着大约50个鸟巢，它们像圣诞饰品一样悬挂在树枝上。筑巢的鸟是黑面黄腹织巢鸟，它们已经出来活动了。它们身穿醒目的黄色外衣，戴着黑色面具，叽叽喳喳地飞来飞去。有几个鸟巢被风吹到了地上。我捡起来一个。这是一项惊人的技艺，特别是对于那些没有对生拇指①的生物。鸟巢是一个由宽草编织成的椭圆形的球体，入口是一个正圆形的洞。

恩古鲁继续给我上关于水的课程。她指着一条几英尺宽的河流，河里有一根金属管，上面绑着一个测量仪器。该设备是分散在三个流域中的26个数据记录器中的一个。2015年以来，这些仪器每30分钟记录一次水位。每个月都有人收集一次

---

① 对生拇指，即能够轻松碰到其他手指指尖的大拇指，能够让双手更灵活，完成制造工具等复杂任务。这主要是灵长目动物的特征。

数据。

后来雷舍尔告诉我，所有的记录器都放置在排水管前，比如水流宽度恒定的管道前。有了这个稳定的变量，你就可以测量水位，从而计算通过的水量。此外，水基金还有6个更昂贵的流量检测仪，每2小时向内罗毕的供水处理设施发送一次遥测数据，"这样他们就能看到什么时候有泥沙或大量的水涌过来"，雷舍尔解释说。这些设备非常昂贵，所以数量有限；而且它们是盗窃的目标，因为其中有一张不限通话时间的手机卡。因此，流量监测器的位置不一定是最适合回答研究问题的位置；相反，它们被设置在戒备森严、有人可以密切监视的地区。

雷舍尔说，追踪沉积物减少和可用水增加的潜在数量是一个长期的过程。测量平均降雨量至少需要3年时间，因为每一年都有"戏剧性的"波动。他希望在2022年发表一份为期5年的研究。"我认为水量将是一个大问题。"他告诉我。早期的结果显示，由于农民的新方法，水量正在增加。相比于没有水盘的地区，那些大量使用水盘的地区的水量增加了20%以上。

回归的森林

当司机恩古尔和我告别恩古鲁的时候，蝴蝶还像雪一样纷飞。我们离开了恩古鲁的流域，前往阿伯德尔国家公园外的尼耶利镇。我们在这里接上了农业官员萨比娜·基阿里埃（Sabina Kiarie），她是一位留着短发的中年妇女，笑容很灿烂。她的职责范围是萨加纳—古拉流域（Sagana‐Gura watershed）。

在农田上方，高海拔的森林一直以来遭受着农民、猎人和政府支持的造林区的侵扰。至少从 20 世纪 80 年代开始，马塔伊的"绿带运动"等团体一直在重新植树，并试图保护那些存活下来的树木。近年来，"绿带运动"更加关注的是流域，而不是国界。该组织的领导人越来越懂得毁林（或植树）会如何对河流和地下水产生长远的影响。[16]

现在，上塔纳—内罗毕水基金也在森林保护区内种植原住民树以支持森林恢复。大自然保护协会的内罗毕主管基哈拉解释说："选择这些树种，是因为它们能适应海拔、降雨和土壤。"

萨比娜·基阿里埃带我去看这些恢复的森林。我们停在一个可以俯瞰山谷的路边停车处，眼前似乎是一片郁郁葱葱的原始森林。我们下方是哈尼亚河与扎伊那河（Zaina River）的交汇处，扎伊那河形成的瀑布在远处翻滚而下。这片 712 英亩的区域被称为"加坎加恢复点"，位于阿伯德尔森林保护区内。

基阿里埃告诉我，就在 10 年前，所有这些森林都被砍伐了，因为人们搬进来从事农业，或者砍伐树木和植被用于取暖和烹饪。在非洲大陆的大部分地区，为这些用途焚烧植物是很常见的：非洲几乎一半的能源是生物质能，这导致了世界上最高的森林砍伐率。[17]许多项目正在努力减少这一数字，为人们提供电力，或者引入太阳能炉灶。

加坎加的恢复工作从 2014 年开始，由"绿带运动"、肯尼亚林业局、扎伊那社区森林协会和哈尼亚水资源用户协会合作展开。基阿里埃自豪地说，恢复工作完成以来，17条干涸的溪流又恢复了生机。在我们站立的地方，紫色的花朵盛开，蝴蝶自由地起舞。该项目是整个阿伯德尔地区更广泛的重新造林工作的一部分。

原本在这里耕作的人于2009年被迁出。肯尼亚水塔局的生态系统评估、规划和审计主管威妮弗雷德·慕斯拉（Winifred Musila）说，最近在许多地方，人们非法搬进森林，并开始砍伐森林。根据水资源管理局的姆瓦尼基的说法，有必要把这些人赶出水塔，因为政府必须着眼于大局，努力为所有肯尼亚人提供服务。

不过，这样的行动并非没有争议。人口压力是砍伐森林的主要因素。但正如马塔伊在回忆录中的描述，肯尼亚政府官员把公共土地馈赠给亲信的历史非常悠久，[18]而且这种做法仍在继续。而且，生活在水塔上的人，有些不是最近才来的。在几年前引起国际关注的一个案例中，政府官员将安博波特森林——肯尼亚西北部的一个集水区——的森沃原住民从他们的祖传土地上驱逐出去。[19]事实上，在原住民管理或拥有的土地上，自然更健康、生物多样性更丰富，即使相比于政府预留的保护区也是如此（如第一章所述）。[20]

我们在内罗毕的一座商业大厦的办公室见面，慕斯拉向我详细介绍了肯尼亚水塔局如何努力解决这个棘手的问题。她是一位严肃的女性，在德国获得了森林生态学博士学位，对自己的工作有着真诚的承诺。"当我看到森林被砍伐，我感到十分难过，"她告诉我，"人们不明白自己在做什么。大多数人认为自然资源是免费的。"肯尼亚水塔局正在计算水塔提供的生态服务的货币价值。她说，通过给这些服务定价，肯尼亚水塔局可以帮助人们了解它们的价值，并激励人们节约资源。"然后你就可以解释：砍掉这么多的树，你将会花费这么多的钱。"

慕斯拉说，肯尼亚水塔局以支持生计项目的形式向搬迁者支付生态系统服务费用，这也以一种不同的方式解决了人们的需求，直接减轻了森林的压力。例如，肯尼亚水塔局支持人们通过养蜂赚取收入，或者在森林外为他们的动物种植饲料，或者给他们一定比例的旅游收入。

*

回到高地，基阿里埃、恩古尔和我参观了第二个恢复点，最近已经重新种植的祖提森林。它也位于阿伯德尔森林保护区内。虽然祖提森林被指定为国家公园，虽然它的一部分确实受到了保护，但它的另一部分正在被砍伐和放牧。目前执法力度不足，但随着时间的推移，这些行为将被禁止。据估计，它可能需要10年时间才能完全转变为国家公园。

普丽蒂·穆里提（Purity Muriithi）是肯尼亚林业局的一名年轻的护林员，她已经怀孕了，我们到达的时候她向我们打招呼。她穿着迷彩上衣和一双靴子，戴着一顶时髦的帽子，手里拿着砍刀，指着最近种植的树苗。覆盖在土壤之上的马唐草正被牛啃食——它们还没有被驱逐出这个领域。继续前进，我们走在铅笔柏下面，经过齐胸高的蕨类植物和叶子又大又圆的长穗巴豆木。[21]这里的恢复工作始于2015年，是"绿带运动"和肯尼亚林业局的合作项目，并且得到了水基金的支持。

恩古尔喊住了我，让我看一只正在爬树的三角变色龙，这是一种小型的现代三角龙。这只蜥蜴的颜色令人惊叹：黄色、蓝绿色和绿色的皮肤，上面长着小疙瘩。面对我的那只眼睛有着辐射状的黑线，它眯着眼睛打量着我。当我靠近的时候，它张开嘴，仿佛在无声地嘶吼，但看起来有点像是大笑。我把它拿起来仔细看了看，它比我的手要小一点，每只脚的四个脚趾像瓦肯举手礼①一样展开，紧紧地抓住我的手指。我完全被迷住了，但恩古尔不敢相信。他叫其他人过来，看看我这个疯狂的白人在做什么，而他们也同样惊愕。护林员穆里提躲开了，她激烈地大喊道："我永远不会这样做！"

我很惊讶；她做护林员的这个地方有豹子和大象，可是她却不敢碰一只小蜥蜴？后来，在研究这种厌恶时，我无意中发现非洲各地普遍存在关于变色龙的民间信仰。人们相信它的唾液有毒，会腐蚀你的皮肤，或者它的咬伤永远不会愈合，或者使你不育，或者改变你的性别。由于它可以改变颜色，人们相信巫医可以通过变色龙给你送去恶灵。[22]根据科学研究，变色龙对人类无害。一位肯尼亚学者告诉我，在她成长的过程中，曾在各种各样的地方看到它们：教室、卧室、操场……但现在

---

① 瓦肯举手礼，美国科幻作品《星际迷航》中的一种问号的手势，中指与食指并拢，无名指与小拇指并拢，大拇指尽可能地张开。

她只能在天然林①中找到变色龙。

我把我五颜六色的朋友放回树上，而我们人类继续往山下走。我们钻过一道电篱笆，进入一个早先重新种植的地区，那里的原住民混交林生长得很茂盛，几乎一直延伸到吉凯拉河（Gikira River）；基阿里埃说，这条河"直接来自阿伯德尔"。

肯尼亚林业局的苗圃和小型家庭农场提供了这些恢复项目的树苗。这些项目通常是雇当地妇女来种植。大自然保护协会说，超过2000名妇女在阿伯德尔高地种植了300多万棵树，获得了收入、木材和水果。

种1万亿棵树：当心

随着世界越来越重视减缓气候变化，大规模的植树活动已经在全球范围内掀起了政治风潮。2020年，在瑞士达沃斯举行的世界经济论坛呼吁全世界种植1万亿棵树，以帮助储存二氧化碳。联合国环境规划署发起了"10亿棵树运动"。各国政府跟上了这个看似简单的解决方案：欧盟承诺种植30亿棵树。非洲联盟承诺，在2030年之前恢复非洲大陆约38.6万平方英里的土地。中国引领了潮流：自1978年以来，其旨在遏制荒漠化的"绿色长城"已经种植了660多亿棵树。[23]

植树是一种本能的环保善行：谁不喜欢树呢？人们开始认

---

① 即自然起源的森林。——编注

识到，基于自然的解决方案需要成为减少气候变化战略的一部分，这是一件好事。然而，就像自然界的所有事物，单一的关注点可能会产生许多意想不到的后果。树不仅仅是碳棒。它们还提供了同样重要的好处：水资源安全，动植物的重要栖息地，遮阳和降温，当地人需要的食物和材料。同时，如果考虑不周，植树可能会造成问题。

利用树木来减少碳排放——通常是依靠出售"碳信用"或"碳补偿"的会计计划——这样的尝试已经导致了一些失误，比如种植单一物种的速生林。这些项目试图吸收尽可能多的碳，却导致了生物多样性的巨大损失。在许多情况下，种植的树种不是本地的，比如合欢树、桉树和松树。单一物种的种植园在生态上是脆弱的，容易因疾病、森林火灾、干旱甚至气候而大规模死亡。这就好比在工厂化的农场中饲养的动物更容易生病。

我询问雷舍尔关于种植单一物种的倾向。"大自然的长处是……拥有所有这些相互联系；坏了一个，就会有另一个来替代。如果你简化它，它就会变得更脆弱。"他警告说。他提出的复杂系统原理就是加拿大森林研究人员苏珊娜·西玛德发现的"菌根网络"，这些网络使树木能够分享信息、水和食物（如第三章所述）。在我居住的不列颠哥伦比亚省维多利亚附近，几十年前被伐木工人砍掉的树桩仍然活着——尽管没有树叶通过光合作用产生食物——因为邻近的树木正在分享资源。

"全球自然协定"保护计划的作者认为，完整、健康的森林也能更好地储存碳，它的固碳量是单一树种的两倍。[24]部分原因是，碳也储存在土壤中，而种植树木会扰乱并释放碳储存。

＊

在随意植树之前，我们还需要考虑它们在水循环中扮演的重要角色。树木能产生雨水。科学家很早就知道，海洋和湖泊的蒸发把水转移到空气中，然后形成降雨。他们还知道，树木和其他植物一样，通过根部吸收水分，然后通过叶子呼出到大气中，并在大气中形成降雨。但他们过去认为，树木对降雨的贡献很小。然后在1979年，巴西的气象学者埃内亚斯·萨拉蒂（Eneas Salati）利用"不同来源的水具有不同的化学特征"这一事实，证明亚马孙雨林中一半的雨水来自树木本身。[25]树木还能在很远的地方产生降雨：亚马孙雨林产生的降水远至得克萨斯州；刚果雨林滋润着美国中西部；东南亚的雨林影响着巴尔干半岛的降雨。[26]反过来，砍伐森林会减少降雨量；肯尼亚农民亲眼见证了这一点，这个规律也已在研究中得到证实。[27]

树木本身也会吸引雨水。一个有趣的理论认为，树木呼出的水蒸气会驱动风把水带到大陆内部（而不是风驱动水）。俄罗斯物理学家阿纳斯塔西娅·马卡里耶娃（nastassia Makarieva）和她的导师维克托·戈尔什科夫（Victor Gorshkov）提出了这个理论，他们称之为"生物泵"。[28]他们认为，大陆的内陆地区——南美洲的亚马孙森林、俄罗斯的针叶林、加拿大的北方森林——之所以能获得降雨，得益于广阔的树木网络。这或许也可以解释，像澳大利亚这样的森林被砍伐的大陆为什么会有一个干旱的内陆。[29]

在思考树木与水的关系时，一些人得出了错误的结论：树木是不好的，因为它们消耗了大量的水，减少了当地的供水。但是，荷兰瓦赫宁根大学及研究中心的森林生态学家、教授道格拉斯·希尔（Douglas Sheil）[30]说，"树木只吸收水分"的观点是基于2005年《科学》（Science）杂志上的一篇影响力很大的研究。研究人员查看了26项关于植树的长期研究，发现每年的溪流流量都明显减少。但几乎所有这些研究都只关注了桉树或松树种植园。[31]希尔通过电话告诉我，在正确的地方种植正确的树木或植物不太可能耗尽当地的水资源。

在肯尼亚，就像在秘鲁和加州一样，人们已经从错误的树木中吸取了教训。现在，公众的情绪已经转向反对原产于澳大利亚的桉树，因为人们已经看到它们消耗太多的水。在肯尼亚，大自然保护协会正在与农民合作，用竹子取代桉树——人们种植桉树主要是为了获得木材——竹子耗水少，能保持土壤，而且可以反复采伐。

同样，人们还发现，在不合适的景观中植树——比如厄瓜多尔的安第斯高山草甸——也会减少当地河流的供水。此外，如果人们为了储存碳而在草原上植树，这是双重误导，因为健康的草原也可以储存碳。对于那些喜欢草原而不喜欢森林的动植物，树木还占用了它们的生存空间。

在加州北部的山区，一些人想砍伐当地的树木，原因是担心它们消耗稀缺的供水。[32]但是，就像自然生态系统中其他的单一"解决方案"，伐树节水的想法被证明是错误的。在一项自然实验中，美国西部的树木因为松甲虫爆发而大量死亡（这是气候变暖的结果，冬季没有杀死足够多的甲虫幼虫）。可是，虽然树木停止消耗水，但河流的流量并没有增加。在科罗拉多州被甲虫杀死的森林中，一项调查发现，树木的大量损失导致一些地方有更多的阳光、更高的温度和更多的风，冬季的雪和夏季的雨都会蒸发掉，而不是缓慢地补给地下水。[33]

总而言之：这很复杂。但也没有那么复杂，雷舍尔说。只要恢复原住民生态系统，或者给它们自我恢复的空间。现在看来，不干涉的方法可能效果最好。重新种植原住民植物，虽然在当地创造了就业机会，但对于碳储存或水来说，可能不会达到最佳效果。

"花钱做这件事情的人，他们的问题是，他们觉得自己必须做点什么，"希尔说，"人们痴迷于种树，因为它表明了你正在做什么。但关于树，有一点是，它们很擅长自我种植。"希尔强调说，第一步是停止那些杀害树木的人类活动。但是，允许森林和本土植物自我播种和再定植，通常来说已经足够了。只有在特定情况下才需要人为种植，把它当作重启植物自我维持的一种方式。为恢复树木、草地、湿地等本土自然生态系统而筹集的资金，可以用于购买和保护土地，实施保护，清除入侵物种，或者为那些砍伐植被的人提供谋生方法或燃料替代方案。

水的回报

幸运的是，肯尼亚的许多人似乎理解这些生态原则，也理解整个流域的联系：从阿伯德尔国家公园的荒原水塔的顶部，到山腰的原住民森林的恢复项目，到可持续农业的实践，再到内罗毕和其他地方的人类居民。

更宽泛地说，肯尼亚整体水管理的各种前卫的方法可能意味着彻底改变原来的倾向：在面临水荒的时候，从其他地方抢夺更多的水。这并不是说肯尼亚的一些人不希望用更多的水坝来抵御干旱。但是，大自然保护协会的主管基哈拉警告说："水坝不会神奇地带来更多的水。"它们只是储存已经存在的水。

此外，建造水坝需要大量的资金——水资源管理局的姆瓦尼基说，肯尼亚通常没有这些资金，也无法借到这么多钱。相反，水资源管理局和其他机构正在试图保护流域。"我们依赖可用的地表水和地下水，"他说，"这就是我们收获水和储存水的原因。"肯尼亚的水政策"既考虑到上游的生产者，也考虑到下游的使用者"。

谈论"收获水"，或者把上游的居民称为"水的生产者"，这类似于秘鲁安第斯山脉的农民的"播种"水的概念。这种语言可能会让社会水文学家很高兴，因为它清楚地传达了人类行为对供水的影响。大自然保护协会统计了萨加纳—古拉流域的17条回归的河流，证明林务员在重新植树的过程中生产了水。农民在种植其他作物时也会生产水。有些人甚至在自己的土地上使干涸的河流恢复流动。

我有机会和农业官员基阿里埃一起见证一条河流的重生。在萨加纳—古拉流域的穆库维尼镇附近，我们拜访了约瑟芬·万吉库·姆旺吉（Josephine Wanjiku Mwangi），她是一位祖母，把橙蓝相间的坎加①裹成裙子，头上戴着白色的卷头巾，脚上穿着橙色的塑料凉鞋。

　　她欢迎我们来到她的农场，她的奶牛正在食槽里面吃草，一只奶牛猫正在闲逛；约瑟芬领着我们从它们面前经过。在农场下方，约瑟芬和她的丈夫约瑟夫·姆旺吉（Joseph Mwangi）种植了香蕉、咖啡和鳄梨。她向我们展示了过去一年里他们建造的许多梯田。首先，他们在山坡上挖了一条水平的沟渠，当雨水携带着土壤流下山坡时，沟渠会捕捉雨水。最终，土壤沉积形成了一个平坦的水平平台。在下方大约 10 英寸的地方，他们建造了另一个平台，最终他们就有了一系列台阶，而不是一

图 8.2　竹芋，或称芋头，是肯尼业高原地区的一种具有重要文化意义的食物。这种作物需要大量的水，所以人们倾向于沿河种植，但这造成了水土流失。从浑浊的水可以看出这一点。对农民来说，另一种选择是挖掘可以收集雨水的梯田，为芋头提供所需的水。（Photo © Erica Gies）

———————————
① 坎加，肯尼亚的一种传统手工印花布料，多用于制作裙子和头巾。——编注

图8.3　约瑟芬·万吉库·姆旺吉正用砍刀挡住象草。她指给我看根部间渗出的一摊水。多亏了她和丈夫在陡峭的农场上挖掘的梯田，它们保留了降雨，她的春天回来了。(Photo © Erica Gies)

个陡峭的斜坡。通过减缓水流，让水有时间渗入土壤，农作物就可以利用这些雨水。

在山下，约瑟夫正在用鹤嘴锄挖另一条沟渠。他把工具抡到头顶，用力铲进红土中。基阿里埃告诉我，她不敢相信自从她上次来过之后，这对夫妇已经建了这么多梯田。

约瑟芬告诉我们，艰苦的工作正在得到回报。梯田可以种植竹芋，竹芋有时也被称为芋头。这种具有重要文化意义的食物通常种植在河流中间或旁边，因为它需要大量的水，而这种做法会加剧水土流失。约瑟芬很高兴地向我们展示了一块覆盖着红土的粗壮的白色块茎，她说，在梯田里种植竹芋是可行的。

她告诉我们，在建造梯田之前，姆旺吉一家几乎无法种植农作物。现在他们正在获得丰收——他们的春天回来了！为了看到这个小小的奇迹，我们在姆旺吉家的1.5英亩土地上走了15分钟的下坡路。我们踩在香蕉叶上滑行，它们盖住了前一天晚上的雨造成的红色泥浆。最后，约瑟芬停了下来，弯下腰，用砍刀分开高高的象草。我俯下身去，看到渗水处反射的光线。这是一个微妙而重要的信号，表明这片土地、它的作物、它的居民和其他动物有足够的水，正欣欣向荣。

第九章 沉积物的旅程：当淡水遇上盐

在肯尼亚水塔的下游，一些淡水从山间流过，穿过高原，最终抵达海岸。它在那里推挤、缠绕，与大海进行着无休止的谈判。这是一曲古老的华尔兹，但现在2/5的人类——包括我在内的10亿人——生活在距离海岸线不到60英里的地方，生活在这种动态之中。由于人类改变土地、河流与气候的方式，我们使这些动态变得更加极端。对于我们这些沿海居民，越来越明显的是，来自陆上、地下和海洋的日益频繁的洪水威胁着我们的家园。上升的海平面已经成为气候抗议活动的战斗口号，比如受瑞典少女格蕾塔·桑伯格（Greta Thunberg）启发的"周五为未来"以及"反抗灭绝"死亡示威。[1]抗议者高喊着标语牌上的文字："海面在上升，我们要反抗！"[2]

在我的家乡旧金山湾区，人们正在利用大自然对抗人类行为的后果。人类往往倾向于建造海堤来保护沿海社区免受海洋侵蚀，但海堤需要持续不断的、昂贵的维护。另一方面，沿海

---

① "周五为未来"是各国年轻人发起的运动，即每周五各地学生走上街头，要求政府重视环境危机，积极应对。"反抗灭绝"是起源于英国的全球性的环保运动；死亡示威是他们的一种抗议方式，即模拟自己已经死亡，从而吸引路人的注意。

② 原文是Seas are rising, and so are we!，在英文中rising有"造反，起义"的意思。

的自然生态系统——潮沼、障壁岛、珊瑚礁、海草床、沙丘、砾石滩、海带和红树林——有自我维持的能力。如果保持完整，它们可以减慢淡水和潮水，起到缓冲作用，为人类社区提供灵活而有弹性的保护。根据《自然·气候变化》杂志上的一项研究，它们可以将风暴潮和海平面上升带来的生命和财产风险减少一半。[1]为了进一步了解这个机遇，我在旧金山湾区的东侧，也就是海沃德的南部，见到了一些沿海的水文侦探。

这是2018年的一个金色夏日，[2]我们站在一道低矮的海堤之上，俯瞰着伊甸园兰丁生态自然保护区的一个池塘，那仿佛是末日的景观。藻类在棕色的水面上形成了红色的旋涡，闪光的盐在水面边缘结了一层硬壳。微风拂过海湾，一群鹈鹕轻快地飞行，前往食物更丰富的猎场。

这个池塘是制盐工业转移到其他地方后留下的遗产。几十年前，如果坐飞机前往旧金山或圣何塞，下面的土地看起来就像一个巨大的复活节彩蛋。蓝色、黄色、绿色、红色、紫色、橙色、粉色的池塘环绕着南湾。人们在海岸边建造矮堤，列成半圆形，将海湾的部分区域分隔开，蒸发海水，留下盐。不同的颜色源自不同的盐度以及生活其中的不同生物类型——藻类、细菌、丰年虫。

但如今，这些昔日的工业用地带来了机遇。在更长的海岸线上，将盐池和防洪堤恢复成自然生态系统，有助于保护旧金山湾区免受海平面上升的影响。我所站立的池塘即将改变。但当我把目光转向西边的金门海峡，我看到了一些看起来更自然的东西：鲸尾沼泽（Whale Tail Marsh），一片低洼的绿色和黄褐色拼图，它的恢复始于20年前。这两个区域并排在一起，象征着大自然在我们允许的地方的恢复力，以及还有多少工作未完成。如今，随着气候变化的加剧，沿海恢复者的时间已经不多了。

*

海平面正在上升，原因是人类排放的温室气体正在使大气变暖，导致冰川和极地冰架融化，而它们积累的水正在扩大海洋。导致海平面上升的另一个原因是，随着海洋变暖，水也会膨胀。沿海生态系统提供的帮助，不仅仅是通过保护人类社区抵御海平面上升以应对气候变化；正如我们在淡水湿地中看到的那样，它们还通过在成长过程中储存二氧化碳，减缓气候变化的进程。这种强大的储存库被称为"蓝碳"。盐沼、海草草甸和红树林等沿海生态系统，每英亩储存的碳高达热带雨林的三倍。[3]这是因为它们始终或偶尔被水淹没，当它们死亡和被分解时，由于可用的氧气较少，它们捕获的碳并没有完全被微生物代谢然后释放出来。海平面上升甚至可能会增加它们的碳储存量——前提是它们没有被立刻淹死。研究者在六大洲的345个湿地查看了跨度6000年的记录。他们发现，当海平面上升时，沿海湿地的土壤中储存的二氧化碳增加了1—8倍。[4]

类似于淡水系统，沿海生态系统处理和分解营养物质和污染物，包括硫、磷和氮。但与森林不同的是，各个气候变化全球协议中几乎没有提及湿地对于缓解气候变化的作用。

虽然人们已经广泛地了解了沿海生态系统的好处，却仍在继续破坏它们。在过去的半个世纪，全世界50%的盐沼、35%的红树林、30%的珊瑚礁和85%的贝类礁遭到破坏，严重削弱了海岸的恢复力。[5]根据最近的一项估计，每年被破坏的沿海生态系统大约有1313—3784平方英里，它们储存的碳释放到大气中。[6]开发商在这些地方建造建筑，出售，然后继续前进；但由于海平面上升，这些房屋和企业在这片沿海地带可能不会长久。城市允许规划不良的开发，因为短期内可以获取地产税。但这样做的同时，城市没有考虑未来保护这些财产和继续提供服务（如水、电、道路等）所需的天文数字般的成本。

在旧金山湾区，当地科学家、政府和NGO已经抢得了先机。旧金山湾区因开发而丧失了90%的湿地，几十年来，这一人群一直在努力恢复其中一部分。最开始，他们的动机包括：减少洪水；让当地人可以在海岸线上娱乐；恢复濒危物种的栖息地，比如在沼泽上筑巢的加州秧鸡，以及喜欢吃盐角草的盐沼巢鼠。这些努力已经使旧金山湾区成为世界上最大的湿地恢复项目之一。但随着气候变化的加速，海平面上升的威胁成为焦点，恢复项目社群之外的人开始意识到，潮沼可以成为第一道防线，为人类的基础设施提供缓冲。现在这里的恢复者已经明确了自己的目标：在为时已晚之前，尽可能多地重建潮沼，帮助防止海平面上升。

世界各地都在进行相关的努力，比如修复东南亚被破坏的红树林。为了获取木炭和养虾，红树林被大量砍伐，它们的消失使许多沿海地区得不到保护。在越南，低洼的湄公河三角洲出产了该国一半的主要作物——水稻。如今，咸水正在以前所未有的速度流入三角洲，[7]破坏农田。原因是红树林消失、海平面上升、湄公河上游的水坝阻挡了重要的淡水和沉积物。现在，越南开始种植多样化的作物以及恢复红树林，从而适应气候变化。在全球范围内，沿海版的"慢水"实践者逐渐意识到，每一个海岸都是独特的，但所有海岸都面临着共同的挑战：海平面上升，温度升高，风暴变得更大、移动更慢，以及沿海的开发。

风险和更大的风险

在过去的一个世纪，海平面平均上升了6—8英尺，而且速度正在加快——其中一半发生在1993年之后。[8]这导致飓风、台风和暴雨对沿海社区的破坏性更大。当这些风暴穿过更温暖的海洋，它们积聚了更多的能量和水。相比于20世纪中期，它们的行进速度减慢了10%，这意味着风和雨的持续时间更长。[9]飓风"多利安"便是如此，2019年它在巴哈马上空停留了2天，倾泻了36英寸的雨水，有时移动速度仅为每小时1英里。

近年来，毁灭性的洪水无处不在。2021年夏秋两季，许多地方发生了致命的洪水，包括印度、泰国、菲律宾和美国的亚拉巴马州、纽约州和新泽西州等。2020年1月，印度尼西亚首都雅加达在一场大暴雨后被淹至5英尺高，造成66人死亡。该国总统已宣布，拥有3000万人口的首都将迁往婆罗洲岛的高海拔地区。海平面上升也推高了飓风的风暴潮，使洪水进一步向内陆蔓延。2019年的热带气旋"伊代"造成至少1300人死亡。并在莫桑比克、津巴布韦和马拉维造成灾难性的破坏。

沿海城市不仅仅在暴风雨时被淹,在巨大的"王潮"(king tide)时也会泛滥——"王潮"有时被称为"晴天洪水"。①根据美国国家海洋和大气管理局2020年的一份报告,自2000年以来,美国一些城市的晴天洪水的频率增加了5倍,[10]破坏了房屋,淹没了道路,污染了饮用水。2019年,墨西哥湾沿岸地区②的得克萨斯州伊格尔波因特经历了64天的涨潮洪水。得克萨斯州的加尔维斯顿、科珀斯克里斯蒂和摩根斯波因特,马里兰州的安纳波利斯,南卡罗来纳州的查尔斯顿,包括上述城市在内的许多城市分别经历了13—22天的洪水。美国国家海洋和大气管理局预测,到2050年,美国海岸线的涨潮洪水周期的中位数可能从7—15天增加到25—75天。

这些洪水想要制造麻烦,甚至不需要淹没某个街区。它们可以淹没道路或污水处理厂等关键的基础设施——其中许多位于海岸线——从而使人们无法回家或使用家中的生活设施。它们可以摧毁沿海城市赖以吸引游客的海滩。海水可以渗入地下并向内陆移动,使饮用水变咸;使土地盐碱化,无法种植作物;或者抬高地下淡水,从下面淹没房屋。[11]咸水入侵不仅仅发生在湄公河三角洲,它在许多其他地方都是一个严重的问

---

① "王潮""晴天洪水"及后文的"涨潮洪水"指的是同一种洪水,即随着海平面上升、陆地下沉及沿海自然屏障损失等因素,沿海城市日益常见的洪水。——编注
② 墨西哥湾沿岸地区,指濒临墨西哥湾的5个美国州组成的区域,包括得克萨斯州、路易斯安那州、密西西比州、亚拉巴马州和佛罗里达州。

题，包括佛罗里达州的部分地区；伊拉克的巴士拉；泰国的曼谷；利比亚的的黎波里。

人们通过建造海堤来应对这些威胁，但往往会引发意想不到的后果。海堤并不能阻止咸水流入地下。海堤也很脆弱。坚硬的屏障封锁了陆地和海洋之间的边界。试图遏制一个移动的系统，最终会产生相反的效果，导致进一步的侵蚀，而且海堤需要持续的维护。海浪冲刷着海堤底部的地面，先是挖了一个洞，最终破坏了海堤。另外，海堤还阻止了沙子和沉积物回流到海滩上。与河堤一样，海堤不利于它的邻居，它将海浪的能量从一个地区转移到附近的另一个未受保护的地区，使其更快地被侵蚀。由于穷人和其他边缘人群通常生活在低洼地区，缺乏建造海堤的资金，所以当邻居们全副武装的时候，他们却承受了主要伤害。

和水坝一样，海堤造价高昂，而且可能需要很长时间才能建成；在某些情况下，它们一完工就会失效。美国陆军工兵部队最近在新奥尔良完成了一个耗资140亿美元的堤坝网络，该网络由于地面沉降已经开始下沉，预计将在2023年失去效力。[①]波士顿和纽约都考虑过巨型拦洪坝，但最终放弃了——主要是因为它们根本不起作用。波士顿也权衡过建造一条3.8英里长的海堤，这将花费近120亿美元，需要30年时间，并对

---

① 给出的预计时间是该项目最早可能因不符合降低风险的标准而失效的时间，参见《科学美国人》对此项目的报道：Thomas Frank, E&E News, "After a \$14-Billion Upgrade, New Orleans' Levees Are Sinking," Scientific American, https://www.scientificamerican.com/article/after-a-14-billion-upgrade-new-orleans-levees-are-sinking/。——编注

环境造成严重的破坏。相反，它选择在沿岸增加 67 英亩的绿地，恢复 122 英亩的潮沼，并抬高一些洪水频发的地区。

泥浆堡垒

　　与海堤不同的是，潮沼具有对抗海平面上升的超级力量。这不仅仅是因为它们是水和人类基础设施之间的缓冲区，能吸收风暴潮的能量并阻挡最高的潮汐。沼泽实际上可以垂直生长——通过将沉积物困在植被中，植被分解沉积物后再生——从而与海平面上升保持同步。要做到这一点，它们需要三个要素：沉积物、空间和时间。

　　"沼泽和水位处在一种动态平衡里。事实清楚地表明，即便海平面以很快的速度上升，如果有足够多的悬浮沉积物，沼泽就跟得上。"约翰·布儒瓦（John Bourgeois）[12]那天在伊甸园兰丁生态自然保护区告诉我。布儒瓦是一个松弛的人，来自路易斯安那州，现在已经成为旧金山湾区沼泽恢复的重要人物。他曾担任南湾盐池恢复项目的执行经理 9 年，该项目是一个政府和社会资本合作项目，负责管理伊甸园兰丁生态自然保护区和南湾其他地点的盐池恢复。

　　恢复者已经记录了沼泽生长的速度。在南湾边缘圣何塞附近的阿尔维索镇，一个保护性的沼泽在 25 年里增加了 6 英尺多。另一位长期的恢复者和水文侦探利蒂希娅·格雷尼尔（Letitia Grenier）就这一壮举采访了当地人。她是一个聪明热情的女人，研究海湾生态已有20年，她现在是旧金山河口研究所的恢复景观项目主管，这是一个研究水、湿地、野生生物和景观的科研组织。阿尔维索的居民告诉格雷尼尔，他们过去经常沿着吃水充足的水湾停靠船只，如今已经变成了沼泽。我去拜访她位于加州里士满的办公室，她告诉我："当自然过程输送沉积物时，植物就会从中生长，活的沼泽会停留在上面，沉积物会不断累积。"

"旧金山湾区的沼泽能跟上海平面上升的速度吗？"我问。

"可以，前提是有足够的沉积物，不过，"她补充说，"如果海平面的上升非常迅速，那就没人能拿得准了，因为我们从未见过这种情况。"

旧金山湾区的恢复者可能有时间恢复所有可用的沿海土地。由于某些复杂的原因，美国西海岸的海平面上升速度比东海岸和墨西哥湾沿岸更慢。在过去的一个世纪，加州的海平面大约上升了6英尺，尽管这仍然足以让一些低洼地区在"王潮"期间淹没，比如旧金山市场街脚下著名的内河码头，以及圣马特奥县和马林县的部分地区。

但时间不多了。21世纪之后，海平面上升的速度预计会更快。加州海洋保护委员会估计，到2100年，海平面可能会上升7英尺，[13]这将威胁到机场、发电厂、交通和饮用水基础设施，其中许多位于靠近海湾的低洼地区。

布儒瓦和格雷尼尔隶属于一个由科学家和地方政府官员组成的庞大而松散的团体，这些人一直致力于实现1999年设定的目标，即恢复海湾历史上19万英亩沼泽的一半以上。[14]虽然缺乏准确的文献资料，但专家估计，在20世纪中期的最低点，历史上的沼泽被保留下来的只有10%。今天，历史沼泽的大约28%，或者大约5.3万英亩，已经是沼泽或正在恢复为沼泽。[15] 2016年，这些沼泽盟友完善了他们的长期目标，增加了一个明确的中短期目标，即在2030年之前尽可能恢复更多的面积，从而最大限度地抵御海平面上升。目前计划中的恢复项目将至少增加2.2万英亩沼泽，总面积占历史沼泽面积的近40%。最容易获得和恢复的大片土地已经被列入修复计划。在海湾周围的某些地区，剩余的开放空间很多，但都是私人所有的，有些已经沉降到海平面以下，所以恢复到潮汐高度的成本很高，也很困难。尽管如此，目标仍然是10万英亩，前提是该团体能够利用其他机会进行恢复。

设法获得这种空间，是沼泽创造奇迹所需的三个要素之一。但在人口稠密的湾区，空间十分珍贵，这一点和世界上许多临海的地方一样。沼泽后面是高速公路、污水处理厂、脸书和谷歌等科技园区，以及当地的街区。这种人类基础设施会带来问题，因为沼泽需要空间向内陆迁移，因为沼泽是更大系统的一部分。

格雷尼尔告诉我，"你不能只考虑沼泽"，这是科学家在实践中学到的另一个系统论教训。当他们开始恢复旧金山湾区的潮沼时，他们想，"我们只需要破坏（堤坝，是堤坝创造出）这个曾经是沼泽的盐池"，格雷尼尔告诉我。"我们让沉积物进来，它又会变成沼泽。砰。大功告成。"当他们研究沼泽如何运作时，他们意识到了真相："这些是大得多的系统。"由于淡水和咸水从中流过，沼泽与其他几个相互毗邻、相互交织的生态系统相互作用，包括上游和海湾的深水。这是一个流动的光谱：生活着大叶藻和牡蛎的潮下生态系统；有白鹭和加州姬燕鸥觅食的泥滩；长着太平洋草的低沼泽；长着盐角草的沼泽平原——盐角草是一种小块的多汁植物，味道很咸；长着胶草的高沼泽；最后是延伸到高地的过渡地带，这里是灌木和多种橡树的家园。在没有人为屏障的情况下，这些区域就会通过从高地流下的溪流和向内陆推进的潮汐，交换关键的沉积物和营养物质。

格雷尼尔解释说："如果只有沼泽，它的恢复力就比不上完整的生态系统，因为每个元素都保护着它背后的东西。"在自然状态下，这些生态系统实现了"动态稳定"——这不是矛盾的说法，而是一种具有恢复力的流动状态。它们能够自我维持。这就是为什么沼泽需要空间：它们之所以向上生长，部分原因是它们缓慢地向内陆移动。在有活动空间的地方，它们可以爬过高地上的沉积物，一边移动一边喂养自己。

沿着旧金山湾区的陆地和水，沼泽并不是唯一的分界线。历史上，沿着海湾有大约27英里的沙子、贝壳、砾石和鹅卵石海滩。现在几乎没有了；它们已经被人工填充物、海漫①、石堤或混凝土堤取代。但和潮沼一样，过去的沙砾也吸收了海浪的能量，就像是橄榄球运动员在被擒抱摔倒时通过翻滚分散身上的力量。由于海漫和海堤是坚硬的屏障，它们不会吸收海浪

---

① 用于消减水流能量、保护河床免受冲刷的设施。——编注

的能量，而是将其推回去，使其堆积在邻近的沼泽上，并侵蚀沼泽。如今，海湾周围的另一些恢复项目正在寻求让砾石、沙子和贝壳海滩回归到一些地方。

为了给天然的缓冲物寻找空间，水文侦探从人类的角度寻求机会，恢复那些由于人类不喜欢而变得可用的地方，比如盐池。但他们也在寻求水的指引。就像北京"土人设计"的景观设计师，或者KK在金奈做的调查，旧金山河口研究所的历史生态学家试图弄清楚一个事实：在被开发区掩盖之前，水曾经在这一景观中发挥过什么作用。然后他们绘制了显示水的流向的地图，并叠加在现代开发区上，这可以帮助人们了解，在哪里阻止水可能是一场失败的战斗，以及在哪里把土地让给自然可以对保护邻近的人类栖息地产生重大影响。

法医生态学

2019年1月的一个雨天，我和旧金山河口研究所的两名历史生态学家肖恩·鲍姆加腾（Sean Baumgarten）和埃琳·贝勒（Erin Beller，现在是谷歌的生态项目经理）在加州大学伯克利分校的班克洛夫特图书馆碰面，他们可以向我展示一些方法。与收藏善本书籍和历史文献的典型情况一样，图书馆里的珍藏品只能在阅览室里研读，在同意了许多特殊的规则之后，我们通过多道关卡进入阅览室。对于鲍姆加腾和贝勒，这只是日常的工作，他们曾经花了几个月的时间翻遍了当地历史学会的文件，市机构和县机构的记录，以及州和国家的档案。地图、景观和航空照片、土壤类型的农业调查、法律证词、游记以及关于树芯和花粉的科学研究，都能让我们一瞥失落的景观。更重要的是，它们提供了水曾在哪里流动和慢下来的证据。

在我访问之前，贝勒已经列出了一个搜索清单，比如一些过时的名字，它们属于早期的当地溪流或山丘，由于砍伐和开发区覆盖，这些溪流和山丘已经消失在历史中。他们以这些名字作为关键词，搜索档案和目录，提前向图书管理员发出请求，从图书馆的稀有信息金矿中检索旧文件。我们一起钻研这堆文件。

我读的第一本书是第三章中提到的旅行者对旧金山的描述，[16]写于19世纪中叶淘金热前的几年。作者威廉·H. 汤姆斯（William H. Thomes）这样描述旧金山湾："在水位高的时候，我们可以清除离海滩20英寻（120英尺）的泥炭。建筑工人后来发现，那里的泥泞很黏稠，向下延伸了许多英尺。"[17]泥滩是格雷尼尔说的相互关联的系统的一部分，也是重要栖息地和沼泽在海湾一侧的沉积物供应地。

汤姆斯提到了一种不复存在的对船只的威胁，叫作"开花岩"："美国在占领这个国家后，很快就搞定了那块岩石。几百磅火药或一些其他物质，就消除了航行的障碍物，船只再也不需要绕开电报山。"[18]那时的野生动物数量惊人。据汤姆斯的描述，海湾中的岛屿"布满了海鸟和海豹"，在穿越现在被称为"旧金山"的地方时遇到了响尾蛇和灰熊。

我在图书馆的桌子上还放着一份19世纪60年代的手写法

律文件，内容是一场土地权利纠纷。这叠文件从最上面捆在一起，我很难辨认里面倾斜的手写体。另一方面，贝勒很快就找到了一些相关的内容，包括德罗雷斯教堂附近居民的证词——德罗雷斯教堂是方济各会于1776年在现代旧金山教会区的中心建立的。一个人的描述提到了河流与水井就在附近。另一名证人画了一幅显示树木的简单地图——贝勒的解读是，灌木丛中很可能有水。

贝勒告诉我，她发现一段来自1843年的记载，描述了一个人住在蒙哥马利街和市场街的土坯房里："周围几英里都没有淡水。"从这个角度看，"这所房子是一个非常痛苦的地方"。她说，这样的趣闻"可以使景观变得生动，并促使人们对那个地方的生活有直观的感受"。尽管一幅树木的草图或者关于泥炭的只言片语并没有太多的线索，但每一条信息都是时间和空间的快照。她解释说，"总的来说，（这些信息）有助于弄清楚城市的地表水模式"，或者环绕海岸的泥炭和沼泽的范围。

研究人员使用旧金山河口研究所开发的系统对每个资料的准确性进行评分。关键问题包括：它是什么？它有多大？它在哪里？"很多都是背景信息，"贝勒解释说，"资料的作者是谁？他们的动机是什么？他们的盲点可能是什么？"相比于一项科学调查，一则劝人们从新泽西州搬到加州的广告没有那么高的可信度。在20多年的工作中，旧金山河口研究所已经了解并信任某些信源——甚至是对细节特别挑剔的个别绘图者。

这些数据为过去的景观可视化提供了原始的信息。旧金山河口研究所的环境科学家和分析人员通过创建地理信息系统地图将信息碎片编织在一起，就像"土人设计"的景观设计师在中国做的那样。贝勒认为，关键是"以一种透明的、可复制的方法评估信源"。

旧金山河口研究所通常从19世纪美国地质调查局的地形图和水文调查、沿海导航地图、历史和现代航空照片，以及美国农业部划分的30种不同土壤类型的、有百年历史的地图开始——此类地图是水量、植被和生境类型的良好指标。然后，历史生态学家把自己的档案发现加进去，以加权的方式反映他们对每个数据的信心。这一小小领域的其他人在不同地区已经采用和调整了历史生态学家的方法。有了这些详细的历史地图，水文侦探可以了解特定地方的水需要什么，并寻找机会来适应它。

寻找沉积物

科学家和地方政府努力恢复尽可能多的潮沼，这项区域性的活动正在顺利进行。尽管有雄心壮志，他们遇到了一个挑战。沼泽的修复和成长需要三个要素，他们还缺少最后一种成分：沉积物。根据旧金山河口研究所最新的一份报告，现有的潮沼和泥滩不太可能自然地吸收足够的沉积物，以应对21世纪海平面上升的影响。如果没有额外的沉积物，许多地方将在2100年被淹没。[19]

在自然系统中，来自上游的淡水以及被潮汐推动的半咸水和咸水，极大地将沉积物输送到沼泽。但人类阻碍了沉积物的输送。这种现象影响着旧金山湾区，以及世界各地的许多河流三角洲：密西西比河，尼日利亚的尼日尔河，巴基斯坦的印度河，印度和孟加拉国的恒河—梅克纳河—布拉马普特拉河，缅甸的伊洛瓦底江，越南的湄公河。上游的水坝将沉积物困在后面。堤坝化与渠道化的河流导致了更加湍急的水流，它从陆地带到泥滩的沉积物更少。失去了近岸的沉积物，三角洲就没有足够的原材料应对正常的海岸侵蚀，更不必说海平面上升了。这就是路易斯安那州土地流失的原因之一。海岸线的硬化阻挡了潮水带来的沉积物在海边建造陆地。

如果旧金山湾区的恢复者想要完成他们的计划，恢复更多的沼泽，他们就需要额外的沉积物。由于一些原因，旧盐池比海平面低1—2英尺。最重要的原因是：盐池与海湾被堤坝分隔开，阻挡了携带沉积物的潮汐。抽取地下水也导致了土地下沉。戴夫·海辛（Dave Halsing）[20]是南湾盐池恢复项目的现任经理，他在电话中告诉我，把潮汐引入盐池并允许其自然生长，这可能需要5—20年时间——具体取决于盐池的深度。这可能太慢了，无法抗衡海平面的上升。由于对沉积物的需求，恢复者到处寻找更多的沉积物，以便填补下沉的孔洞，从而启动自然恢复过程。但他们需要的量很大。

旧金山河口研究所的沉积物报告的主要作者、地貌学家斯科特·达斯特霍夫（Scott Dusterhoff）量化了维持现有沼泽和泥滩以及额外的沼泽恢复计划所需的沉积物。如果到2100年海平面上升6.9英尺——在人类没有决心减排的中高风险情况下

——他们所需要的沉积物将超过6亿吨。[21]

有些沉积物可能来自上游。达斯特霍夫计算出，如果没有干预，那么到2100年，溪流可能会向海湾输送1.76亿至3.09亿吨沉积物。这种差异取决于未来的情况是干燥一些或潮湿一些。随着雨水减少，流入海湾的水流会减少，携带的沉积物也会减少。如果有一些干预措施，溪流可以提供更多的沉积物。达斯特霍夫说，到2100年，为了船舶运输而疏浚海湾，可以额外获得3.53亿吨沉积物。另外，在当地建设过程中挖掘的1.65亿吨也可以投入使用。所有这些加起来，该地区可能有足够的沉积物来弥补不足。问题是如何把沉积物运送到需要的地方。

*

直到最近，旧金山湾区已经有了足够多的沉积物——遗憾的是，这部分是因为我的先祖造成的一场环境灾难。19世纪中期，我母亲家族的一个分支从缅因州搬到了加州，他们和许多其他人一样被黄金所吸引。到达旧金山后，他们一路向北来到萨克拉门托河谷的山麓，来自内华达山脉的支流从这里汇入萨克拉门托河，最终流入旧金山湾。在最初的几年，所有的大的金矿块都被捡走了，因此淘金者求助于其他方法。在加州的浪漫传说中，独立的利益相关者拿着镐头和淘选盘，蹲在河边的一头骡子旁边，耐心地从泥沙中筛选黄金。但在1853年，人们开始了水力采金，在河边的山坡上使用大功率的软管来挖掘金矿，这个过程撕裂了植物，剥掉了土壤。

　　我的曾曾外祖父、曾外叔祖、曾外祖父在奥罗维尔镇萨克拉门托河附近的羽毛河沿岸从事这项工作。在高峰期，水力采金每年带走720吨泥沙，使之顺着河流进入海湾。[22]这是一种工业滥用，今天我们仍然可以看到红色和白色泥土的悬崖，上面没有树木。在大约30年的时间里，大量的泥土被冲到下游，使萨克拉门托河的河床抬高了5—30英尺，并在旧金山湾区的底部形成了一层厚厚的泥土。[23]最终，在一个由农民领导的抗议团体"反垃圾协会"的推动下，美国联邦地方法院于1884年禁止了这种做法。

　　水力采金带来的非自然的沉积物数量，大约是自然流量的8倍。但150年过去了，这种律动正在消失，现在海湾的沉积物稀缺问题迫在眉睫。

　　在后来的几十年，另一种类型的沉积物倾倒威胁着海湾：为了创造新的开发用地，人们正在填埋海湾。浅的泥滩和潮沼很容易成为攻击目标。到20世纪50年代，当我的母亲在旧金山南部的半岛上长大时，海湾中10%的沼泽已经筑堤或被填平，用于农业、垃圾场、污水处理厂、海军基地、机场和盐池等人类用途，海湾的面积缩小了1/3。[24]我的外祖父母从萨克拉门托河谷搬到湾区上大学，最终定居在马什路，这个名字有重要的意义——它的东部地区建立一片沼泽之上——直到我开始写这篇报道，我才意识到这一点。①

　　2018年的另一个夏日，我回到了童年的这个地方。我和布

―――――――――――

① 马什路，原文是Marsh Road，其中marsh即沼泽。

儒瓦沿着101高速公路行驶，从马什路的出口去参观雷文斯伍德/贝德韦尔恢复点。我们爬上一座小山丘，他概述了到目前为止的项目。它最初是沼泽，然后是盐池，然后是垃圾场。现在是公园，覆盖着泥土，重新种植了本土植物。

"哪一部分是垃圾场？"我问。

"就在我们脚下。"他回答说。

"好吧，所以历史上这里没有小山丘？"

"没有，"他解释说，"我们正站在一堆垃圾上。"

事实上，他告诉我，除了郊狼山，南湾沿岸没有天然的高地。他指着海湾对面的山丘。除此之外，"海湾边缘的任何高地都是垃圾堆成的"，他说，"特别是如果你去阿尔维索：那里有很多山丘，到处都是垃圾"。

奇怪的是，这个特殊的垃圾场是我妈妈童年时最喜欢的地方之一。她周末经常和我外祖父一起去那里玩。在修剪完郊区院子里的桃树与核桃树之后，"他会把我们的一辆旧拖车装满，挂在橄榄绿的帕卡德汽车后面，然后我们就出发了"，她告诉我。她和她妹妹都和我外祖父一起坐在前排的长凳车座上。他们驶离马什路，穿过湾岸路——这是101公路的旧称，因为它建在原来的湾区海岸线上。101公路以东的大部分土地是填土。在一个小棚子里支付了倾倒费之后，"我们会沿着一条土路行驶，穿过烟雾和缓慢燃烧的垃圾堆"。成千上万的海鸥飞来飞去，吵吵嚷嚷，不遗余力地吃食。"那太有趣了，"她回忆道，"一部分是在一起分享经历，一部分是看着火焰燃烧，还有一部分是在更简单的时间里获得简单的快乐。"

　　但不久之后，公众的态度发生了转变，因为人们开始意识到填埋对海湾造成的破坏。爆发点发生在 1959 年，美国陆军工兵部队提出了一项建议，填平海湾中剩余水的 60%，用于建造更多的建筑物——如此一来，世界上最大的天然港口之一，将只剩一条狭窄的行船通道。公众的情绪变成了愤怒。当地的三名妇女，西尔维娅·麦克劳克林（Sylvia McLaughlin）、凯·克尔（Kay Kerr）和埃丝特·久利克（Esther Gulick），在第二年成立了一个名为"拯救海湾"的组织，她们的倡议最终催生出了保护海湾的新法律和新政府机构。在 20 世纪 70 年代，当地科学家开始了世界上最早的沼泽恢复项目。

解放阿拉梅达溪

　　那些创始女性可能会惊讶于从那时以来所取得的成就，以及今天人们努力恢复海湾的雄心。吉纳·莫吉斯（Gena Morgis）就是其中之一，她是纽约景观设计公司 Scape 的景观设计师，和我一起参观了伊甸园兰丁生态自然保护区，作为另一个名为"恢复力设计"的荷兰与当地合作项目的一部分。该项目的目标是为海湾周围的自然保护提出积极的概念，以预测和预防灾害。Scape 团队正在上游寻找方法，从被水坝阻塞的河流与溪流中释放自然沉积物。在一个名为"公共沉积物"的项目中，他们把重点放在了阿拉梅达溪（Alameda Creek）。作为旧金山湾最大的流域，它拥有最多的潜在沉积物。在 20 世纪进行大规模的工程改造之前，这条河流曾经把泥土输送到伊甸园兰丁生态自然保护区的沼泽。

在我访问伊甸园兰丁生态自然保护区的末日盐池和它已得到恢复的相邻区域时，莫吉斯是在场的几名水文侦探之一。她是一个年轻的女人，她的穿着更适合在东海岸的办公室，而不是在西海岸的田野。她对沉积物充满了一种可爱的书呆子般的热情。她和我一起离开海湾，去看阿拉梅达溪的高地。开车时，她告诉我，水坝并不是河流中阻碍水流和沉积物输送的唯一基础设施；混凝土岩床和堰也是。经过这些高度工程化的关卡，沉积物从沼泽中穿射而出，进入了海湾。几十年来，这条河流一直以另一个更工业化的名字而闻名：阿拉梅达溪防洪渠道。

堆积在水坝后面的沉积物填满了水库，成了维护水库的难题，所以管理者经常清理它们。如果能够获得许可，这种沉积物供应就可以作为输送到沼泽的资源。但把它挖出来、用卡车运输到沼泽，是一种非常缓慢且昂贵的方法。打开水坝，沉积物可以更快更容易地流过去。在某些情况下，现有的水坝可以模拟自然的周期性脉冲，将沉积物冲到海岸。或者如果一些水坝需要更换，新的设计可能从底部溢出水，让沉积物通过。

我们来到尤宁城的一条安静的郊区街道的尽头，一条河堤在我们头顶若隐若现。我们把车停在阿拉梅达溪步道的比尔德停车区，然后沿着陡峭的山坡走到河堤顶部的小路。从那个有利位置，我们俯视着 V 型的混凝土防洪渠道。在底部，河岸上的植物——黄色、淡棕色、绿色、红色——遮蔽了一条细流。

　　不仅仅是沉积物被阻挡在这条河流的流动之外。人类也是如此；我们没法从河堤下到河流里。对于这个街区的人来说，也没有简单的办法去拜访河流对岸的其他人——尽管只有300英尺远。人们沿着这条步道慢跑或遛狗；"但能够下河是一种完全不同的体验，"莫吉斯感慨地说，"过去人们经常在阿拉梅达溪钓鱼。老年人真的参与其中。"

　　她的团队希望改变这一现状，在渠道中修建通道，让人们与当地的生态系统重新联系起来，使他们可以"在河道内蜿蜒前行"。这就是为什么他们自称为"公共沉积物"。让人们团结起来，重新联结当地的水和后院里的其他资源，"建立对生态系统的更多共情，建立一群支持者，一群可以为它们发声的人"，莫吉斯解释说。

　　在伊甸园兰丁生态自然保护区从事恢复工作的人对这一计划感到兴奋，因为它可以使水流更自由地从河流流向正在恢复的沼泽。除了输送急需的沉积物，改善水流也可以让鱼类更容易通过。能够到达健康沼泽的鱼类，在游向大海之前可以更安全地生活在沼泽中。2019年，一名州参议员为该项目争取到了3140万美元的资金。[25]

　　但是，由于联邦政府管理着防洪通道，所以这很复杂。盐池恢复项目的前任经理布儒瓦告诉我："要在河堤上打一个洞，实际上就是要让它报废，这不是一件小事。"现任经理海辛补充说，水文情况也很复杂。他们正在重新连接这条河流很久以前被改道的部分河段，所以他们需要确保这种变化不会导致上游街区在极端天气下发生洪水。

尽管如此，报废工作仍在进行中，部分原因是不再需要防洪渠道来保护盐业公司的利益。沿河的一些水坝已经废弃，因为它们不安全，在地震期间构成严重的风险；或者因为它们被淤泥阻塞，降低了防洪的能力。然而，海辛估计这条渠道完全废弃还需要10年时间。最重要的是，科学家和景观设计师（比如莫吉斯）希望，更自然的阿拉梅达溪与被沉积物强化的沼泽将增强人类的防洪能力和改善非人类栖息地。

在湄公河中寻找沉积物

在太平洋另一边的越南，上游水坝阻拦淡水和沉积物也是大问题。2015年冬天，我在报道湄公河流域的水问题时看到了这种景象。从胡志明市出发，沿着高速公路行驶，在公路下方大约20英尺的地方，大片的浅黄绿色水稻起伏波动。据当地的一位导游介绍，田野中偶尔会有一些小建筑——已逝农民的陵墓，他们希望像生前一样在田野里度过永恒的时光。

这是具有传奇色彩的湄公河三角洲（Mekong Delta），同名的河流将土地分割成三角形。这里是2000多万人口的家园，其中大多数以农业和渔业为生；湄公河三角洲几乎与海平面同高，最高点大约是海拔12英尺。长期以来，这里一直被水的节奏主导。在雨季，上游洪水带来了源源不断的淤泥和淡水，有时覆盖了半个三角洲；在旱季，来自中国南海和泰国湾的海水向上游推进25—41英里，导致340万英亩的土地因为过咸而无法耕种。[26]在降雨量少、河流水位低的年份，咸水还会向内陆再入侵12—19英里。

　　和旧金山湾区一样，湄公河三角洲的各省也受到了来自两方面的威胁。最新的预测表明，最早在2050年，三角洲的大部分地区就可能因为海水上升和陆地沉降而淹没。[27]与此同时，上游的大型水电大坝——尤其是邻国的大坝——阻碍了三角洲土地不断重建所需的冲积层。情况已经很糟了，但更多的水坝仍在进行中：11座在干流，120座在支流。[28]2014年，科学家估计，现有的和在建的水坝将截留湄公河一半多的淤泥。他们预测，如果所有的水坝都建成，96%的沉积物将在到达三角洲之前被阻拦。[29]

　　上游的邻国也开始增加灌溉，从河流中取水。抽水、堤坝和干旱都减少了淡水的涌入——正是这些淡水把盐分推回大海，从而保持农业地区适合耕种。我们在陆地上所做的事情确实很重要：相比于海平面上升，水坝和采沙对咸水入侵的影响更大。[30]由于越南在湄公河的末端，上游邻国播撒下的东西他们必须照单全收，不能指望它们按照越南的计划来输送淤泥或水。这些国家倾向于根据自己的需要来运营水坝。"湄公河委员会"是东南亚的一个政府间组织，其宗旨是帮助湄公河流域的六个国家做出合作决策，但它并不是特别有效。[①]2020年10月，中国同意分享全年水位和水坝泄洪数据，使这一项目有了

---

① 湄公河委员会的成员国包括泰国、老挝、柬埔寨和越南，中国和缅甸自1996年开始成
　　为该机构的对话伙伴。——编注

一线希望。智囊团"史汀生中心"的"湄公大坝监测"项目，遥感公司"地球眼"将通过卫星持续监测流域的情况。[31]

几十年来，越南为了最大限度地提高水稻产量，也一直在破坏湄公河三角洲的水循环。越南全国销售的大米有一半是在这里种植的。在三角洲的一些地方，农民每年都要种植三季作物，旱季也不例外。这需要密集的水文工程：大约 5.7 万英里的运河和超过 1.24 万英里的河堤。[32]这一工程剥夺了三角洲部分地区的常规洪水，这些洪水可以恢复沉积物和营养物质。其结果是，现在的农业需要更多的肥料，农民在旱季抽地下水灌溉水稻，这导致沿海含水层下降，为更多的咸水入侵创造了空间，并导致地面沉降。陆地下沉加剧了海平面上升的影响。2019 年的一项研究估计，总体沉降速度大约是每年 0.5 英寸，而一些地区每年下降了 2 英寸。[33]

荷兰人也在这里发挥了作用，他们对水问题有着敏锐的嗅觉。他们和越南的水管理者一起编写了《湄公河三角洲计划》（Mekong Delta Plan），于 2013 年发布。该计划坚持一个简单的原则，可以明智地应用于人类的任何努力。他们建议从战略上考虑哪些活动最适合某些地区的自然压力——并改变人类的活动，从对抗自然变成适应自然。几十年来，种植水稻一直是政府的首要任务，所以人们竭力地阻挡咸水、引入淡水。现在，三角洲的人们在决定如何使用土地之前，首先考虑特定地区的水的性质——淡水、半咸水和盐水——和土壤的条件。[34]

荷兰-越南计划引出了正在进行的"湄公河三角洲综合气候恢复与可持续生计项目"，该项目重点关注这些"水文生态区"。大多数农民种植的淡水水稻在一些地方是不可持续的。人们正在试验浮水稻、水培菜园、莲藕或每年轮作两季水稻，附带水产养殖鱼类。适应性是这里的口号。如果人们没有被禁锢在特定的生计模式中，他们就可以根据土地和水的条件变化而灵活变通。

随着金瓯省、薄寮省和建江省的沿海地区变得盐碱化，养虾业开始蓬勃发展。不幸的是，许多农民为了挖养虾池而砍伐了保护三角洲的沿海红树林。在过去的70年，越南已经失去了近60%的红树林，这使得沿海社区更容易受到气候变化的影响。[35]红树林的地上根系网络紧密连接，给人的印象是枝繁叶茂的绿色大军，它们限制了侵蚀，抵御了风暴。如果没有红树林，每年会有十几、二十几英尺宽的海岸被侵蚀。[36]红树林储存的二氧化碳几乎是热带雨林的3倍。[37]另外，红树林是许多水生物种和陆生动物的繁殖地和苗圃，可以为当地人带来经济利益。

为了解决森林滥伐和水土流失的问题，一些农民正在重新种植红树林，并在其中养虾。一个国际资助独立项目"红树林与市场"[38]从2012年持续到2020年。虽然这些严格管理的系统并不具备天然林的所有生态效益，但红树林使养虾业更加有利可图，也更加可持续。红树林生态系统是虾的自然栖息地，也是人类食用的其他物种的自然栖息地，包括螃蟹、鱼类、扇贝和牡蛎。在类似于自然栖息地的地方养虾，可以为它们提供野生食物，使它们不易生病，减少对饲料、化学品和抗生素的需求。农民正在获得有机认证，这使他们能以更高的价格出售虾——部分原因是该认证禁止砍伐红树林，并鼓励他们在被砍伐的地区重新种植。

该项目还与2019年越南《林业法令》（Forestry Decree）的制定有关。《林业法令》为保护红树林的可持续水产养殖，设置了生态系统服务费用。这项法令得益于越南政府部门和国际保护和发展利益集团的相关努力。对于湄公河三角洲的各省，这意味着"红树林与市场"项目启动的政策将持续下去。

潮汐带来的沼泽动力

回到旧金山湾区，沉积物供应的问题继续主导着关于恢复的讨论。人们不仅在上游水坝后面寻找沉积物，也在潮汐中寻找沉积物。一个巨大的潜在来源是海湾的深水港，这些港口需要定期疏浚，以清除潮汐沉积的沉积物。旧金山湾区保护和发展委员会的沉积物项目经理布伦达·戈登（Brenda Goeden）告诉我，尽管需求巨大，但被疏浚的物质里还是有一些被带过金门海峡，直接倾倒在海里。每年倒掉的数量变化很大，但平均为20%。[39]

她所在的管理机构成立于20世纪60年代的环保运动之后，该运动的兴起是为了抗议向海湾填埋陆地沉积物和垃圾。无论这些材料是作为垃圾被倾倒，还是给开发区腾出土地；在这个过程中，它们往往会掩埋野生生物的栖息地。为了阻止这些危害，旧金山湾区保护和发展委员会和其他政府机构通过了禁止这种做法的规定。在当时，这项禁令是有道理；而现在，由于非常迫切地需要沉积物，把泥土倾倒在海洋中似乎有些浪费。为了适应这种情况，旧金山湾区保护和发展委员会等机构正在完善他们的规定，从而提供更多的沉积物，帮助沼泽逃脱海平面上升的影响。

对于戈登来说，沉积物的价值是很清楚的，她的电子邮件的页脚用优雅的字体写着："没有泥土，就没有莲花——释一行①。"戈登告诉我，已经有超过40%的疏浚材料被用于海湾内外的项目，尽管还没有用于南湾盐池的恢复项目。旧金山湾区保护和发展委员会等机构现在的目标是最大限度地将沉积物用于"有益用途"，但如果它被污染了，它仍然不能用于海湾的湿地恢复。在某些情况下，如果沉积物可以被截留，特定污染物水平较高的材料也能用于提高海拔。一些不合格的沉积物用于高地项目，而非潮沼。

盐池恢复项目的经理海辛解释说，他的项目中使用的大部分沉积物来自建筑工地。和疏浚的材料一样，我们必须检查其中是否有污染物。尽管只有大约20%的泥土足够干净，可以在恢复项目中重复使用，但可以利用的部分是双赢的："如果泥土足够干净，我们就会用上。建筑工地也不需要支付垃圾填埋的费用。"

2016年，选民通过的一项债券为洪水管理和适应海平面上升提供了5亿美元，其中一部分用于沼泽修复。但恢复者说，要使用这笔钱，监管机构需要继续现代化。项目的获批经常是

---

① 释一行，越南著名的禅宗僧侣、作家。

一个多部门参与的迷宫，有时需要长达10年时间。如今，这些机构之间的伙伴关系正在努力简化这一过程。

暂且不谈批准的问题，把沉积物移动到正确的地点也是一个实际的挑战。卡车运输的速度很慢，而设置泵和管道把从海湾疏浚出来的泥浆输送到合适的地方也很昂贵。幸运的是，只要将池塘开放给潮汐，就能很快起作用，海辛说："到目前为止，我们所破坏的东西形成沼泽的速度比我们想象的更快。"伊甸园兰丁生态自然保护区北部的盐池在2014年左右被破坏，现在这里已经长出了植物。但旧金山河口研究所的地貌学家达斯特霍夫警告说，如果恢复者不能从海湾中释放出更多的沉积物，并且使更多的沉积物进入海湾，那么自然沉积的速度可能会放慢。在今天的一些地方，现有的沼泽正在被侵蚀。

*

即使恢复者可以获得沉积物，要把它迅速移动到合适的位置，也是一件困难且昂贵的事情，而且也会引起生态问题。布儒瓦的家乡路易斯安那州也开始向逐渐消失的沼泽输送沉积物；每个小时就有一片足球场大小的土地消失在海里。从1932年至2016年，超过2000平方英里的土地被淹没，这是一场缓慢的灾难，原因很复杂。[40]精心设计的防洪系统使密西西比河保持在狭窄的河道内，这意味着沉积物——这条河的昵称"大泥浆"（Big Muddy）就来自它——像废物一样被冲出大陆架。沼泽本身已经被削弱，被运河切割，被一种入侵的啮齿动物海狸鼠啃食。石油和天然气的开采（就像抽水一样）已经使地下泄气，导致地面下沉，使情况变得更糟。

飓风"卡特里娜"和飓风"丽塔"的袭击被放大了，因为它们攻击的是这个已经严重受损的生态基础设施。所有这些因素加在一起，意味着路易斯安那州所需的沉积物比旧金山湾区多得多[41]——尽管旧金山湾区失去了更大比例的湿地。

路易斯安那州最近的"沿海总体规划"旨在补充湿地，要求进行8次改道，以虹吸的方式抽走密西西比河上游人为阻塞的沉积物。一个名为Bayou Dupont的项目已经在疏浚密西西比河的淤泥，并通过一条10英里长的管道来建造湿地。该项目将疏浚的沉积物与水混合，直接喷洒到下沉的沼泽上，从而迅速提高海拔——这个过程被委婉地称为"彩虹化"（rainbowing）。

旧金山河口研究所的格雷尼尔说，如果沼泽被迅速淹没，那么沉积物的彩虹化本质上是一种拯救沼泽的绝望措施。旧金山湾区的恢复者不希望在活沼泽上这样做，因为短期内它可能会伤害那里的生命。彩虹化也不会通过它的孔洞和渠道建立一个自然地形。相反，所有的填充物都在同一个平面上。

*

在圣拉斐尔附近的北湾华人虾村沼泽（China Camp Marsh）的一次郊游中，格雷尼尔和她的同事兼朋友朱莉·比格尔（Julie Beagle）向我展示了那种平面无法提供的东西。比格尔当时是旧金山河口研究所的地貌学家；现在她是美国陆军工兵部队环境规划团队的负责人。她们都有孩子，她们的家人互相之间也是朋友；几个孩子甚至加入了她们的实地考察旅行，这次考察是研究用于恢复的稀有植物。我们爬上一座小山，凝视着我们与海湾之间的沼泽。她们指出了古代沼泽和"百年沼泽"之间的明显的分界线，前者大约有13000年的历史，而后者产生于水力淘金者从塞拉山麓的河岸冲来的沉积物。古代沼泽拥有更具曲线美的渠道和更缤纷的色彩，这意味着它比相邻的百年沼泽有更大的地形和更丰富的生物多样性。这类似于原始森林和再生森林之间的复杂性差异。

"这些渠道的配置决定了沼泽的运作方式。"比格尔解释说。它也是一种地图，显示了淡水和咸水流经的位置和频率，它们塑造了这片沼泽。潮汐的大小决定了"沼泽湿润的频率，并决定了动物和植物的生命"。她指着这边的米草和那边的胶草。

格雷尼尔插话说："它非常有组织。甚至鸟类也围绕着渠道来组织领地。"例如，百年沼泽中的胶草十分稀少，使一些鸟类无法成功筑巢。

我们得到的教训是，自然过程和时间造就了最好的沼泽。一只为了觅食滑翔而过的白腹鹞似乎证实了这一原则。我们越模仿自然过程，栖息地质量就越好，我们获得的服务就越多——对动物和对人类都是如此。弯曲的渠道能够更好地减缓洪水，为人类提供更多的保护。

由于这些原因，当旧金山湾区的恢复生态学家能够找到沉积物用于部分填充下沉盐池时，他们会采用自然的处理方法。通常情况下，他们会在沼泽平原下方约30厘米处停止填充，然后将该地区开放给潮汐和可能的河流，让自然系统完成这项工作。格雷尼尔告诉我，旧金山湾区正试图采取"更友善、更温和、更自然的方法，（将使）动植物种群茁壮成长"。

在未来，如果生态学家需要向活沼泽提供沉积物，从而跟上海平面上升的步伐，他们将需要一种微妙的方式来维持沼泽的健康。科学家希望利用当地的潮汐来分配，他们把这个过程称为"战略放置"。

旧金山河口研究所的另一位地貌学家和其他研究人员研究了两种方法。一种方法是将沉积物注入每天的潮汐中，让它们移动到沼泽上。这种方法被称为"水柱播种"；相比于泵入泥浆，它更符合自然规律。但它限制了沉积物能够移动的时间，从而限制了它的输送速度。另一种方法被称为"浅水放置"，即把沉积物倾倒在浅水或泥滩上，于是海浪和潮汐流就可以在各自的时间把沉积物带入沼泽。但采用这种方法，淤泥中的活物可能会窒息而死。

现在，陆军工兵部队正在测试"浅水放置"。科学家将监测这种方法对淤泥生物的潜在危害，并测量有多少沉积物实际落在了需要恢复的沼泽上。这有助于他们了解需要多少沉积物，以及恢复需要多长时间。在这项工作中，时间和时间限制始终存在。这就是戈登心中的大问题："潮汐和洋流能否极大地移动沉积物，使之进入沼泽？"

由于全球对气候变化的不作为，以及城市开发和水利基础设施阻碍了自然沉积物的输送，我们非常紧迫地需要弄清楚如何使这种干预措施发挥作用。"考虑到我们对气候变化的了解，以及区域科学家告诉我们的情况，在海平面上升之前，我们有

10—15年的时间在湾区的沼泽采取行动。"戈登说。

*

然而，对于水的边缘，有些人的想法仍然是过时的。在雷文斯伍德附近的垃圾山顶，也就是我母亲以前经常去的垃圾场，布儒瓦指着北方，让我看红木城海岸线上的一块近1400英亩的土地。尽管海平面上升的阴影正在迫近，土地所有者嘉吉公司仍然想在这里开发公寓和办公楼，但"进展"被推迟了，因为法院要决定这里是属于市还是属于联邦政府。最终，一名联邦法官裁定，这是受《清洁水法》（Clean Water Act）保护的联邦土地，因此不能开发。2021年4月，嘉吉公司表示不上诉。现在，环保主义者的目标是把这片土地纳入恢复区。

好消息是，防止这种注定失败的开发、保护沼泽，也意味着为当地生物和人类提供更多的灵活空间。在我的家庭，享受水边空间的传统仍在延续。布儒瓦和海辛在盐池恢复方面的工作让我的弟弟受益，他经常带着孩子们在芒廷维尤附近的贝尔兰德斯公园散步。"我觉得在那里很放松"，他说，并充满诗意地描绘了一览无余的美景和吹过芦苇的微风。"我看到了鹈鹕、苍鹭、滨鸟，还有美丽的落日。"[42]孩子们在水边似乎也很平静。他补充说："这里很好，因为没有汽车，所以他们有更多的自由去游荡。"有一天，他们的孩子可能也会在这里找到喘息的机会。但前提是，我们要给沼泽足够的时间、空间和沉积物，让它们超越海平面上升的速度。

第十章　我们的共同未来：与水共生

飓风"桑迪"席卷纽约已经是快10年前的事情，它为这座标志性的城市敲响了警钟：纽约有800万人口，社区密集，水边的开发成本很高。飓风"桑迪"告诉纽约人：气候变化已经到来，你们正处在危险之中。

　　在过去的几年，城市机构、开发商和NGO一直在制订计划，微调海岸线，但迄今为止的结果是好坏参半的，无情的威胁一直存在。曼哈顿南端的巴特里公园附近的土地来自填埋湿地，现在的海平面比1950年高出9英寸，增加了"晴天洪水"和破坏性风暴潮的风险。在决策者调试政策的时候，海平面上升的速度更快了。巴特里公园最新增加的6英寸花了48年时间，但美国陆军工兵部队预测，接下来的6英寸可能只需要短短的14年。[1]

　　一些拯救哥谭市①的计划要求维持或恢复自然保护区，扭转破坏了该市超过85%的历史湿地的发展趋势。纽约景观设计公司Scape设计的"有生命的防波堤"项目正在斯塔顿岛南端建造珊瑚栖息地，目的是保护海岸；他们还饲养了10亿只牡

---

① 哥谭市，纽约的代称。

蛎，目的是清洁水域。牙买加湾野生生物保护区已经重新种植了更耐盐的乔木和灌木，以提升对附近房屋的保护。布鲁克林卡纳西社区的帕尔德加特流域自然区已经从一个垃圾场恢复过来了。然而，考虑到城市所面临的风险范围，这些项目都是零敲碎打。而滨水联盟和自然区域保护协会等NGO正在倡导更多的项目。

与此同时，纽约正在建造海堤，并且正在仔细考虑各种策略，比如建造一道可以封闭纽约港大部分地区的6英里长的机械屏障。这个方案看起来更像是气候保护的戏剧效果，因为它的设计针对的数字是2100年海平面上升1.8英尺，而不是州政府报告中引用的6英尺。[2]而且，在投资1190亿美元和耗时25年之后，它将无法防止晴天洪水或应对暴雨径流。[3]忽视后者带来的风险，在2021年的飓风"艾达"中得到了清楚的体现。大暴雨导致了暴发洪水，许多人淹死在位于地下室的公寓。

斯塔顿岛只有少数几个街区接受了在全世界越来越普遍的举措：撤退。"慢水"项目并不能拯救所有的人类栖息地。在某些情况下，水需要的空间大于我们留出的空间。在斯塔顿岛的24个人死于飓风"桑迪"的洪水之后，奥克伍德海滩、格雷厄姆海滩和海风海滩的房主在州政府风暴恢复办公室的帮助下接受了买断，并搬离了海岸。[4]他们的地产正在回归自然，可以防止其他家庭进入危险境地，并为盐沼的重新生长腾出空间——在20世纪早期，盐沼因为他们的房屋开发而暂时被征服——盐沼再为保留下来的家园提供缓冲。已经拆除的房屋有600多所，本土植物正在生长，鹅、鹿、负鼠、火鸡、野兔和浣熊正在定居。

这些街区的人们团结起来倡导这种改变。他们的热情吸引了加州大学洛杉矶分校的社会学家利兹·科斯洛夫（Liz Ko-slov）[5]，她正在写一本关于斯塔顿岛撤退的书。20世纪60年代，当一座通往岛上的桥建成之后，斯塔顿岛开始飞速发展。当地人还记得，当时低洼的街区大部分是沼泽，房屋建在金属桩上面，你可以从房子里通过管道穿过河流与沼泽来到岸边，祖母在甲板上钓螃蟹和鳗鱼。几十年来，随着河流与湿地被填埋，人们一直在反对进一步的开发，因为他们认为自己正在经历的日益严重的洪水与此相关。"人们尊重自然，尊重水的力量，并且意识到这些景观已经变得越来越不流动。"科斯洛夫说。有人告诉她，水已经无处可去。

刺激斯塔顿岛居民撤退的动力也发生在其他地方，即人们在灾难后——或者说在反复发生的灾难后——选择离开。但是现在，科学家和政府机构正在寻找一种更加深思熟虑、更有组织，而且从长远来看更便宜的撤退方法。它被称为"战略性撤退"或"有管理的撤退"，因为它是有计划的，而不是被危机驱动的。它放弃了控制的想法，放弃了"坚守底线"的想法，而是接受大自然的力量，给它空间，让它在尽量不伤害人类的情况下发挥作用。

几十年来，这个想法一直受到抵制，诋毁者认为这是"投降"；但现在一些社区开始接受这种想法，比如斯塔顿岛上的社区。如今，政府政策越来越多地接受基于实用主义的"有管理的撤退"。在美国的历史上，中西部河流曾经有过小规模的

"有管理的撤退"，整个城镇搬迁到地势较高的地方。而现在，英国正计划在全国范围内退离海洋。由于其数千英里的海岸线暴露在汹涌的北大西洋上，它正在规划某些地区10年或20年内不再试图遏制海水。在一些地方，新的两栖设计（回到伊拉克沼泽居民的生活方式）采纳了一种与水共生的方式，而不至于招致经常的灾难。"有管理的撤退"和两栖房屋都是"慢水"思想的终极表达，即接受水的需求，并在其范围内工作。

面对现实的自由

到2100年，涨潮可能会淹没全球1.9亿到6.3亿人口的土地。[6]这个范围取决于人类是在21世纪中叶大幅削减碳排放，还是继续一败涂地。毫无疑问，水正在涌入，人类必须开始迁出。A. R. 赛德斯（A. R. Siders）是特拉华大学灾难研究中心的专家，擅长"有管理的撤退"，她说："与海洋作战是一场注定失败的战役。"2019年她在《科学》杂志上合著了一篇政策论文，在谈论这篇论文时她指出："战胜水的唯一方法就是不战。"[7]

赛德斯和合著者提出了在情况变得糟糕之前搬离沿海地区的理由。大多数情况下，反复发生的洪水是社区被迫迁移的诱因。但赛德斯说，如果紧急疏散和房屋被摧毁成为搬家的催化剂，那么撤退是低效的和混乱的，而且往往是不公平的。例如，人口普查记录显示，在2000年至2010年间，路易斯安那州沿海地区的土地损失以及反复发生的飓风和洪水导致一些城镇的一半居民离开。[8]通常情况下，最贫穷的人会被抛下，因为他们必须通过官僚机构才能获得搬迁所需的援助。

赛德斯和合著者认为，从危险地区撤退往往是不可避免的，但主动撤退可以让我们避免死亡，最大限度地减少人类的痛苦——并充分利用这种巨变带来的机遇。"我们可以通过争取每一寸土地同时牺牲生命和金钱，非常艰辛地实现，"赛德斯说，"或者我们可以心甘情愿、深思熟虑地这样做，并借此机会重新思考我们在沿海地区的生活方式。"

主动地和全流域地规划，而不是逐个城镇地规划，有时可以减少撤退的需要。解决人与水的冲突最简单的办法之一，就是在可能发生洪水或水荒的地方停止建设。听起来似乎显而易见，但这个机会仍然被浪费掉了。《卫报》的一项调查显示，自2013年以来，英国有1/10的新建房屋位于洪水风险最高的地区。[9]即使在飓风"桑迪"之后，纽约仍在继续建设。在布鲁克林的红钩区，我参观了一个建在沼泽上的地区；在"桑迪"期间，该地区洪水深达10英尺。现在，新的公寓在水边拔地而起。在"桑迪"淹没的地方，威廉斯堡、绿点区、长岛市和哈莱角也有了新的开发。

一些政府开始对开发商说"不"，比如在印度的金奈，一家法院禁止未来在湿地上建设。在水荒严重的加州，2001年的两项法律要求对大型开发项目进行供水评估，并规定地方政府在规划大型住宅区时必须确保有足够的供水。[10]由于供水减少，犹他州的一个城镇在2021年暂停了新的开发。[11]尽管这些规定的执行情况可能各不相同，但遵守这些规定的地方可能会发现，他们的远见卓识获得了经济上的回报。2019年《自然·可持续发展》杂志的一篇论文的研究人员计算出，每投资1美元购买未开发的土地用于保护，就可以在避免洪水损失方面节省2美元—多于5美元。[12]

当现有的开发被洪水淹没时，一些错位的政策阻碍了深思熟虑的撤退。历史上，美国联邦救灾要求人们在原地重建——即使是在洪泛区。现在这种情况开始改变了。美国联邦紧急措施署和住房与城市发展部已经开始拨款重新安置。美国陆军工兵部队采取了一种违背其信条的策略，要求筹措买断基金的地方政府同意对居民采取强硬态度，在必要时征用土地，将人们迁出该部队不希望继续抵御洪水的地区。[13]

加拿大已经在走一条类似的道路，[14]在灾难发生后尝试"严厉的爱"。联邦政府和省政府正在尝试把救灾变成一次性的交易，而不是给钱让人们原地重建。在某些情况下，为了避免纳税人为昂贵、高风险的房屋承担过多的成本，买断是有上限的，而不是基于房产的市场价格。毫不意外，这样的政策并不受欢迎；但它可以缓解人们在频繁的洪水中所受的创伤。拆除易受洪水侵袭的房屋，可以在下一场风暴中为水提供更多的空间，保护留在内陆的建筑物。

赛德斯在电话中向我解释说，加拿大可以设置这种限制，而美国不能。[15]在美国，人们期望政府必须保护财产，否则就是在没有恰当赔偿的情况下夺走财产。这就是第七章中提到的中西部农民在法庭上获胜的原因，当时陆军工兵部队把他们的堤坝往后移。加拿大没有这样的法律先例。还有什么选择呢？美国政府买断所有人的房产？忧思科学家联盟估计，到2100年，美国有价值1.07万亿美元住宅和商业建筑面临长期洪水的风险。[16]从理论上讲，买断是可行的，但政治和社会意愿是主要因素。创造性的方法可能更容易被接受——也可能不会。加州立法机构提议购买那些濒临破产的房产，然后将其出租，直到它们不可用为止，目的是收回一些资金。遗憾的是，纽森州长[①]否决了这个提议。[17]

不过，决定谁要迁移或如何迁移是令人担忧的。那些没有金钱和权势的人在这些决策中往往被亏待，或者完全被忽视了。例如，一些阿拉斯加原住民和印第安人社区已经遭遇了洪水，或者水位上升导致饮用水和污水处理设施受损。[18]但他们没有钱搬家。一些寻求搬迁资金的城镇和部落已经起诉了石油和天然气公司或美国政府，指控他们造成了气候变化。但目前为止，财政援助是有限的，这场斗争也很耗时。珊瑚环礁岛国的人民，包括马绍尔群岛、基里巴斯、马尔代夫和图瓦卢，也不得不搬迁。对他们来说，似乎没有什么选择，只是时间问题。

撤退绝非易事。这一点我有切身体会：法西斯主义和种族灭绝迫使我的父亲、叔叔和祖父母逃离他们的祖国和大陆。对于我的祖父母来说，这意味着在中年时从头开始。他们必须放弃自己创办的小企业，舍弃自己的房子、财产和金钱。在美

---

① 指加文·克里斯多福·纽森，第40任加州州长，于2019年宣誓就职。

国，我的祖父找了一份洗碗的工作，并在晚上学习英语。除了这样的困难，还有更深层次的代价。当人们被迫离开家园的时候，他们必须告别也许已经庇护了他们几代人的建筑，告别他们热爱的风景，通常还需要告别他们的社区。"这是一个复杂的心理、经济等方面的问题。"赛德斯承认。但是，戏剧性的变化也会带来重新开始的机会——我的父亲最终在美国发现了这一点；而如果我的家人没有逃出来，我今天就很可能不会存在。赛德斯强调了她工作的积极意义："撤退不能只是为了规避风险：它需要朝着更好的方向前进，"她说，"如果有目的地使用，撤退就是一种工具，可以帮助实现社会目标，比如社区振兴、公平和可持续性。"当撤退规划就绪，社区可以共同迈向更好的机遇。

美国中西部撤退的历史

在美国，围绕着这样的社区规划，一些最古老的"有管理的撤退"可以追溯到20世纪30年代。它们不在海岸，而是在中西部的河流沿岸。在中西部漫长而持续地被淹没的历史中，2019年的大规模洪水只是最近和最严重的一次。2019年，加州大学戴维斯分校的流域中心副主任、地质学家尼古拉斯·品特（Nicholas Pinter）[19]和他当时的学生詹姆斯·"赫克"·里斯（James "Huck" Rees）出发去研究那些决定一起搬离河流的中西部城镇。品特告诉我，通常情况下，反复发生的洪水是激励因素。"（密苏里州的）帕顿斯堡曾经泛滥了32次。然后他们说：'好吧，够了。我们要把整个社区搬到高地上。'"

品特和里斯回顾了十几个城镇的迁移，发现了一些共同的线索。[20]成功的社区安置往往有一个强有力的领导者，在"脚还湿着"的时候就制订了搬迁计划。而且这些重新安置的地方更有可能是几百人到几千人的小城镇。品特承认："把曼哈顿或加州的欧申赛德整体搬走，这是无法想象的。"

近几十年来人口减少的地方也更容易实现。在过去的一个世纪左右，由于农场合并，中西部的部分地区已经失去了一半的居民。这意味着需要迁移的人更少，而可以重新安置的空间更大。尽管世界人口还在不断增长，但这种情况并不罕见。总的来说，各国都在城市化；在全球范围内，人们正在从边缘农田中撤离。品特的研究发现，如果你有意愿出售洪泛区的空地，比如圣路易斯附近的土地，这些土地就可以重新开放，从而应对洪水，缓解人口密集的城市地区的压力："从水文学的角度来说，这是可行的。"

一些城镇在审查盈亏底线后做出了重新安置的决定。"告诉你一个我很喜欢的案例，"品特狡黠地对我说，"威斯康星州的索尔哲斯格罗夫。"他说，20世纪70年代和80年代初，这个靠近奇卡波河（Kickapoo River）的小镇经常发生灾难性的洪水。大约500个居民向国会寻求帮助，于是陆军工兵部队提出斥资700万美元建一条河堤——是处于危险中的建筑价值的3倍——来保护市中心。索尔哲斯格罗夫的人们犹豫不决。"（他们说，）'啊！等一下！'你们要花700万美元的联邦资金来保护市中心，而所有处于危险中的基础设施的估价大约只有200万美元？"品特回忆道。长期维护河堤的额外费用"会让小镇破产"，所以他们选择重新安置。"仅仅是维护河堤系统就会花光他们的全部税基。他们说，不行！"

从长远来看，"有管理的撤退"通常比老式的控制更有效。1993年的中西部大洪水造成了50人死亡，并在9个州造成了150亿美元的损失。陆军工兵部队的一项研究发现，为了在未来的类似洪水中减少损失，改善堤坝需要花费60亿美元——几乎是自愿买断并移除洪泛区建筑物花费的30倍。[21]

还有水荒

迫使人们迁移的不仅仅是洪水；长期的干旱和水荒也可能是催化剂。例如，叙利亚内战有复杂的根源，但其中一个因素是水荒。这是最干燥的完美风暴[①]，始于该地区至少500年来最严重的干旱。[22]近几十年来，上游邻国土耳其为灌溉而建造的水坝减少了底格里斯河与幼发拉底河的流量，削减了叙利亚的地表水供应——就像伊拉克的美索不达米亚沼泽那样。此外，政府的政策鼓励加快使用不可持续的地下水灌溉作物，刺激了农业用水的浪费。

到2011年，农作物歉收、牲畜大量死亡、抽取地下水的燃

---

① 完美风暴，指独立发生时没有危险性、但一并发生时会带来灾难性后果的事件组合。

料成本上涨，迫使数十万至150万人离开了自己的土地。[23]他们搬进挤满了100多万伊拉克难民的城市——这些人是为了逃离美国领导的战争——当我在2007年访问叙利亚时，这种情况已经给叙利亚人带来了严重的经济压力。毁灭性的、长达10年之久的叙利亚内战是一个令人警醒的例子，说明了当气候变化加剧水荒、水资源管理不善遭遇政府治理薄弱的时候，可能会出现混乱。[24]

其他地方的人们也因为水荒而迁移。例如，2014年至今的严重干旱使中美洲——特别是洪都拉斯、危地马拉和萨尔瓦多——农作物颗粒无收，牲畜大量死亡，数百万人挨饿，被迫流离失所。[25]自2018年以来，许多人加入了前往美国的移民大军。

在干旱地区要改善水的节约和再利用，还有更多的措施可以采取。不明智的用水正在使我们感受到更极端的影响。但随着一些干旱地区变得越来越干燥，我们最终可能必须撤退。大规模的海水淡化和水利工程项目有可能使波斯湾和美国西南部等沙漠地区的人口激增。但这些地方可能无法长期维持这么多人口。为了满足到目前为止的经济增长，几个海湾国家几乎已耗尽了他们的地下水。美国西南部的大干旱已经持续了20年，这是16世纪末以来最干旱的时期。科学家在2020年得出结论，其中一个原因是人为造成的气候变化。[26]

未来，人们可能会从这些缺水的地区迁移到水资源丰富的地区，比如美国的五大湖地区，以及加拿大、俄罗斯和斯堪的纳维亚。很不幸，一个早期的后果是掠夺水，而不是迁移。而且这种现象并不仅仅局限于肯尼亚这样的贫穷国家。沙特阿拉伯在亚利桑那州购买了1万英亩的土地,以不可持续的取水方式取用受补贴的水,用来种植干草,喂养国内的奶牛。[27]

英格兰:从沼泽到农场再到沼泽

英国很重视"有管理的撤退"和区域规划,它有一个国家项目被称为"海岸调整"。仅在英格兰,政府已经确定,到2080年有180万处房产将面临沿海洪水和侵蚀的风险,[28]同样受威胁的还有价值1200亿—1500亿英镑(1690亿—2120亿美元)的基础设施,比如公路、学校和铁路。

英国环境署承认,即使它能够负担得起把整个海岸围起来的费用,它也无法赢得一场与海洋的战争——更何况它负担不起。[29]相反,它正在计划战略性撤退。这意味着在那些必须不断维护、但有时仍会溃败的地方,放弃或拆除保护海岸的坚硬屏障——通常是海堤或巨岩构成的堤防。英国环境署建议人们撤离有危险的海岸线。一种策略是在更遥远的内陆建造抵御海洋的新屏障,并允许沼泽、河口等沿海栖息地扩大到原来的海岸。由于新屏障受到自然生态系统的缓冲——自然生态系统可以消散海浪能量,减少侵蚀和洪水——它们的维护成本较低,也不太可能被破坏。

大多数规划项目不在城市,而是在人口密度较低的地区,比如边缘农田。根据位置、项目规模和物理条件的不同,这些地区可以减少对附近城市的影响。英国已经建成了几个此类项目。

2020 年 3 月初的一个寒冷的晴天，在告别了第四章中的英国河狸信徒之后，彼得和我开车去了海边。我想去参观梅德梅里管理性调整计划；在 2013 年完成时，它是欧洲最大的开放海岸撤退计划。如今，它是皇家鸟类保护协会管理的自然保护区。

从伦敦出发向西南方向开车两个小时，就到了塞尔西，这是一个大约有 1 万人口的小镇，位于苏塞克斯南部的曼胡德半岛上。（是的，你没有看错，但这个名称源于 Man wode——"木头"——指的是一种早已消失的公共森林。）①塞尔西位于半岛的最南端，伸入英吉利海峡。半岛的西侧是调整后的梅德梅里自然保护区。塞尔西是一座典型的英格兰海滨小镇，安静的商业街两旁林立着酒吧、慈善商店和杂货店。塞尔西地势低洼，历史上被河口和"裂口"（rife，当地对河流的叫法）撕裂；实际上，大概在 1750 年之前，塞尔西是一个岛屿。

居民们接受了小镇被潮汐分隔，直到大约 200 年前，庄园主不喜欢坐渡船穿过沼泽，并且希望获得更大的利润。所以他排干了这一带陆地上的水，把它从海洋那里夺了回来，变成了农田。现在进出小镇只有一条公路，要通过一座桥，桥上有一个叫作"渡口"的入口——以前在涨潮的时候，船从这里接人。

虽然大海不安地环绕着塞尔西，但早在石器时代，人类就

---

① 原文是 Manhood，在英文中的字面意思是"男子气概"。

已经生活在这里。这座小镇曾经是南撒克逊王国的首都，它的
名字来自撒克逊语言，意思是"海豹的眼睛"或"岛屿"。皮
特·休斯（Pete Hughes）[30]是附近奇切斯特港保护区的生态学
家，也是梅德梅里项目的顾问，他告诉我，在管理性调整项目
中，"有大量的考古发现"。

　　这些发现说明了几个世纪以来这里的地理变化：随着冰河
时代的来临和消退，海洋逐渐上涨和下落，陆地和水域来回切
换——而现在随着气候变化，海洋正在迅速上升。这说明了，
许多我们认为是固定的景观，实际上一直在变动。考古学家发
现了一片新石器时代（公元前2455—公元前2290）的水下橡树
林，现在人们可以在退潮时看到它。他们还发现了一个铁器时
代（公元前760—公元前410）的人类颅骨，被一块岩石托着，
脊椎拖在后面的水中。根据当时人类的习俗，尸体很可能放置
在河流中的一个木制平台上——河流就在以前的这个位置。较
新的文物（大约500年前）显示了海洋对人类生活的重要性：
渔网，捕鳗篓，以及捕虾的陷阱。考古学家还发现了两口水
井。其中一口来自18世纪中期，看起来像一个没有盖的酒桶，
里面铺着砖。另一口井里铺着白垩块。[31]当海岸更遥远的时候，
"这些井可以提供淡水"，休斯说。

　　事实上，"梅德梅里"这个名字源自几百年前消失在大海
中的一个小村庄。"它建在沼泽之上。"大卫·拉斯布里奇（Da-
vid Rusbridge）解释说——他的家族在曼胡德半岛耕作了400
年。Medmerry（梅德梅里）的意思是"中间的眼睛（岛屿）"
——1752年的一幅地图显示，它曾经也是一座岛屿。邻近的一

个小村庄东索尼也被淹没在大海中，原因可能是19世纪为了将水排出沼泽而开凿的排水沟。失去了这些沼泽的保护，海水在1900年左右涌入。现在的海岸是曾经的沼泽。

在现代，在梅德梅里管理性调整计划之前，这段海岸是英格兰东南沿海受洪水威胁最严重的地区。它的风险评级是"1/1"，这意味着每年都可能发生洪水。在严重的洪水期间，如果塞尔西唯一的通道被淹没，人们可能被困在那里，没有电力、污水处理或紧急服务。附近的其他社区也面临着风险：塞尔西的西部有一个小型预制式度假屋定居点，名为"西沙房车公园"；西北部还有一个村庄，布拉克尔舍姆湾。"碎石堤防"——本质上是一种岩石组成的低矮屏障——竖立在东索尼曾经的位置，保护这些社区。[32]

每年冬天，工人都会开着推土机到岸边，把岩石重新垒高，这项工作每年要花费30万英镑。[33]2008年，这些努力都失败了，当海水涌入的时候，30个人不得不撤离。损失高达500万英镑。2010年，另一场悲剧发生了，一名60岁的推土机操作员在外出上厕所时被推土机压死了。英国环境署的项目经理皮帕·刘易斯（Pippa Lewis）告诉我："在冬季风暴期间，维护堤防的工作既危险又昂贵，而且说实话，并没有真正发挥作用。"[34]

梅德梅里调整的目标是让当地社区更安全，并重建失去的海洋栖息地，这将有利于濒危物种。英国环境署从农民手中买下了碎石堤岸后面的土地，于是沼泽就可以收回曾经属于它的空间。"从历史的角度来看，我们正在调整的许多地方，都是我们从海洋中获得的土地，"休斯解释说，"我有一种感觉……两百年前我们从盐沼中偷了这些土地；我们应该把它还回去。"

为了看看740英亩的栖息地，彼得和我决定租自行车。在塞尔西一家名为Peddle Wise的小店里，我们选择了有挡泥板的沙滩车，而不是山地车。昨天一整天的大雨使平坦的地形上布满了积水；挡泥板可以防止水花溅到我们身上。

我们经过了一座古老的风车，然后缓慢地穿过西沙房车公园。在每年这个时候，这里几乎都是空的。在西沙的边缘，我们来到了调整项目的最南端。在这里，工人拆掉了海边的碎石堤防，新建了一道长4.3英里的U形堤坝，河堤向内陆延伸了1.2英里。新的堤坝是由当地的黏土建造的，已经用草和其他植物加固，海边也用大石头加固了。站在堤坝的顶部，我们可以俯视2012年的农田所在的位置——现在这里是一片新生的沼泽，随着潮汐而泛滥。

海岸线的长度超过360英尺，允许海水进入，它非常宽阔，以至于另一边的房屋和建筑在地平线上显得很小。潮间带^①很容易突然被淹没，公众无法进入。取而代之的是一条蜿蜒的内陆小径，它沿着新的同样蜿蜒的堤坝伸展。今天早上，道路上坚硬的泥土布满了水坑，有些路段完全被水淹没了。在天空的映衬下，水坑的深浅无法估量，因此穿越水坑是一次"信仰之跃"。但犹豫意味着踏入水坑。我以稳定的速度艰难通过，水像公鸡尾巴一样从轮胎上喷出来，我的脚小心翼翼地踩在踏板

---

① 潮间带，指潮水每天涨落的高潮线与低潮线之间的沿岸海滨地带。

上，只比地面略高。

骑车的时候，我们穿过了各种低地生境。在潮间带，散落在泥滩上的沙洲和岩石为生活在这里的鸟类提供了大片的土地，包括滨鹬、杓鹬、灰斑鸻和剑鸻、蛎鹬、红脚鹬。它们猎捕13种迁入的海洋软体动物。在不远的内陆，盐生植物已经长出来了。而离海更远的地方，芦苇地已经被草地和低矮灌木取代。

*

大卫·拉斯布里奇[35]的家族在这个地区耕作了400年，英国环境署要求买断他的350英亩土地，将其重新变成沼泽。他的几个堂兄弟在附近拥有400英亩土地，也被要求出售。"我和我的堂兄弟们，坐下来讨论了这个问题，"他告诉我，"我们没有资格和政府争论。无论如何，他们会得到他们想要的。所以我们的观点是与他们合作，而不是对抗。"

他相信这是一个正确的决定。拉斯布里奇曾经是当地防洪委员会的一员，所以他知道阻挡大海的挑战和成本。当环境署决定不再保护一段海岸时——比如以前塞尔西每年都需要进行的推土工作——就轮到地方政府决定是否支付保护费用。根据他的经验，地方政府承担财政负担的可能性会改变计算方式。

当梅德梅里自然保护区项目诞生时，拉斯布里奇已经做好了放弃耕作的准备。"坦白地说，传统农业很难挣多少钱。"他说。像他那样的家庭农场被工业公司合并，造成了激烈的竞争。他的孩子对农业不感兴趣。政府以市场价格买下了他的土地，考虑到农业经济的艰难，"这似乎是一条合理的出路"。

　　尽管如此，他们在这里拥有400年的家族历史，"这标志着一个时代的结束"，他有点伤感地补充道，"但我们都很高兴，它将用于一个良好的环境事业"。他的两个成年子女都致力于环境问题。卖掉土地后，拉斯布里奇在布拉克尔舍姆湾创办了自助仓储业务。"自助仓储的收入比种地高得多。"他笑着说。他仍然有朋友在种地，"当他们为了收获苦苦挣扎的时候，当阴雨连绵不断的时候，我很高兴我没在做这个"。

　　彼得和我从堤坝上的小路凝视着452英亩的潮间带，拉斯布里奇以前的农场是其中的一部分。创造这样的栖息地也是该项目的关键目标；为补偿其他地方因发展而失去的类似栖息地而提供的缓解基金，也为该项目提供了资金。盐沼不仅是抵御波能的缓冲地，也是鱼类的重要育儿室，以及其他野生生物的家和食品储藏室。

　　除了潮间带（泥滩、盐沼和过渡性草地），梅德梅里还有淡水和陆地栖息地。它们以旧金山湾区沼泽恢复者所倡导的方式，从一个过渡到另一个。这些栖息地正在帮助英国实现生物多样性保护的全国目标和国际目标。皇家鸟类保护协会已经发现了反嘴鹬和小环颈鸻的繁殖种群[1]。水鸭和野鸭等鸭类十分普遍。由于梅德梅里和帕格汉姆港自然保护区之间的物理联系，生物有更多的空间寻找它们需要的东西——帕格汉姆港是曼胡德半岛东侧的潮汐河口，大约100年前，另一堵围墙被大

---

[1] 繁殖种群，指倾向于在种群内部繁殖的一群个体，数量足够大，能够成功地产生后代。

海冲垮时形成了这个河口。

在骑行的时候，我们经过了一小群人，有些在散步，有些在遛狗，还有一些也在骑车。在一个小牧场附近，我们看到观鸟者正在数数。他们告诉我们，他们在农田里看到的鸟类包括黍鹀、芦鹀、红雀、云雀、灰山鹑和黄鹀——黄鹀是梅德梅里自然保护区的招牌鸟类。

放弃自己的土地很艰难，但梅德梅里项目似乎为拉斯布里奇和他的家人提供了一个幸福的结局。但目前还不清楚沿海调整的道路上的其他土地所有者是否也会这样做。梅德梅里是一个旗舰项目，英国环境署投资了2800万英镑。但环境署可能无法为每一个有风险的沿海地点提供相同的资金。虽然它将继续寻找计划，在能够为野生生物创造栖息地的地方"管理性调整"，同时减少人们的风险，但一些地方可能允许被自然破坏，把控制权交给自然，而无须投资数百万美元进行微观管理。[36]

田鼠巡逻

塞尔西附近的其他当地人受到的影响比卖地的农民要小，但对于这样的项目，公众情绪可能是一个巨大的挑战。"人们抗拒变化，对即将改变自己街区的事情感到焦虑，这是可以理解的。"生态学家休斯告诉我。人类建造堡垒的本能很强烈——比如碎石屏障。他警告说，人们倾向于认为这将提供最好的保护，因此拆除它的提议会引起社区的关注和冲突。

　　一个有用的方法是，向社区解释这些项目，并让他们参与到决策中。"在早期阶段，当地的许多社区有很大的争议，"休斯说，"但他们逐渐意识到他们将获得的益处和保护，人们对这些项目表现得更加积极。"除了更好地防洪，湿地也带来了经济效益。野生生物的回归，加上超过6英里的可以散步、骑行和骑马的新道路，使当地的游客超过了夏季旅游旺季，人数增加到了原来的4倍多。当地人也经常使用这条路。潮间带栖息地创造了鱼类的产卵区和育儿区，有助于维持当地渔民的生计。

　　彼得和我骑自行车绕到新堤坝的另一边，看到了一个淡水湖，这里吸引着凤头麦鸡和金鸻等鸟类。这些湖泊既是为了生物多样性，也是为了在大雨期间暂时控制当地两条河流的洪水。休斯解释说，涨潮的时候，淡水无法流入大海，这种现象被称为"潮汐锁定"。在这些堤坝内，单向水闸可以在退潮时把雨水排入大海。另一条通道将梅德梅里上游河流的水引入该地区，以创造更持久的淡水特征。

　　有一种淡水居民深受英国人的喜爱：苏格兰作家肯尼思·格雷厄姆（Kenneth Grahame）的小说《柳林风声》（*The Wind in the Willows*）使水田鼠名声大振。小说的主角之一Ratty实际上并不是一只老鼠，而是一只水田鼠①。我与自由保护生物学家罗温娜·贝克（Rowenna Baker）[37]进行了一次愉快的电话聊天，她的博士后论文涉及残余的水田鼠如何在梅德梅里的新栖

---

① 在《柳林风声》中，水田鼠的名字是Rat（直译为老鼠），他的朋友称呼他为Ratty。流传较广的任溶溶译本并没有保留Ratty这个昵称，而是一律用"河鼠"。

息地定居。尽管水田鼠和老鼠差不多大，但它们的外观和游泳动作更像是小型河狸。

水田鼠曾经在这里很常见，但由于失去了栖息地，它现在已经在全国濒临灭绝。贝克声称："我们已经除掉了所有该死的天然湿地！"剩下的湿地往往是孤立的，或者不适合水田鼠生活。另一个威胁是入侵的北美水貂，从毛皮养殖场逃脱或被释放之后，它们已经在英国站稳了脚跟。它们会游泳，能钻进水田鼠的洞穴。但水田鼠还有一线生机；正如贝克所说："它们的繁殖非常快。"如果人们能恢复一大片没有水貂的适宜栖息地，水田鼠的数量就可以恢复。

与河狸一样，这种半水生啮齿动物会砍伐比它们大得多的植被：大芦苇和芦苇，它们像树木一样倒下。因为植物比动物高很多，所以人的眼睛通常看不见水田鼠——除非你知道应该找什么。"你经常能看到一片植被掉下来，倒向一边，然后，"贝克低声说，"你非常安静地听。你能听到它们正在啃食植物。"

在她的博士后研究中，贝克监测了水田鼠从咸水中逃脱的情况——当屏障被冲破，水田鼠进入了该项目建立的淡水通道。为它们创造新的栖息地是有效的。遗传学研究表明，在决口的两年内，许多移居到新淡水通道的水田鼠最初来自海水泛滥区。

贝克告诉我，她最喜欢水田鼠的一点是，雌性水田鼠像战士一样在自己的领地上巡逻，阻止其他雌性进入。"当你抓住一只雌性水田鼠，把它放在品客薯片筒里——因为它们正好适合放在品客薯片筒里——它的尾巴就开始慢慢地从一边到另一边，然后越来越快、越来越快，然后它会试图在品客薯片筒里转过身来，咬掉你的鼻子！"贝克非常幽默地说，"说实话，它们很搞笑。它们非常好斗。"

贝克被其中一只咬到了手指，露出了骨头，这个例子说明了它们有多么凶猛。"但我因此很喜欢它们！"她坚持说，"我想的是，你知道吗？干得好！你有幸存者的性格，你明白我的意思吗？它们不是温顺可爱的小动物。它们其实是好斗的小恶魔。我喜欢小型哺乳动物身上的这一点。"她笑了起来。

*

当水田鼠在它们新的淡水栖息地中安居乐业（以及保卫家园）的时候，盐沼也在保护人类的栖息地。梅德梅里项目完成后的2014年的冬天，英国南海岸下起了暴风雨。根据英国环境署的一份报告，这是"20年来最糟糕的天气之一，高潮、强风和海上的风暴持续了很长时间"。"新的防洪系统坚不可摧，正在按计划发挥作用。"[38]该地区的洪水风险曾经是"1/1"，现在已经修正为"1/100"。通往塞尔西的主干道、一家污水处理厂以及348户家庭，现在都受益于保护能力的提高。几年后，环境署的刘易斯说，尽管"发生了一些非常非常大的风暴"，但盐沼继续缓冲着社区。

梅德梅里的撤退似乎并没有那么雄心勃勃，因为只有边缘农田被闲置。但是，在更容易归还给大自然的地方为水腾出空间，会吸收一些水能，从而减轻人口密集地区的压力，比如附近的朴次茅斯和南安普敦。[39]

　　拉斯布里奇，这位曾经的农民，已经把这一原则铭记在心："我想，也许这就是不祥之兆，我应该搬到山里去。"关于海平面上升的预测各不相同，但"如果海平面上升1米或1.5米，这里几乎就要从头再来，因为不管我们愿不愿意，汉姆（另一个低地的名字）的许多地方将被大海占据"。他现在还经常去曼胡德半岛。"我沿着河岸与堤岸走，试图辨认哪些地方以前是田地，"他说，"随着时间的推移，这越来越困难。"日复一日，月复一月，年复一年，水重新占据了它的空间，模糊了人类的模式。

两栖适应

　　对于顺从水以及放开控制，我们思考得越久，就越能看到把土地、人和水结合在一起的创造性方法。伊拉克的沼泽居民可以激发灵感。建筑师和工程师伊丽莎白·英格利希（Elizabeth English）[40]就是这样的一位头脑风暴者，她的灵感来自她希望帮助飓风"卡特里娜"后路易斯安那州的受灾人群。虽然曼胡德半岛的人们似乎已经接受了搬离海边的事实，但放弃自己的家园并不容易，尤其是当它与社区紧密相连的时候。

　　几年前，我在不列颠哥伦比亚省维多利亚的一次水文会议上听到了英格利希关于自己工作的发言；最近我给她打电话，希望了解更多。2005年飓风"卡特里娜"袭击海岸时，英格利希住在路易斯安那州的巴吞鲁日。她一直在路易斯安那州立大学的飓风中心工作，研究建筑物的风载荷。在风暴过后，她沮丧地进行调查，感受着人们的创伤：洪水突然使他们无家可归，失去所有财产让他们极端痛苦，对社区造成的损失无法挽回，流离失所的人们分散在整个大陆。不久之后，在一架飞机上，英格利希的邻座是一位妇女，她的家人被疏散到内布拉斯加州的奥马哈。"在飓风'卡特里娜'之前，她的祖母在下九区有一栋房子，整个家族 200 多人每年都会在那里聚会一次，举行家族庆祝会，"英格利希回忆道，"然后她开始谈论每个人是如何分散的。她开始哭泣，并且说，'再也不会发生这种事情了'。"

英格利希告诉自己，一定有更好的办法。

下九区的一些地方比海平面低 4 英尺，它已经被洪水摧毁了。2006 年我访问新奥尔良的时候，它也给我留下了情感上的印记。飓风"卡特里娜"已经过去了 11 个月，下九区已经被彻底废弃。一些房子完全倒塌，只剩下几级混凝土台阶。还有一些房子你可以走进去，但它们都只剩下立柱，电线晃来晃去，残破的东西堆在一起，黑色的霉菌正在生长。总的来说，来自下九区和其他贫穷街区的人们很难通过官僚机构获得重建资金。而更富裕的白人社区正在克服障碍，并且已经修复了他们的房屋。

8 年后，我回到新奥尔良，发现下九区在布拉德·皮特（Brad Pitt）等名人的支持下已经部分恢复。大多数房屋都用支柱支撑起来，高高地耸立在街道上，像是凶狠的螃蟹。但它给人的感觉是希望和危机混合：许多被抬升起来的房屋仍然低于飓风"卡特里娜"的18英尺高水位线。[41]

英格利希现在是安大略省滑铁卢大学的副教授，她仍然在路易斯安那州度过她的闲暇时光。在走访下九区等遭受飓风"卡特里娜"袭击的街区时，她看到了更多的问题。抬高的房屋更容易受到风的破坏。过去的人们经常坐在门廊上和路人聊天。但现在，门廊高高地悬在街道上，曾经轻松的社区生活变得更加尴尬。

在飞机上遇到那位妇女之后的一段时间，英格利希在思考如何防止洪水、分离和伤感的进一步循环。她想：如果房屋能够躲开洪水呢？一旦洪水退去，人们可以马上搬回来住。

英格利希开始研究世界各地的人们如何与水共生。她发现，在洪水易发地区，传统社区的房屋已经悬浮了几个世纪。在泰国，当洪水来临时，人们会把成捆的竹子放在房屋下面充当木筏，同时把房屋绑在树上，这样它们就不会漂走。沿着荷兰的马斯河（Maas River），荷兰人的一些房屋坐落在有浮力的空心地基上，并且拴在柱子上，这样它们就可以随着河水的节奏而起伏。这个选择让英格利希很兴奋，因为它适用于有电和自来水的房子。但地基非常昂贵。她想创造一种更便宜的解决方案，经济条件较差的人也能使用。

2006年，英格利希创立了"浮力地基项目"来研究这个问题，并向她的学生提出了挑战。其中一个学生带来了惊喜，告诉她附近有一个老河滩社区，是位于密西西比河沿岸湖泊上的渔业社区。由于它在河堤系统之外，那里的人们总会经历一些小洪水，但几十年过去了，情况越来越糟。为此，人们开始用越来越高的支柱把房子抬高。一位工程师兼发明家想出了一个办法：把泡沫块放在活动房屋下面，这样它就会和水一起上升。随着洪水继续升级，他的邻居也效仿他，现在社区里大约有40栋房子是两栖的。

英格利希和"浮力地基项目"的学生采纳和调整了这一基本理念，使它适用于各种文化和各种生态系统。对于美国和加拿大这样的地方，他们建议使用塑料水桶、泡沫浮块或人造浮船坞。他们把漂浮物放在房屋下面的结构副框架内。副框架和房屋被固定在沉入地下的垂直路标上，房屋在上升和下降的过程中不会从地基上漂浮起来。这些房屋的设计可能包含用于供水和供电的螺旋状的"集成管束"，以及用于煤气和下水道的独立连接。浮力系统的成本大约是每平方英尺15—40美元。

没有任何机械部件。水起了作用，抬高了房屋。"它与自然结合；而不是挑战自然，"英格利希说，"并不是说我们一定要阻止洪水或者转移水。水是我们的朋友，因为它把我们带到安全的地方。"有些地方仍然依靠每年洪水带来的富含营养的淤泥沉积物支持作物的生长，在这样的地方，"人们对水的感觉就是这样"，她说，"水就是朋友"。中国景观设计师俞孔坚在向我谈论他在农村度过的童年时，也表达了同样的观点。

为了发展或利益，人们试图控制自然，常常是这样导致人们不再把水视为朋友。英格利希解释说，在这个过程中，"我们不再认为水是生命循环的一部分，是一种受欢迎的传统角色，而开始把它当成令人恐惧的、有时甚至令人憎恶的东西。

但事实并不一定是这样"。我们的发展选择造成了这些负面后果，因此，"现在许多人与水的关系很不好"。

对于主流的发展文化，英格利希的观点是颠覆性的。"我的信仰体系是让水去它想去的地方，"她说，"我们通过让路来适应它。让大自然成为大自然，不要试图控制一切。"从这个角度解决问题能让她跳出思维定式。当她第一次谈论廉价而全面的两栖改造时，人们公开地嘲笑她，她这才意识到自己的想法有多么遥远。她认为，这种反应部分源于一种文化偏见，即认为女性不是创造者。有时她会测试人们，让他们说出三位女性发明家的名字。他们通常做不到。"这说明了我的观点。这是怀疑的一部分，"她说，"如果这真的是个好主意，为什么之前没有一个男人想到呢？"

人们抵制她的想法，这造成了损失。"被人嘲笑会让人很无力。而且是在公共场合。一遍又一遍，"她说，"我想过放弃。我并不怀疑自己正在做什么。我怀疑的是，我自己是否足够坚强，是否能够支撑下去。"但是，那些因飓风"卡特里娜"而流离失所的人们让她感到痛苦，这种痛苦如影随形。所以她坚持下来了。

有了英格利希的两栖改造，洪水易发地区的人们可以简单地在洪水期间将他们的房屋抬高到脱离危险区，从而避免遭受洪水的反复侵袭。可是在美国，她在获得许可方面遇到了麻烦，因为管理国家洪水保险计划的美国联邦紧急措施署不会为两栖建筑投保。银行也不会为没有保险的洪泛区建筑发放抵押贷款。

与此同时，在经过美国陆军工兵部队认证的堤坝后面，建筑物不被认为处于洪泛区，因此居住在那里的人们不必遵守防洪规定。这是"河堤效应"的制度化，用官方印章"证明"一个地区是安全的。它鼓励人们留在一个有风险的地方，提高他们财产的价值，并假设政府会继续保护。"问题是，做这些决策的人忘记了世界上只有两种河堤。"她引用了那个老笑话——实际上并不那么有趣。

她生气地说，在洪泛区周围建一堵墙，然后假设它不会被淹没，"这太疯狂了"。洪水的频率会降低，但当堤坝决堤的时候，它会更具破坏性，因为人们迁入洪泛区，而且变得自满。她沮丧地笑了。"你知道，这在当时激怒了我，现在仍然激怒了我。我的意思是，老实说，你怎么能如此傲慢地认为，仅仅因为他们在那里建造一个堤坝，那里就不再是洪泛区了！"

政府会阻止堤坝后面的现有房屋具有更强大的抵御能力，如果他们进行改造，政府将拒绝提供保险——这一点让英格利希无法接受。"我花了7年时间"，她说，"但我最终让美国联邦紧急措施署相信，他们自己的规定允许这样做"，对于在司法管辖区采用国家洪水保险计划之前建造的房屋，"两栖改造可以得到豁免"。

现在，加拿大正在考虑修改国家建筑法规，纳入两栖改造，英格利希是一名顾问。她说，这将是世界上第一个这样做的国家，尽管各省都有自己的建筑法规，因此它们必须都批准一个国家法规，这样它才能投入使用。

两栖化（英格利希发明的动词）一栋房屋，比用支柱支撑房屋更便宜。但英格利希目前的设计并不能处理每一种类型的建筑或地点。对于那些爬行空间①顶部采用墩梁结构的房屋，这种改造是最容易的；她可以把新的副框架和浮块滑到下面。对于直接建在混凝土板上的建筑物或者有地下室的建筑物，这种设计并不好，价格也不便宜。它也不够坚固，无法应对巨浪、浮冰和湍急的河流。至少目前如此。现在，英格利希建议将其用于河流洪泛区和湖泊岸边，她还在继续考虑如何解决其他情况。她还把她的设计带到了世界各地，包括越南和孟加拉国。

她的一个主要目标是找到适用于低收入人群的解决方案。在那些没有电或自来水的地方，她的改造费用通常不到每平方英尺5美元。必须是客户能够负担得起的价格，而且必须利用人们已经拥有的东西。这避免了浪费——在英格利希看来，浪费是当今社会衰落的原因之一。"最可持续的事情是重复利用现有的结构"，而不是拆除现有的建筑，把一大堆碎片送到垃圾填埋场，制造所有的新材料，并造成相应的环境、水和碳足迹；或者在洪泛区多次重建房子。

她还极力避免她所谓的"文化殖民"，即试图在一个地方强加为另一个地方设计的、不相容的生活方式。她努力使自己的设计符合当地人的需要。她哀叹道，人类控制自然的冲动延伸到了"人类控制其他人类"。篡夺一个地方现有的可持续实践，篡夺它的自治、文化和生活方式，这类似于"对自然的不尊重"。我们在伊拉克、印度和秘鲁已经看到，人们已经发展

---

① 爬行空间，指建筑物的屋顶或地板下供电线或水管通过的空间。

出了因地制宜的、创新的方法来与水共生。

为了她的建筑理论博士学位，英格利希研究了俄国斯拉夫主义神秘哲学的影响，这是对她思维的另一个主要影响。斯拉夫主义神秘哲学是一种复杂的意识形态，但简而言之，它强调了人类超越理性思维的认知方式，以及宇宙万物之间的联系。它与原住民世界观、生态学和系统理论有相似之处，被认为是环保主义的先驱。"这让我有了更大的自由，可以从不同的角度看待水，把人与水之间的关系视为自然的一部分，更像是一种共生关系。"她告诉我。从这个角度来看，她意识到"要和谐地生活，你必须保持尊重。如果水是一个问题，那么原因可能是你不够尊重水"。因此，主流文化有责任扭转局面，珍惜水，而不是畏惧水。

现在关于两栖建筑的年度会议已经有了一个。随着气候变化导致洪水灾害大幅升级，"没有人再嘲笑我了"，她悲伤地辩解道。适应气候变化和减少洪水影响对她来说很重要，但英格利希的核心动机仍然可以追溯到她在飞机上遇到的那个女人："我这样做是为了减少不必要的创伤。"

修复人类和水的关系

今天，由洪水和水荒引发的创伤似乎无处不在。我们生活的景观烙印在我们的心灵中，承载着个人和文化的意义，所以当干旱和洪水迫使我们迁移时，我们会觉得伤感。失去了房产和财产，失去了家园和社区，失去了最爱的景观和它独特的物种、天气、声音和气味，失去了生活质量。当我还是个孩子的时候，我看着核果树果园变成硅芯片，感到了一种忧郁，这种忧郁至今萦绕在许多人的身上。

几个世纪以来，人们砍伐树木，过度捕捞和污染水域，使奇妙的生物灭绝。但是，我们造成破坏的速度正在加快：冰川融化，河流干涸，亚马孙雨林和北方森林被砍伐，野生动物数量锐减。

这种破坏对我们的精神和情感健康造成了难以估量的伤害，特别是由于主流文化对它的掩盖，这是一种煤气灯操纵①。这是真实的，而且很严重。尤其是它关系到生命中最重要的成分——水。关于水的行为和可用性，这种不安全感是不稳定的。面对这些损失，面对黯淡的未来，面对似乎不愿改变的主流人类系统，虽然变革的必要性是显而易见的，但感到焦虑、抑郁、绝望、愤怒和悲伤是很自然的。气候科学家警告说，我们大约有10年时间来大幅减少温室气体排放，才能避免灾难性的气候变化——比如我们已经开始遭遇的极端水患。[42]生物学家恳求我们，如果我们希望避免连锁的生态崩溃。就需要按照类似的时间表来保护地球上的其他生命。

然而，全球社会仍在"进步"中前行。忽视系统理论，贬低生态系统服务，把人类和自然界彼此分隔开，都会滋生恐惧

---

① 煤气灯操纵，指利用否定、误导和谎言，让受害者怀疑自己的记忆、感知和判断力，从而摧毁受害者的情绪，实现操纵他人的目的。这个概念的流行，源自1944年的电影《煤气灯下》。

和贪婪——这是一种稀缺的心态。这导致我们做出短视的发展决策，徒劳地试图控制环境，维持（一些人的）美好时光。但是，给自己设置特权并没有作用；相反，这种方法正在使人类变得贫困，因为极端的环境破坏降低了生活质量。和往常一样稍稍调整"业务"并不会阻止这趟走下坡路的列车。我们之所以走到这一步，就是因为一切如常。

支持"深度适应"[43]运动的人认为，即将到来的是气候混乱，然后是社会崩溃。他们敲响警钟不是为了引发恐慌，而是为了激发一场对话，关于接下来会发生什么的对话。这是一个重新思考一切的机会，以减少冲突的创伤的方式，为彻底的变革做好准备。这是一种彻底的接受，其中一个方面是承认水总是赢家。这种承认并非软弱。相反，它是力量的基础，因为它为我们提供了创新的解决方案。人类与水、与自然界的关系并不是与生俱来的。我们创造了我们的叙事，我们也可以改变它。放手当下，可以让我们更自由地拥抱未来。这是适应专家赛德斯邀请我们做的：根据需要，提前计划转向，减少突发事件。通过改变人类和水的关系，我们可以经历更少的动荡，走向更好的未来。

我遇到的水文侦探都走在这条曲线的前列。他们大多数是实干者，在主流思想的限制下努力做自己能做到事情。但他们正在挑战极限。他们亲眼看到人类正在做的事情没有效果，所以他们以谦逊、好奇和开放的心态对待水。

在倡导"慢水"运动的过程中，水文侦探主张从根本上改变我们对自己、对系统、对世界的看法。它们努力理解水，接受水的本质，而不是试图把水塑造成我们希望的样子。在这个过程中，他们以尊重和平等为基础建立了与水的伙伴关系。通过密切观察其他物种和文化与水的关系，重视这些知识，他们找到了优雅的解决方案，可以开始治愈我们造成的许多问题。

想象一下，如果我们作为一个全球社会，跟随着水文侦探的脚步，问问自己水想要什么，那么水文侦探的工作会有多么迅速？如果我们都试图理解水的行为，并试图改善和水的关系，又会如何？如果我们学习那些把水视为亲人、朋友和合作者的文化，而不是那些把水视为敌人或商品的文化，又会是什么样子？

辛纳科克人、教授凯尔茜·伦纳德阐述了重视这种知识的力量。她说，承认水的各种权利，承认水具有能动性，"推翻了人们普遍接受的'人类统治自然'的等级制度。作为这个星球上的人类，我们并不比其他生物优越。我们也不比水优越"。她告诫我们要再次成为好管家，要借助法律使水具备法人资格，比如新西兰、印度和加拿大的河流，它们现在有存在和繁荣的权利。这种文化认知的转变有合乎逻辑的后续：尊重原住民和非原住民之间关于保护水的原始条约，废除将水资源自由化的财产制度，确保水的福祉先于人类的狭隘需求——因为如果水的状态不佳，它就无法为我们提供什么东西。伦纳德发出了肯尼迪式的行动呼吁："不要问水能为你做什么，而是问：你将为水做什么？"

我们究竟要为水做什么？

虽然决策者和水文侦探极大地塑造了人类和水的关系，但我们每个人可以帮助改变这种关系的性质。我们可以为水保留空间——不仅在我们的土地上，而且在我们的心灵和思想中。水文侦探培养我的好奇心，让我想知道水在我周围做了什么。当我穿越自己的世界，我会花时间向自己提问：那音乐般的汩汩声是什么？我家附近的幽灵河在哪里流动？附近生长着什么植物？它是否传达了隐藏的水文信息？我们当地的水如何与更广泛的流域互动？我如何在我的社区支持和包容水？

当你翻开这本书的时候，考虑"水想要什么"可能听起来有些神秘，甚至有些激进。事实上，这是一条行之有效的、经过验证的方法，可以创造一个更好的世界，让人们更加幸福，让社会更加适应。"慢水"项目减少了洪水和水荒的风险，以及由此产生的焦虑，同时它也为我们创造了更有活力、更多样化、更诱人的栖息地。这些都是人们喜爱的美丽空间。想想看，茂盛的柳树、桤木和鲑鱼帮助西雅图的桑顿溪免受洪水的侵袭；德文郡的河狸使奥特河平静下来，同时吸引了青蛙、苍鹭和愉快的人类；肯尼亚高地多产的家庭农场；沿着旧金山湾的回归的沼泽，我弟弟的平静的散步。

这些更健康的地方也可以培养我们内心更平和的空间，提高我们的适应能力。让我们放慢脚步，观察环境的细微差别

——水的起伏，植物的生长和腐烂，其他动物的行为——这是令人愉快的冥想。在这样的时刻，我们走出自己，建立与世界的联系。

如果社会也愿意为流域内的"慢水"提供空间，这种治愈作用就能成倍地增加。我们可以留出空间，让河流再次经过洪泛区。我们可以帮助水在地下流动，重新加入含水层。我们可以为河口的成长提供所需的沉积物和空间。我们可以保护水塔。我们可以接受河岸与海岸不属于我们；相反，它们处在不断变化之中，在不同的阶段与我们共享。在放手的过程中，在提供空间的过程中，我们承认了水域的力量——它承载着水，承载着碳，承载着生命，包括人类。我们在给予中获得。

致　谢

　　写一本书似乎需要整个地球村，我很感谢一路上帮助我捕捉慢水本质的很多人。

　　多年来，报道一直是我探索水的工具。对于水想要什么，水的关系，水如何移动——我了解得越多，我就越着迷。本书的一些材料来自《科学美国人》《自然》和《美国国家地理》杂志的早期文章。为 bioGraphic、BBC Future 和《科学美国人》撰写的文章改写自本书的报道和写作，它们资助了这个项目。我特别感谢《科学美国人》的 Mark Fischetti 和 bioGraphic 的 Steven Bedard，感谢他们精湛的编辑工作，感谢他们提供旅游资金，帮助我去了中国、伊拉克和印度。我也要感谢国家地理学会让我成为一名探险家，并资助我在秘鲁和肯尼亚的研究。我要感谢纽约市立大学克雷格·纽马克新闻研究生院提供的"恢复力奖学金"，让我得以近距离接触飓风"桑迪"的遗留问题。

　　规划国际报道非常复杂，如果没有印度的 Jayshree Vencatesan 和 Krishna Mohan 的慷慨协助，我不可能完成我的报道。在秘鲁，Gena Gammie、Catherine Mendoza 和"森林趋势"的同事以及安第斯生态区可持续发展联盟的 Cecilia Gianella 都帮了我很多。对于肯尼亚之行，我要感谢 Anthony Kariuki、Colin Apse、Faith Cherop 和大自然保护协会的同事，感谢农业推广官员 Caroline Nguru 和 Sabina Kiarie，以及俄亥俄大学的 Edna Wangui。进入伊拉克是卡夫卡式的，如果没有伊拉克自然保护协会的 Jassim Al-Asadi、Araz Hamarash 和 Azzam Alwash，我不可能做到这一点。Maggie Zanger 和 Megan Kelly 也提供了重要的情报。

感谢为我翻译的人，包括 Marie Manrique、Carla Dongo、Agustin Nervi、Katya Perez、Vivian Tian 和 Alexandra Rance。

为一本书而环球旅行会产生温室气体排放——这是一个特别令人不安的事实，特别是这本书的主题与气候变化密切相关。为了尽量减少碳排放，我合并了几次旅行。我还捐了一笔钱来"抵消"旅行所产生的排放。我不想购买碳补偿，因为它们的影响往往值得怀疑。相反，受第八章的道格拉斯·希尔的启发，我用抵消计算器计算出了美元价值，然后把这笔钱捐给了一个保护和恢复湿地的土地保护项目。我在加州长大，我在这附近选择了一个项目，即半岛开放空间信托基金在郊狼谷附近收购的地点。它的目标是保护和恢复 Laguna Seca 湿地，使其成为栖息地和水源补给，并解放郊狼谷和费希尔溪，重新占领它们的洪泛区，并在此过程中保护圣何塞附近的社区。

感谢我生活和工作的地方，这很重要，即现在的旧金山和不列颠哥伦比亚省的维多利亚，分别是耶拉姆人（拉玛图什奥隆人的当地部落）和海岸萨利希人（桑希斯和艾斯古摩原住民）的传统家园。

致 Jenelle Goudge：感谢你建议我把写这本书放在每天的第一位。关于图书行业、叙事技巧、一般同情等更多写作要领的指导，我要感谢我的同路人 Cynthia Barnett、Gloria Dickie、Sharon Guynup、Lori Freshwater、Melissa Stewart、Ben Goldfarb、Maleea Acker、Christian Fink-Jensen、Madeline Ostrander、Bill Lascher、Osha Gray Davidson、Jude Isabella，以及 writing success!论坛上的朋友。我还要感谢 Frances Backhouse 鼓励我始终为小动物留出空间，感谢 Lisa Jackson 提倡我强调水的能动性，感谢 Christie George 抓住了神秘的诱惑和水文侦探。还要感谢 Lee Ferreira 借给我一本大学教科书，满足了我对水文地质学的日益增长的痴迷。

感谢阅读本书的全部或部分内容，并提供宝贵的反馈、编辑和鼓励的人，特别感谢 Sharon Gies、Irene Fairley、Robin Meadows、David Fairley、Frances Backhouse、Ben Ikenson、Barbara Fraser、Edna Wangui 和 Robert Luhn。

无畏的事实核查员 Amy van den Berg：我致敬你们不屈不挠的团结精神，致敬你们不遗余力地保护我不犯大大小小的错误。任何遗留的错误都是我的责任。

感谢我的经纪人 Alice Martell，她立即信任了这本书，并且一直是积极的倡导者：谢谢你。我要感谢 David George Haskell，他把我介绍给 Alice，并支持我寻求资助；感谢 Scott Gast，他看到了这本书的潜力，为芝加哥大学出版社买下了这本书；感谢精湛的编辑 Karen Merikangas Darling，她以积极和优雅的态度完成各项工作；感谢文字编辑 Johanna Rosenbohm，感谢她的仔细阅读、她引人入胜的对话、她与她的眼光独到的侄子的磋商。还要感谢Tamara Ghattas、Tristan Bates、Deirdre Kennedy和芝加哥大学出版社的所有成员。在大西洋彼岸，我要感谢伦敦Head of Zeus/Bloomsbury 的 Neil Belton 和 Matilda Singer，他们把这本"慢水"的故事带到了英国和其他国家。

对于许许多多的水文侦探，无论是提到名字的还是没有提到名字的，对于他们慷慨付出的时间、专业和精神，这个世界上的感谢是不够的。你们为我的水文教育做出了贡献，我尽可能多地把你们写在正文或注释（这些注释是说明性的，并不全面）。没有你们，就不会有这本书。

在家庭方面，毛毛通过柔软的毛皮、拥抱和呼噜声提供了重要的压力管理服务。最后，感谢我的不可思议的伴侣彼得·费尔利，从概念、过程、叙述，到阅读、编辑、事实核查，到情感和家庭支持，到庆祝晚餐、徒步旅行，等等，他从各个方面支持了这本书。你让我生命中的一切变得更美好。

注　释

引　言

1. "Growing Poplar and Willow Trees on Farms," National Poplar and Willow Users Group, 2007, http://www.fao.org/forestry/21644-03ae5c141473930a1cf4b566f59b3255f.pdf.

2. Mona Caron, "The Duboce Gateway Mural: Gateway to the Wiggle," FoundSF, https://www. foundsf. org/index. php? title=The_Duboce_Bikeway_Mural%3A_Gateway_to_the_Wiggle.

3. 大沼泽横跨现在的灰西地区，包括剑桥市、贝尔蒙特和马萨诸塞州阿灵顿的部分地区。

4. G. Grill et al., "Mapping the World's Free-Flowing Rivers," *Nature* 569 (2019): 215-21.

5. "Subsidence in the SacramentoSan Joaquin Delta," USGS, https://www.usgs.gov/centers/ca-water-ls/science/subsidence-sacramento-san-joaquin-delta.

6. 该河流在下塔纳纳语（Lower Tanana）中被称为 *Henteel no' Tl'o*。尽管以前的同名山已经正式恢复了阿萨巴斯卡语支的名称迪纳利山，但麦金利河仍然保留了其殖民地的名字（编按：阿萨巴斯卡语支即Athabaskan languages，下塔纳纳语是该语支的一种语言）。

7. A. Nahlik and M. Fennessy, "Carbon Storage in US Wetlands," *Nature Communications* 7 (2016): article 13835; *Peatlands and Climate Change* (IUCN, 2017), https://www.iucn. org/resources/issues−briefs/peatlands−and−climate−change.

8. 例如，记者辛西娅·巴内特（Cynthia Barnett），《蓝色革命》（*Blue Revolution*）和《雨》（*Rain*）的作者；或者水政策专家桑德拉·波斯特（Sandra Postel），《补充》（*Replenish*）的作者。

9. 参阅奥尔多·利奥波德的《沙乡年鉴》（*A Sand County Almanac*，1949）。

10. Luna Leopold, "A Reverence for Rivers," *Geology* 5 (1977): 429−30, http://waterethics.org/wp−content/uploads/2011/11/A−Reverence−for−Rivers.pdf.

11. Kelsey Leonard, *Sacred Waters*, interview with River Collective, Science Chat 10, May 25, 2020, https://www.rivercollective.org/2020/05/27/science−chat−10−sacred−waters−with−kelsey−leonard/.

第一章

1. 2019年3月27日，作者与约翰·科里的采访。

2. Craig Newmark Graduate School of Journalism at CUNY Resilience Fellowship.

3. 2019年4月5日，作者与乔纳森·布尔韦尔上校的采访。

4. M. Diakakis et al., "Hurricane Sandy Mortality in the Caribbean and Continental North America," *Disaster Prevention and Management* 24, no. 1 (2015): 132−48, https://doi.org/10.1108/DPM−05−2014−0082.

5. B. H. Strauss et al., "Economic Damages from Hurricane Sandy At-

tributable to Sea Level Rise Caused by Anthropogenic Climate Change," *Nature Communications* 12, no. 2720 (2021), https://doi. org/10.1038/s41467–021–22838–1.

6. City of New York, *PlaNYC: A Stronger, More Resilient New York* (2013), 11.

7. 2019年3月26日，作者与莎伦·盖努普的采访。

8. "Agricultural Water Use Efficiency," California Department of Water Resources, https://water. ca. gov/Programs/WaterUse–And–Efficiency/Agricultural–Water–Use–Efficiency.

9. 2018年，加州农作物的产值为380亿美元，参见California Department of Food and Agriculture, *California Agricultural Statistics Review, 2018–2019*, 10, https://www. cdfa. ca. gov/statistics/PDFs/2018–2019AgReportnass.pdf。加州2018年的GDP为2.7万亿，参见 "Real Gross Domestic Product (GDP) of the Federal State of California from 2000 to 2020 (in Billion U.S. Dollars)," Statista, March 2021, https://www.statista.com/statistics/187834/gdp-of-the-us-federal-state-of-california-since-1997/。

10. *AQUASTAT—FAO's Global Information System* (United Nations Food and Agriculture Organization, n.d.), http://www.fao.org/aquastat/en/overview/methodology/water–use.

11. Forrest Melton, "Mapping Drought Impacts on Land Fallowing in California with Satellite Data" (presentation, Pacific Northwest Drought Early Warning System Kickoff Meeting, Portland, February 3, 2016).

12. Matt Richtel, "California Farmers Dig Deeper for Water, Sipping Their Neighbors Dry," *New York Times*, June 5, 2015, https://www.nytimes. com/2015/06/07/business/energy-environment/california-farmers-dig-deeper-for-water-sipping-their-neighbors-dry.html.

13. E. Hanak et al., Water and the Future of the San Joaquin Valley (Public Policy Institute of California, 2019), 33, https://www. ppic. org/wp-content/ uploads/water-and-the-future-of-the-san-joaquin-valley-february-2019.pdf.

14. 2020年12月，作者与迈克尔·德廷杰（Michael Dettinger，斯克里普斯海洋学研究所）的邮件采访；Xingying Huang et al., "Future Precipitation Increase from Very High Resolution Ensemble Downscaling of Extreme Atmospheric River Storms in California," *Science Advances* 6, no. 29 (July 15, 2020): article eaba1323; V. Espinoza et al., "Global Analysis of Climate Change Projection Effects on Atmospheric Rivers," *Geophysical Research Letters* 45 (2018):4299-308, https://doi.org/10.1029/2017GL076968。

15. 加州，圣何塞，2017年2月，与莎伦·吉斯（Sharon Gies）的私人谈话。

16. *Weather, Climate & Catastrophe Insight*: *2020 Annual Report*, AON, 2021, http://thoughtleadership. aon. com/Documents/20210125-if-annual-cat-report.pdf.

17. "Water and Climate Change," UN-Water, https://www.unwater.org/ water-facts/climate-change/.

18. G. Naumann et al. "Global Changes in Drought Conditions under Different Levels of Warming," *Geophysical Research Letters* 45, no. 7 (2018): 3285-96.

19. "New York City Wetlands: Regulatory Gaps and Other Threats," City of New York, 2009, 9, http://www.nyc.gov/html/om/pdf/2009/pr050-09. pdf.

20. *Adapt Now: A Global Call for Leadership on Climate Resilience* (Global Commission on Adaptation, 2019), 12, https://gca.org/wp-content/uploads/2019/09/GlobalCommission_Report_FINAL.pdf.

21. D. J. Wuebbles et al., eds., *Climate Science Special Report: Fourth National Climate Assessment, Volume I* (US Global Change Research Program, 2017), https://science2017.globalchange.gov/.

22. M. D. Risser and M. F. Wehner, "Attributable Human-Induced Changes in the Likelihood and Magnitude of the Observed Extreme Precipitation during Hurricane Harvey," *Geophysical Research Letters* 44 (2017): 12457-64.

23. D. Keellings and J. J. Hernández Ayala, "Extreme Rainfall Associated with Hurricane Maria over Puerto Rico and Its connections to Climate Variability and Change," *Geophysical Research Letters* 46 (2019): 2964-73.

24. A. Park Williams et al., "Large Contribution from Anthropogenic Warming to an Emerging North American Megadrought," *Science*, April 17, 2020, 314-18.

25. David King et al., *Climate Change: A Risk Assessment* (Centre for Science and Policy, 2015) 120, https://www.csap.cam.ac.uk/media/uploads/files/1/climate-change--a-risk-assessment-v9-spreads.pdf.

26. "Nearly 585,000 People Have Been Killed since the Beginning of the Syrian Revolution," Syrian Observatory for Human Rights, January 4, 2020, https://www.syriahr.com/en/152189/. 根据联合国难民署的数据，叙利亚国内有660万人流离失所，全球还有560万人，参阅"Syria: Events of 2018," UNHCR, https://www.hrw.org/world-report/2019/country-chapters/syria。

27. P. Kraaijenbrink et al., "Impact of a Global Temperature Rise of 1.5 Degrees Celsius on Asia's Glaciers," *Nature* 549 (2017): 257-60.

28. Hannah Ritchie and Max Roser, "CO_2 and Greenhouse Gas Emissions," *Our World in Data*, 2020, https://ourworldindata.org/co2-and-other-

greenhouse-gas-emissions. 1971 年，154.3 亿吨二氧化碳；2019 年，364.4亿吨二氧化碳。

29. NASA Earth Observatory, https://earthobservatory.nasa.gov/world-of-change/global-temperatures.

30. 政府间气候变化专门委员会第五次评估报告（IPCC，2013）显示，20世纪70年代以来，海洋吸收了93%以上的温室气体排放产生的多余热量。

31. 这一发现的证明可以追溯到19世纪的克劳修斯-克拉佩龙方程。

32. "Greenhouse Gases: Water Vapor (H_2O)," NOAA, https://www.ncdc.noaa.gov/monitoring-references/faq/greenhouse-gases.php#h2o.

33. Rebecca Lindsey, "Climate Change: Global Sea Level," NOAA Climate.gov, January 25, 2021, https://www.climate.gov/news-features/understanding-climate/climate-change-global-sea-level.

34. Fiona Harvey, "One Climate Crisis Disaster Happening Every Week, UN Warns," *Guardian,* July 7, 2019, https://www.theguardian.com/environment/2019/jul/07/one-climate-crisis-disasterhappening-every-week-un-warns.

35. E. S. Brondizio et al., eds., *Global Assessment Report on Biodiversity and Ecosystem Services of the Intergovernmental Science-Policy Platform on Biodiversity and Ecosystem Services* (IPBES Secretariat, 2019), https://doi.org/10.5281/zenodo.3831673.

36. Andrew J. Plumptre et al., "Where Might We Find Ecologically Intact Communities?," *Frontiers in Forests and Global Change*, April 15, 2021.

37. *World Population Prospects 2019: Volume 1: Comprehensive Tables* (UN Department of Economic and Social Affairs, 2019), 3, https://population.

un. org/wpp/Publications/Files/WPP2019_Volume−I_Comprehensive−Tables. pdf.

38. "Product Gallery," Water Footprint Network, https://waterfootprint. org/en/resources/interactive−tools/product−gallery. 1公斤牛肉需要15415 升水，1公斤牛肉相当于4块9盎司牛排。

39. Stephen Dovers and Colin Butler, "Population and Environment: A Global Challenge," Australian Academy of Science, last updated July 24, 2015, https://www. science. org. au/curious/earth−environment/population−en−vironment.

40. S. Bringezu et al., *Assessing Global Resource Use: A Systems Approach to Resource Efficiency and Pollution Reduction* (UN International Resource Panel, 2017), 6.

41. Brondizio et al., *Global Assessment Report on Biodiversity and Ecosystem Services.*

42. "Landback Manifesto," Landback, https://landback.org/manifesto/.

43. Nick C. Davidson, "How Much Wetland Has the World Lost? Long−Term and Recent Trends in Global Wetland Area," *Marine and Freshwater Research* 65 (2014): 934−41.

44. R. E. A. Almond, M. Grooten, and T. Petersen, eds., *Living Planet Report 2020—Bending the Curve of Biodiversity Loss* (WWF, 2020), https:// livingplanet.panda.org/.

45. S. L. Pimm et al., "The Biodiversity of Species and Their Rates of Extinction, Distribution, and Protection," *Science*, May 30, 2014.

46. Patrick Greenfield, "Governments Achieve Target of Protecting 17% of Land Globally," Guardian, May 19, 2021, https://www.theguardian.com/en−vironment/2021/may/19/governments−achieve−10−yeartarget−of−protecting−

17-percent-land-aoe.

47. B. B. N. Strassburg et al., "Global Priority Areas for Ecosystem Restoration," *Nature* 586 (2020): 724-29.

48. *Living Planet Report 2016—Risk and Resilience in a New Era* (WWF International, 2016), https://www.worldwildlife.org/pages/living-planet-report-2016.

49. P. R. Shukla et al., eds., *Climate Change and Land: An IPCC Special Report on Climate Change, Desertification, Land Degradation, Sustainable Land Management, Food Security, and Greenhouse Gas Fluxes in Terrestrial Ecosystems* (Intergovernmental Panel on Climate Change, 2019).

50. *Adapt Now*, 12.

51. "Natural Climate Solutions," *Proceedings of the National Academy of Sciences* 114, no. 44 (October 2017): 11645-50.

52. Barbara Buchner et al., *Global Landscape of Climate Finance 2019* (Climate Policy Initiative, 2019), https://climatepolicyinitiative. org/publication/global-climatefinance-2019/. 根据表 A.2（第 30 页），2018 年，农业、林业、土地使用和自然资源管理部门在适应和缓解方面获得了160亿美元，占支出总额5340亿美元的2.99%。

53. "The Economics of Climate Change: No Action Not an Option," Swiss Re Institute, 2021, https://www.swissre.com/institute/research/topics-and-risk-dialogues/climate-and-naturalcatastrophe-risk/expertise-publication-economics-of-climate-change.html.

54. Erica Gies, "Do Dams Increase Water Use?," *Scientific American*, February 18, 2019, https://www.scientificamerican.com/article/do-dams-increase-water-use/.

55. "Indigenous Populations in the Bay Area," Bay Area Equity Atlas,

https://bayareaequityatlas.org/about/indigenous-populations-in-the-bay-area.

56. E. Spotswood et al., *Re-oaking Silicon Valley: Building Vibrant Cities with Nature*, SFEI Contribution No. 825 (San Francisco Estuary Institute, 2017), http://www.sfei.org/documents/re-oaking-siliconvalley.

57. Daniel Pauly, *Vanishing Fish: Shifting Baselines and the Future of Global Fisheries* (Greystone Books, 2019).

58. J. B. MacKinnon, *The Once and Future World: Nature as It Was, as It Is, As It Could Be* (Houghton Mifflin Harcourt, 2013), 34.

59. Seonaid McArthur and Cheryl Wessling, eds., *Water in the Santa Clara Valley: A History*, 2nd ed. (California History Center & Foundation, 2005), ch. 1 and 2.

60. American Society of Civil Engineers, Dams, 2021 Report Card for America's Infrastructure, https://infrastructurereportcard. org/wpcontent/uploads/2020/12/Dams-2021.pdf.

61. American Society of Civil Engineers, *Dams*, 27-28.

62. *Ageing Water Infrastructure: An Emerging Global Risk* (Institute for Water, Environment and Health, United Nations University, 2021), http://inweh. unu.edu/wp-content/uploads/2021/01/Ageing-Water-Storage-Infrastructure-An-Emerging-Global-Risk_web-version.pdf.

63. 2018年4月，于中国北京，作者与俞孔坚的采访。

64. Erica Gies, "The Meaning of Lichen: How a Self-Taught Naturalist Unearthed Hidden Symbioses in the Wilds of British Columbia—and Helped to Overturn 150 Years of Accepted Scientific Wisdom," *Scientific American*, June 2017.

第二章

1. G. E. Fogg, "Groundwater Flow and Sand Body Interconnectedness in a Thick, Multiple-Aquifer System," *Water Resources Research* 22 (1986): 679-94.

2. G. E. Fogg and Y. Zhang, "Debates—Stochastic subsurface hydrology from theory to practice: A geologic perspective," *Water Resources Research*, 52 (2016).

3. 本章的一些材料改编自 Erica Gies, "The Radical Groundwater Storage Test," *Scientific American*, November 2017.

4. DOE/Lawrence Berkeley National Laboratory, "Sierra Snowpack Could Drop Significantly by End of Century," *ScienceDaily*, December 11, 2018, www.sciencedaily.com/releases/2018/12/181211090639.htm.

5. G. Grill et al., "Mapping the World's Free-Flowing Rivers," *Nature* 569 (2019): 215-21.

6. A. S. Richey et al., "Quantifying Renewable Groundwater Stress with GRACE," *Water Resources Research* 51 (2015): 5217-38.

7. Mitchell C. Hunter et al., "Agriculture in 2050: Recalibrating Targets for Sustainable Intensification," *BioScience* 67, no. 4 (April 2017): 386-91.

8. Helen Dahlke (University of California, Davis), interview with author, April 12, 2017.

9. Helen Dahlke et al., *Recharge Roundtable Call to Action: Key Steps for Replenishing California Groundwater*, compiled and ed. Graham Fogg and

Leigh Bernacchi (Groundwater Resources Association of California & University of California Water Security and Sustainability Research Initiative, December 2018), 3; 2021年1月27日，与格雷厄姆·福格的私人谈话。

10. D. Perrone and M. M. Rohde, "Benefits and Economic Costs of Managed Aquifer Recharge in California," *San Francisco Estuary and Watershed Science* 14, no. 2 (2016), https://doi. org/10.15447/sfews. 2016v14iss2 art4.

11. 2019 Crop Year Report (California Department of Food and Agriculture, 2019), https://www.cdfa.ca.gov/Statistics/. 减去奶牛、家牛和花。

12. 河水的缺乏始于弗里安特大坝和门多塔之间的60英里。"Surface Water: Rivers End," San Joaquin River Restoration Project, https://www. restoresjr.net/restoration-flows/surface-water/#RiversEnd.

13. 是萨克拉门托河的，通过三角洲-门多塔运河。Obi Kaufmann, *The State of Water: Understanding California's Most Precious Resource* (Heyday Books, 2019), 78.

14. 2017年2月，作者与Sandi Matsumoto（大自然保护协会）的采访。

15. Robert Kelley, *Battling the Inland Sea: Floods, Public Policy, and the Sacramento Valley* (University of California Press, 1989), loc. 290 of 4581, Kindle.

16. 加州部落的传统土地地图，California Indian Legal Services, https://www.calindian.org/wp-content/uploads/2015/09/indiantribesCA.png。

17. P. Laris et al., "Where Have the Native Grasses Gone? What a Long-Term, Repeat Study Can Tell Us about California's Native Prairie Landscapes," *Rural Landscapes: Society, Environment, History* 8, no. 1 (2021): 1-12.

18. Kelley, *Battling the Inland Sea*, loc. 340.

19. Kelley, loc. 392–93.

20. Koll Buer et al., "The Middle Sacramento River: Human Impacts on Physical and Ecological Processes Along a Meandering River" (presentation, California Riparian Systems Conference, Davis, California, September 22–24, 1988).

21. Kelley, *Battling the Inland Sea*, loc. 266–71.

22. Seonaid McArthur and Cheryl Wessling, eds., *Water in the Santa Clara Valley: A History*, 2nd ed. (California History Center & Foundation, 2005).

23. *Annual Groundwater Report* (Santa Clara Valley Water District, 2017), https://www. valleywater. org/sites/default/files/2018–08/2017%20Annual%20GW%20Report_Web.pdf.

24. C. Stefan and N. Ansems, "Web Based Global Inventory of Managed Aquifer Recharge Applications," *Sustainable Water Resources Management* 4 (2018): 153–62.

25. "Where Is Earth's Water?," United States Geological Survey, https://www.usgs.gov/special–topic/waterscience–school/science/where–earths–water.

26. H. E. Dahlke et al., "Managed Winter Flooding of Alfalfa Recharges Groundwater with Minimal Crop Damage," *California Agriculture Journal* 72, no. 1 (2018).

27. P. Bachand et al., "Implications of Using On–Farm Flood Flow Capture to Recharge Groundwater and Mitigate Flood Risks along the Kings River, CA." *Environmental Science & Technology* 48, no. 23 (2014): 13601–9.

28. See G. S. Weissmann, S. F. Carle, and G. E. Fogg, "Three–Dimen-

sional Hydrofacies Modeling Based on Soil Surveys and Transition Probability Geostatistics," *Water Resources Research* 35, no. 6 (1999): 1761–70.

29. Amy LeVan Lansdale, "Influence of a Coarse–Grained Incised–Valley Fill on Groundwater Flow in Fluvial Fan Deposits, Stanislaus County, Modest, California, USA" (MS thesis, Michigan State University, 2005).

30. Casey Meirovitz, "Nonstationary Hydrostratigraphic Model of Cross–Cutting Alluvial Fans," *International Journal of Hydrology* 1, no. 1 (2017).

31. Stephen R. Maples, Graham E. Fogg, and Reed M. Maxwell, "Modeling Managed Aquifer Recharge Processes in a Highly Heterogenous, Semi–Confined Aquifer System," *Hydrogeology Journal*, August 22, 2019.

32. See "Sustainable Groundwater Management Act (SGMA)," California Department of Water Resources, https://water. ca. gov/Programs/Groundwater–Management/SGMA–GroundwaterManagement.

33. 2017年2月23日，作者与Esther Conrad（斯坦福大学Water in the West项目）的访谈。

34. Qian Yang and Bridget R Scanlon, "How Much Water Can Be Captured from Flood Flows to Store in Depleted Aquifers for Mitigating Floods and Droughts? A Case Study from Texas, US," *Environmental Research Letters* 14 (2019).

35. Tiffany N. Kocis and Helen E. Dahlke, "Availability of High–Magnitude Streamflow for Groundwater Banking in the Central Valley, California," *Environmental Research Letters* 12 (2017).

36. Xiaogang He et al., "Climate Informed Hydrologic Modeling and Policy Typology to Guide Managed Aquifer Recharge," *Science Advances* 7, no. 17 (April 21, 2021).

37. Marc Reisner, *Cadillac Desert: The American West and Its Disappearing Water* (Penguin, 1986), 51.

38. 维尔斯也是加州大学默塞德分校的流域科学家。

39. 2017年2月，作者与 Sandi Matsumoto 和 Judah Grossman 的书面采访。Grossman 是该项目的主管。

40. A. M. Yoder, "Effects of Levee-Breach Restoration on Groundwater Recharge, Cosumnes River Floodplain, California" (MS thesis, Hydrologic Sciences Graduate Group, University of California, Davis, 2018), 51.

41. Jane Braxton Little, "When the Levee Breaks: Hamilton City Leads California in a New Approach to Managing Rivers," *Pacific Standard*, January 29, 2019, https://psmag. com/magazine/hamilton-city-leads-california-in-a-new-approach-to-managing-rivers; *Central Valley Flood Protection Plan: 2017 Update* (Central Valley Flood Protection Board, 2017), https://water. ca. gov/-/media/DWR-Website/Web-Pages/Programs/FloodManagement/Flood-Planning-and-Studies/Central-Valley-Flood-Protection-Plan/Files/2017-CVFPP-Update-FINAL_a_y19.pdf.

42. Robin Meadows, "Raised in Rice Fields," *bioGraphic*, June 26, 2019, https://www.biographic.com/raised-in-rice-fields/. 雅各布·卡茨是"加州鳟鱼"（California Trout）的资深科学家。

43. "AB-2480 Source Watersheds: Financing," California Legislative Information, n. d., https://leginfo. legislature. ca. gov/faces/billCompareClient. xhtml? bill_id=201520160AB2480. Section 108.5 was added to the Water Code on September 7, 2016.

44. Gang Zhao and Huilin Gao, "Estimating Reservoir Evaporation Losses for the United States: Fusing Remote Sensing and Modeling Approaches," *Remote Sensing of Environment* 226 (2019): 109–24, 10.1016/j.

rse.2019.03.015.

　　45. O. E. Meinzer Award, Geological Society of America, 2011, https://higherlogicdownload.s3.amazonaws.com/GEOSOCIETY/d267ed61-55fa-417e-9424-83bbfcfd5414/UploadedImages/Content_Documents/Meinzer/2011Meinzer-Fogg.pdf.

第三章

　　1. 他的全名是Razaq Jabbar Sabon Al-Asadi。"Abu Haider"的意思是"海德尔的父亲"，这是人们有了孩子以后常用的命名惯例。

　　2. Suzanne Alwash, *Eden Again: Hope in the Marshes of Iraq* (Tablet House, 2013), 41, 48.

　　3. Alwash, *Eden Again*, 9.

　　4. 沼泽居民并不是唯一采用这种策略的人："数百年来，乌罗人用totora植物建造了岛屿，在安第斯山脉的一个高山湖泊中形成了自己的家园，横跨秘鲁和玻利维亚。" Michele Lent Hirsch, "Visit These Floating Peruvian Islands Constructed from Plants," *Smithsonian*, August 13, 2015, https://www.smithsonianmag.com/travel/people-peru-livemanmade-is-lands-constructed-plants-180956218/.

　　5. 在缺乏树木、没有木材可以燃烧的许多地方，有蹄动物的粪便一直用为燃料，包括青藏高原、现在美国西南部的祖尼人以及19世纪美国西部边境的定居者。

　　6. 苏珊娜·阿尔瓦什和她的前夫阿扎姆·阿尔瓦什（Azzam Al-wash）共同创立了NGO伊拉克自然保护协会。阿扎姆·阿尔瓦什在纳西里耶长大，和他的父亲（一名地区灌溉工程师）一起生活在沼泽里。

参阅：Erica Gies, "Restoring Iraq's Garden of Eden," *New York Times*, April 17, 2013。

7. Alwash, *Eden Again*, 199.

8. United Nations Integral Water Task Force for Iraq, "Managing Change in the Marshlands: Iraq's Critical Challenge" (United Nations White Paper, 2011), http://www.zaragoza.es/contenidos/medioambiente/onu/issue06/1140-eng.pdf.

9. Alwash, *Eden Again*, 110.

10. *Lutrogale perspicillata maxwelli*.

11. 2013年，作者与Joy Zedler（威斯康星大学，美索不达米亚沼泽的湿地恢复生物学家和顾问）的采访。

12. Alwash, *Eden Again*, 56.

13. 这个数字包括沼泽和湖泊（开放水域）。根据阿尔瓦什的说法，沼泽面积约为1300平方英里，湖泊面积约为800平方英里。

14. Alwash, *Eden Again*. Delta depositions also contributed (47, 49).

15. Nasrat Adamo, Nadhir Al-Ansari, Varoujan Sissakian, Sven Knutsson, and Jan Laue, "Climate Change: Consequences on Iraq's Environment," *Journal of Earth Sciences and Geotechnical Engineering* 8, no. 3 (2018): 43-58.

16. Alwash, *Eden Again*.

17. Erica Gies, "The Real Cost of Energy," *Nature*, November 29, 2017, https://www.nature.com/articles/d41586-017-07510-3.

18. 数据来自Ramadan Hamza，杜胡克大学，水战略和政策的高级专家，引自Samya Kullab and Rashid Yahya, "Minister: Iraq to Face Severe Shortages as River Flows Drop," AP News, July 17, 2020, https://apnews.com/article/dams-ankaraturkey-middle-east-iraq-9542368977c9ee0ae97fd2cc8

8933198。

19. 波斯湾也被称为"阿拉伯湾"。

20. 北卡罗来纳大学教堂山分校提供了土耳其跨界水问题的信息丰富的图表。参阅网站 *The Politics of Water: Water and Conflict in the Middle East*, https://waterandconflict. web. unc. edu/turkey-and-transboundary-water/。

21. M. Mulligan, A. van Soesbergen, and L. Sáenz, "GOODD, a Global Dataset of More Than 38,000 Georeferenced Dams," *Scientific Data* 7, no. 31 (2020).

22. "Lake Mead: Razorback Sucker," US National Park Service, dateTK, https://www.nps.gov/lake/learn/nature/razorback-sucker.htm.

23. Richard Stone et al., "Dam-Building Threatens Mekong Fisheries," *Science* 354, no. 6316 (2016): 1084-85.

24. Sharon Levy, "The Hidden Strengths of Freshwater Mussels," *Knowable Magazine*, June 21, 2019.

25. T. Veldkamp et al., "Water Scarcity Hotspots Travel Downstream Due to Human Interventions in the 20th and 21st Century," *Nature Communications* 8 (2017): article 15697.

26. April Reese, "Amid a Drought Crisis, the Colorado River Delta Sprang to Life This Summer," *Audubon*, Fall 2021, https://www.audubon.org/magazine/fall-2021/amid-drought-crisis-colorado-river-delta-sprang.

27. Grace C. Wu and Ranjit Deshmukh, "Why Wind and Solar Would Offer the DRC and South Africa Better Energy Deals than Inga 3," Conversation, July 23, 2020, https://theconversation.com/why-wind-and-solar-would-offer-the-drc-and-south-africa-better-energy-deals-than-inga-3-142411.

28. Erica Gies, "Can Wind and Solar Fuel Africa's Future?," *Nature*,

November 3, 2016, https://www.nature.com/articles/539020a.

29. P. Fearnside and S. Pueyo, "Greenhouse-Gas Emissions from Tropical Dams," *Nature Climate Change* 2 (2012): 384.

30. Ilissa B. Ocko and Steven P. Hamburg, "Climate Impacts of Hydropower: Enormous Differences among Facilities and over Time," *Environmental Science & Technology* 53, 23 (2019): 14070-82.

31. Manshi Asher and Prakash Bhandari, "Mitigation or Myth? Impacts of Hydropower Development and Compensatory Afforestation on Forest Ecosystems in the High Himalayas," *Land Use Policy* 100 (January 2021): article 105041.

32. 2019年1月24日，作者与朱利亚诺·迪·巴尔达萨雷的采访。

33. G. Di Baldassarre et al., "Water Shortages Worsened by Reservoir Effects," *Nature Sustainability* 1 (2018): 617-22.

34. J. Pittock, J-H Meng, M. Geiger, and A. K. Chapagain, *Interbasin Water Transfers and Water Scarcity in a Changing World—a Solution or a Pipedream?* (WWF, 2009), https://wwfeu. awsassets. panda. org/downloads/ pipedreams18082009.pdf.

35. G. Di Baldassarre et al., "Water Shortages Worsened by Reservoir Effects," *Nature Sustainability* 1 (2018): 617-22.

36. 伦纳德来自安大略省滑铁卢大学的环境、资源和可持续学院。

37. Erica Gies, "A Dam Revival, Despite Risks," *New York Times*, November 19, 2014, https://www.nytimes.com/2014/11/20/business/energy-environment/ private-funding-brings-a-boom-in-hydropower-with-high-costs.html.

38. "Mapping the World's Free-Flowing Rivers," *Nature* 569 (2019): 215-21.

39. Stefan Lovgren, "Five Bright Spots on the Mekong," *Circle of Blue*,

March 22, 2021, https://www.circleofblue.org/2021/world/five-bright-spots-in-the-mekong/.

40. S. Simard et al., "Net Transfer of Carbon between Ectomycorrhizal Tree Species in the Field," *Nature* 388 (1997): 579–82.

41. G. I. Hagstrom and S. A. Levin, "Marine Ecosystems as Complex Adaptive Systems: Emergent Patterns, Critical Transitions, and Public Goods," *Ecosystems* 20 (2017): 458–76; Paul D. Bakke, Michael Hrachovec, and Katherine D. Lynch, "Hyporheic Process Restoration: Design and Performance of an Engineered Streambed," *Water* 12, no. 425 (2020): 2.

42. Karissa Gall, "Iconic Haida Gwaii Species to Be Included in Literary Field Guide for 'Cascadia,'" *Haida Gwaii Observer*, July 2, 2020, https://www.haidagwaiiobserver.com/news/iconic-haida-gwaii-species-to-be-included-in-literary-field-guide-for-cascadia/.

43. A. Nahlik and M. Fennessy, "Carbon Storage in US Wetlands," *Nature Communications* 7 (2016): 13835.

44. 本章的一些材料也将发表在埃丽卡·吉斯为《科学美国人》撰写的关于河底生物带的文章中。

45. Christopher J. Walsh et al., "The Urban Stream Syndrome: Current Knowledge and the Search for a Cure," *Journal of the North American Benthological Society* 24, no. 3 (2005): 706–23.

46. Tim Abbe et al., "Can Wood Placement in Degraded Channel Networks Result in Large-Scale Water Retention?" (Proceedings of the SED-HYD 2019 Conference on Sedimentation and Hydrologic Modeling, June 24–28, 2019, Reno, Nevada), table 1.

47. J. A. Stanford and J. V. Ward, "The Hyporheic Habitat of River Ecosystems," *Nature*, September 1, 1988; Skuyler Herzog, pers. comm., July

12, 2021.

48. 2020年6月15日，作者与迈克·赫拉霍韦茨的采访。

49. N. Poff et al., "The Natural Flow Regime," *BioScience* 47, no. 11 (1997): 769–84.

50. B. Cluer and C. Thorne, "A Stream Evolution Model Integrating Habitat and Ecosystem Benefits," *River Research and Applications* 30 (2014): 135–54.

51. M. F. Johnson et al., "Biomic River Restoration: A New Focus for River Management," *River Research and Applications* 36 (2020): 3–12.

52. Johnson et al., "Biomic River Restoration," 1.

53. William Henry Thomes, *On Land and Sea: Or, California in the Years 1843, '44 and '45* (Laird & Lee, 1892), 200.

54. See S. Buss et al., *The Hyporheic Handbook: A Handbook on the Groundwater–Surface Water Interface and the Hyporheic Zone for Environmental Managers* (UK Environment Agency Science Report SC0 50070, 2009)

55. 2021年3月9日，作者与保罗·巴基的采访。

56. Bakke, Hrachovec, and Lynch, "Hyporheic Process Restoration."

57. Walter Traunspurger and Nabil Majdi, "Meiofauna," in *Methods in Stream Ecology, Volume 1* (Third Edition), ed. F. Richard Hauer and Gary A. Lamberti (Academic Press, 2017), ch. 14, 273–95.

58. Adrienne Mason, "The Micro Monsters beneath Your Beach Blanket," *Hakai Magazine*, March 21, 2016, https://www.hakaimagazine.com/videos-visuals/micro-monsters-beneathyour-beach-blanket/.

59. 2020年7月23日，作者与凯特·麦克尼尔的采访。

60. Zhenyu Tian et al., "A Ubiquitous Tire Rubber–Derived Chemical

Induces Acute Mortality in Coho Salmon," *Science* 371, no. 6525 (2021): 185–89.

61. Kate Macneale, *Bug Seeding: A Possible Jump-Start to Stream Recovery* (King County Water and Land Resources Division, 2020).

62. 2020年7月23日，作者与萨拉·莫利、琳达·罗兹的采访。

63. S. A. Morley et al., "Invertebrate and Microbial Response to Hyporheic Restoration of an Urban Stream," *Water* 13 (2021).

64. Katherine T. Peter et al., "Evaluating Emerging Organic Contaminant Removal in an Engineered Hyporheic Zone Using High Resolution Mass Spectrometry," *Water Research* 150 (2019): 140–52.

65. 蒂姆·阿贝（Tim Abbe）。

第四章

1. 2015年9月，作者与弗朗西斯·巴克豪斯的采访。

2. Alice Outwater, *Water: A Natural History*(Basic Books, 1997).

3. Kate Lundquist with Brock Dolman, *Beaver in California: Creating a Culture of Stewardship* (Occidental Arts & Ecology Center Water Institute, 2020), https://oaec.org/publications/beaver-in-california/.

4. Frances Backhouse, *Once They Were Hats: In Search of the Mighty Beaver* (ECW Press, 2015).

5. Backhouse, *Once They Were Hats*, 41.

6. Lundquist and Dolman, *Beaver in California*, 8.

7. Ben Goldfarb, *Eager: The Surprising, Secret Life of Beavers and Why They Matter*, Chelsea Green, 2019.

8. 2015年，作者与美国林业局退休生物学家、现代河狸恢复运动的创始人肯特·伍德拉夫（Kent Woodruff）的采访。参阅：Erica Gies, "Coca-Cola Leaves It to Beavers to Fight the Drought," *TakePart*, September 23, 2015, http://www.takepart.com/article/2015/09/23/coca-cola-using-beavers-increase-water-supply.

9. Bryony Coles, *Beavers in Britain's Past* (Oxbow Books, 2006), 59.

10. M. Kendon et al., "State of the UK Climate 2018," *International Journal of Climatology* 39, suppl. 1 (2019): 1–55.

11. Selma B. Guerreiro et al., "Future Heat-Waves, Droughts and Floods in 571 European Cities," *Environmental Research Letters* 13 (2018).

12. Don Hankins（加州州立大学奇科分校，地理学与规划教授），"Indigenous Water and Fire Expertise in California," interview, *Water Talk*, season 1, episode 8, June 12, 2020, https://water-talk.squarespace.com/episodes/episode-08.

13. M. Elliott et al., *Beavers—Nature's Water Engineers: A Summary of Initial Findings from the Devon Beaver Projects* (Devon Wildlife Trust, 2017), https://www.devonwildlifetrust.org/sites/default/files/2018-01/Beaver%20Project%20update%20%28LowRes%29%20.pdf.

14. R. E. Brazier et al., *River Otter Beaver Trial: Science and Evidence Report* (University of Exeter, Centre for Resilience, Water and Waste, 2020), https://www.exeter.ac.uk/creww/research/beavertrial/.

15. A. Puttock et al., "Eurasian Beaver Activity Increases Water Storage, Attenuates Flow and Mitigates Diffuse Pollution from Intensively-Managed Grasslands," *Science of the Total Environment* 576 (2017): 430–43, https://doi.org/10.1016/j.scitotenv.2016.10.122.

16. R. E. Brazier et al., *River Otter Beaver Trial: Science and Evidence*

Report, https://www.exeter.ac.uk/creww/research/beavertrial/.

17. A. Puttock et al., "Beaver Dams Attenuate Flow: A Multi-site Study," *Hydrological Processes* 35, no. 2 (2021): article e14017, https://doi.org/10.1002/hyp.14017.

18. "Five-Year Beaver Reintroduction Trial Successfully Completed," Gov. UK, August 20, 2020, https://www.gov.uk/government/news/five-year-beaver-reintroduction-trial-successfully-completed.

19. "Government Landmark Decision Means Beavers Can Stay!," Devon Wildlife Trust, accessed August 2020, https://www.devonwildlifetrust.org/what-we-do/our-projects/river-otter-beaver-trial.

20. "Eurasian Beaver: Castor fiber," Scottish Wildlife Trust, https://scottishwildlifetrust.org.uk/species/beaver/.

21. 2019年9月，本杰明·迪特布伦纳（西北河狸组织）与作者的采访。

22. Alina Bradford, "Facts about Beavers," Live Science, October 13, 2015, https://www.livescience.com/52460-beavers.html.

23. Elmo W. Heter, "Transplanting Beavers by Airplane and Parachute," *Journal of Wildlife Management* 14, no. 2 (1950): 143–47.

24. Lundquist and Dolman, *Beaver in California*, 8.

25. Donald T. Tappe, *The Status of Beavers in California* (Game Bulletin No. 3, California Department of Natural Resources, 1942), https://oaec.org/wp-content/uploads/2016/06/TheStatus-Of-Beavers-in-CA.pdf.

26. Lundquist with Dolman, *Beaver in California*, 9.

27. "Wildlife Damage," USDA Animal and Plant Health Inspection Service Wildlife Services, accessed July 19, 2021, https://www.aphis.usda.gov/aphis/ourfocus/wildlifedamage.

28. "Program Data Report G—2020: Animals Dispersed / Killed or Euthanized / Removed or Destroyed / Freed or Relocated," United States Department of Agriculture, 2020, https://www. aphis. usda. gov/aphis/ourfocus/wildlifedamage/pdr/?file=PDR-G_Report&p=2020:INDEX:.

29. 迪特布伦纳现在是波士顿东北大学环境科学与政策硕士项目的副教授和主任。

30. "Why Are Wetlands Important?," U. S. Environmental Protection Agency, last updated June 13, 2018, https://www.epa.gov/wetlands/why-are-wetlands-important.

31. S. Buss et al., S. Buss et al., *The Hyporheic Handbook: A Handbook on the Groundwater-Surface Water Interface and the Hyporheic Zone for Environmental Managers* (UK Environment Agency Science Report SC0 50070, 2009).

32. Alexander K. Fremier, Brian J. Yanites and Elowyn M. Yager, "Sex That Moves Mountains: The Influence of Spawning Fish on River Profiles over Geologic Timescales," *Geomorphology* 305 (2018): 163-72.

33. Heather Simmons, "Beaver Reintroduction a Watershed Success," Washington Department of Ecology, December 2, 2015, https://ecology. wa. gov/Blog/Posts/December-2015/Beaverreintroduction-a-watershed-success.

34. E. Fairfax and A. Whittle, "Smokey the Beaver: Beaver-Dammed Riparian Corridors Stay Green during Wildfire throughout the Western USA," *Ecological Applications* 30, no. 8 (2020).

35. P. Mote et al., *Integrated Scenarios of Climate, Hydrology, and Vegetation for the Northwest* (Conservation Biology Institute, 2014).

36. Benjamin J. Dittbrenner, "Restoration Potential of Beaver for Hydrological Resilience in a Changing Climate," PhD diss., School of Environ-

mental and Forest Sciences, University of Washington, 2019.

37. E. Wohl, "Landscape–Scale Car–bon Storage Associated with Beaver Dams," *Geophysical Research Letters* 40, no. 14 (2013): 3631–36.

38. *Sarcodes sanguinea*，一种菌根营养野花，从地下的真菌中获取所需营养。"Sarcodes sanguinea—Snow Plant," US Forest Service, n. d., https://www.fs.fed.us/wildflowers/beauty/mycotrophic/sarcodes_sanguinea.shtml.

39. S. M. Yarnell et al., *A Demonstration of the Carbon Sequestration and Biodiversity Benefits of Beaver and Beaver Dam Analogue Restoration Techniques in Childs Meadow, Tehama County, California*, Center for Watershed Sciences Technical Report (CWS–2020–01) (University of California, Davis, 2020), 29.

40. D. R. Bailey, B. J. Dittbrenner, and K. P. Yocom, "Reintegrating the North American Beaver (*Castor canadensis*) in the Urban Landscape," *WIREs Water* 6 (2019).

第五章

1. 本章的一些材料首次出现在 Erica Gies, "Chennai Ran Out of Water—but That's Only Half the Story," *bioGraphic*, October 30, 2020, https://www.biographic.com/chennai–ran–out–of–water/.

2. "Land Use Change and Flooding in Chennai," Care Earth Trust, https://careearthtrust.org/flood/.

3. James G. Workman, *Heart of Dryness: How the Last Bushmen Can Help Us Endure the Coming Age of Permanent Drought* (Walker, 2009).

4. C. Ortloff, "The Water Supply and Distribution System of the Naba-

taean City of Petra（Jordan）, 300 BC–AD 300,” *Cambridge Archaeological Journal* 15, no. 1 (2005): 93–109.

5. Krupa Ge, *Rivers Remember: #ChennaiRains and the Shocking Truth of a Manmade Flood* (Westland, 2019), 30–32, 75–86, 183–87.

6. Resilient Chennai and Okapi Research & Advisory, *Resilient Chennai City: KALEIDOSCOPE: My City through My Eyes* (Chennai Resilience Centre, 2019), https://resilientchennai.com/strategy/.

7. xquizit (@lexquizit), “#chennairain till last week the residents were booking water tankers and from today they will book rescue boats. What a city!,” Twitter, December 1, 2019, https://twitter.com/lexquizit/status/1201138276398223361.

8. 2019 年 12 月，V. Kalaiarasan（金奈河流修复信托基金的项目官员）与作者的采访。

9. “Chennai,” Water as Leverage for Resilient Cities Asia, Netherlands Enterprise Agency, Office of International Water Affairs, https://english.rvo. nl/subsidies–programmes/water–leverage; “City of 1000 Tanks,” City of 1000 Tanks Project, https://www.cityof1000tanks.org/.

10. Jayshree Vencatesan et al., “Comprehensive Management Plan for Pallikaranai Marsh,” Conservation Authority for Pallikaranai Marshland–TNFD and Care Earth Trust, Govt. of Tamil Nadu (2014): 70–82.

11. T. M. Mukundan, *The Ery Systems of South India: Traditional Water Harvesting* (Akash Ganga Trust, 2005).

12. 参阅 Krishnakumar TK, *Indian Columbus* (blog), https://indianco-lumbus.blogspot.com/2020/。

13. 参阅 Joel Pomerantz, Seep City, http://seepcity.org/。

14. Mukundan, *Ery Systems of South India*, 14.

15. 2019 年 Resilient Chennai 的报告指出，在金奈殖民期之初，

"近3482个水体"被"转移到建成区",因此实际数量可能比KK发现的要多。Resilient Chennai and Okapi Research & Advisory, *Resilient Chennai City: KALEIDOSCOPE*, 29.

16. K. Lakshmi, "The Vanishing Waterbodies of Chennai," *Hindu*, April 1, 2018, https://www.thehindu.com/news/cities/chennai/the-vanishing-waterbodies-of-chennai/article23404437.ece.

17. "Corporation Reclaims Chennai Water Ways, 90% Encroachers along Cooum Relocated," *Times of India*, November 3, 2020, https://timesofindia.indiatimes.com/city/chennai/corpn-reclaims-city-water-ways-90-encroachers-along-cooum-relocated/articleshow/79007606.cms.

18. 2019年11月,Krishna Mohan（Resilient Chennai 的首席恢复官）与作者的采访。

19. Sudheendra Krisnhamurty.

20. 2019年11月,作者与纳兹·加尼的采访。

21. 2019年12月4日,Ashok Natarajan（泰米尔纳德邦水利投资有限公司,该市自来水公司的私人合作伙伴,当时是首席执行官,现在已经退休)与作者的采访。

22. 2019年12月4日,Natarajan 与作者的采访。

23. Lakhshmanan Venkatachalam, "Informal Water Markets and Willingness to Pay for Water: A Case Study of the Urban Poor in Chennai City, India," *International Journal of Water Resources Development* 31, no. 1 (2015): 134–45.

24. *City of 1000 Tanks* (Water as Leverage for Resilient Cities: Asia, Phase 2 Report, May 15, 2019), 45, https://watersleverage.org/file/download/57980072/CITY-OF-1000-TANKS.pdf.

25. *City of 1000 Tanks*, 10.

26. P. Oppili, "Thazhambur Lake, Ravaged by Quarrying, Restored," *Times of India*, December 16, 2020, https://timesofindia.indiatimes.com/city/chennai/thazhambur−lake−ravaged−by−quarrying−restored/articleshow/79750535.cms.

27. 2019 年 12 月 3 日，K. 伊拉诺凡与作者的采访，以及后续的采访。

28. 据文卡特森说，截至 2021 年 5 月。

29. K. Lakshmi, "Four Chennai Lakes Will Soon Be Notified as Wetlands to Help Conserve Them," *The Hindu*, October 22, 2021, https://www.thehindu.com/news/cities/chennai/four−chennai−lakes−will−soon−be−notified−as−wetlands/article37124295.ece.

第六章

1. 本章的一些内容最初发表于报道 Erica Gies, "Why Peru Is Reviving a Pre−Incan Technology for Water," *BBC Future*, May 18, 2021, https://www.bbc.com/future/article/20210510−perus−urgent−search−for−slow−water.

2. 德国地理学家卡尔·特罗尔（Karl Troll）曾将安第斯山脉的气候描述为"每夜都是冬天，每日都是夏天"。

3. Tom D. Dillehay, Herbert H. Eling, and Jack Rossen, "Preceramic Irrigation Canals in the Peruvian Andes." *Proceedings of the National Academy of Sciences* 102, no. 47 (2005): 17241−44.

4. Noah Walker−Crawford and Angela Thür, "Dying Slower in a Changing Climate: Water Scarcity and Flood Hazard in the Peruvian Andes," *PLOS Collections* (blog), June 14, 2019, https://collectionsblog.plos.org/dying−slow−

er-in-a-changing-climate-water-scarcity-and-flood-hazard-in-the-peru - vian-andes/.

5. Rosa Lasaponara, Nicola Masini, and Giuseppe Orefici, eds., *The Ancient Nasca World: New Insights from Science and Archaeology* (Springer, 2016).

6. Katharina J. Schreiber and Josué Lancho Rojas, "The Puquios of Nasca," *Latin American Antiquity* 6, no. 3 (1995): 229-54.

7. 参阅 Ronald Wright, *Stolen Continents: Five Hundred Years of Conquest and Resistance in the Americas* (Houghton Mifflin Harcourt, 2005)。

8. Felipe Guamán Poma de Ayala, *The First New Chronicle and Good Government* (University of Texas Press, 2006).

9. Daniel Viviroli et al., "Increasing Dependence of Lowland Populations on Mountain Water Resources," *Nature Sustainability* 3, no. 11 (2020): 917-28.

10. Natalie Jean Burg et al., "Access to Water for Human Consumption in Lima, Peru: An Analysis of Challenges and Solutions" (online presentation, preconference event, Second International Conference, Water, Megacities and Global Change, December 2020).

11. David G. Groves et al., *Preparing for Future Droughts in Lima, Peru: Enhancing Lima's Drought Management Plan to Meet Future Challenges* (World Bank, 2019).

12. Don Hankins (California State University, Chico, professor of geography and planning), interview, *Water Talk*, "Indigenous Water and Fire Expertise in California," season 1, episode 8, June 12, 2020. https://water-talk. squarespace.com/episodes/episode-08.

13. Wright, *Stolen Continents*, 73.

14. 参阅 Boris R. Ochoa-Tocachi et al., "Potential Contributions of Pre-Inca Infiltration Infrastructure to Andean Water Security," *Nature Sustainability* 2, no. 7 (2019): 584-93。

15. 这个故事中的一些内容改编自 Erica Gies, "Seeking Relief from Dry Spells, Peru's Capital Looks to Its Ancient Past," *National Geographic*, July 9, 2019, https://www.nationalgeographic.com/environment/article/seeking-relief-from-drought-peru-capital-lima-looks-to-ancient-past。

16. 2020年4月，Sophie Tremolet（欧洲自然保护协会的水务经济学家，曾在世界银行工作）与作者的采访。

17. 2021年4月，Oscar Angulo（任职于"森林趋势"，负责水和清洁设施方面自然基础设施投资的协调员）与作者的采访。

18. Oliver Taherzadeh, Mike Bithell, and Keith Richards, "Water, Energy and Land Insecurity in Global Supply Chains," *Global Environmental Change* 67 (March 2021): article 102158.

19. "Report Warns 700m People at Risk of Displacement by Intense Water Scarcity by 2030," Water Briefing Global, March 14, 2018, https://www.waterbriefingglobal.org/report-warns-700m-people-at-risk-of-displacement-by-intense-water-scarcity-by-2030/. 亦可参阅 *Making Every Drop Count: An Agenda for Water Action* (UN High Level Panel on Water, 2018), https://sustainabledevelopment.un.org/content/documents/17825HLPW_Outcome.pdf.

20. "UN Adopts Landmark Framework to Integrate Natural Capital in Economic Reporting," United Nations, March 2021, https://www.un.org/en/desa/un-adopts-landmark-framework-integrate-natural-capital-economic-reporting.

21. Robert Costanza et al., "The Value of the World's Ecosystem Services and Natural Capital," *Nature* 387, no. 6630 (1997): 253-60.

22. Robert Costanza et al., "Changes in the Global Value of Ecosystem Services," *Global Environmental Change* 26 (2014): 152–58.

23. James Salzman et al., "The Global Status and Trends of Payments for Ecosystem Services," *Nature Sustainability* 1, no. 3 (2018): 136–44.

24. William J. Ripple, et al., "World scientists' warning of climate emergency," *BioScience* 70, no. 1 (2019): 8–12.

25. 2021 年 4 月—6 月，作者与奥斯卡·安古洛（Oscar Angulo，森林趋势，自然基础设施投资的水和卫生协调员）的采访和邮件。

26. Fereidoun Rezanezhad et al., "Structure of peat soils and implications for water storage, flow and solute transport: A review update for geochemists," *Chemical Geology* 429 (2016): 75–84.

27. M. S. MaldonadoFonkén, "An introduction to the bofedales of the Peruvian High Andes," *Mires and Peat* 15 (2014): 1–13.

28. 2019 年 7 月 27 日，与 Cecilia Gianella 的私人谈话。

29. 2021 年 4 月，作者与安古洛的采访。

30. 2021 年 4 月，作者与安古洛的采访。

31. Vivien Bonnesoeur et al., "Impacts of Infiltration Trenches on Hydrological Ecosystem Services: A Systematic Review" (American Geophysical Union Fall Meeting, December 15, 2020, online).

第七章

1. Samantha Kuzma and Tianyi Luo, "The Number of People Affected by Floods Will Double between 2010 and 2030," World Resources Institute, April 23, 2020, https://www. wri. org/blog/2020/04/aqueduct–floods–invest-

ment-green-gray-infrastructure.

2. Jacoby Smith and Chongzi Wang, "Mississippi River Basin," ArcGIS StoryMaps, November 1, 2019, https://storymaps.arcgis.com/stories/81c42fcedf08 4856b237fb12a60d00ee.

3. Nicholas Pinter, "One Step Forward, Two Steps Back on U.S. Floodplains," *Science* 308, no. 5719 (2005): 207-8, at 208.

4. Pinter, "One Step Forward, Two Steps Back," 207.

5. E. Ridolfi, F. Albrecht, and G. Di Baldassarre, "Exploring the Role of Risk Perception in Influencing Flood Losses over Time," *Hydrological Sciences Journal* 65, no. 1 (2019).

6. Gilbert F. White, "Human Adjustments to Floods" (Research Paper 29, Department of Geography Research, University of Chicago, 1945).

7. A. Viglione et al., "Insights from Socio-hydrology Modelling on Dealing with Flood Risk—Roles of Collective Memory, Risk-Taking Attitude and Trust," *Journal of Hydrology* 518, part A (2014): 71-82.

8. Pinter, "One Step Forward, Two Steps Back."

9. Charles Ellet, *Report on the Overflows of the Delta of the Mississippi* (AB Hamilton, 1852).

10. Andrew Atkinson Humphreys and Henry L. Abbot, *Report upon the physics and hydraulics of the Mississippi river: upon the protection of the alluvial region against overflow; and upon the deepening of the mouths ... Submitted to the Bureau of Topographical Engineers. War Department*, 1861. No. 4. (J. B. Lippincott, 1861).

11. 2020年至2021年，作者与尼古拉斯·品特（加州大学戴维斯分校的水文地质学家和流域科学中心副主任）的采访和邮件。品特的专业是研究洪水，此前在伊利诺伊大学厄巴纳-香槟分校任教。

12. Sharon Levy, "Learning to Love the Great Black Swamp," *Undark*, March 31, 2017. https://undark.org/2017/03/31/great-black-swamp-ohio-to-ledo/.

13. Thomas E. Dahl, *Wetlands Losses in the United States, 1780's to 1980's* (US Department of the Interior, Fish and Wildlife Service, 1990), 6, table 1, https://www.fws.gov/wetlands/documents/Wetlands-Losses-in-the-United-States-1780s-to-1980s.pdf.

14. *Ideker Farms, Inc. v. United States*, 136 Fed. Cl. 654 (2018).

15. 2020年7月17日，作者与品特的采访。

16. 2020年10月2日，作者与奥利维娅·多萝西的采访。

17. 2021年5月28日，作者与 Brian Ritter（Nahant Marsh, executive director; Eastern Iowa Community Colleges, conservation program coordinator）的邮件。

18. Craig Just，他是艾奥瓦大学的教授，也是艾奥瓦洪水中心的研究员，引自 Rocky Kistner, "Thinking Outside the Box: How Davenport Uses Marshes to Combat Floods and Climate Change," *How We Respond*, American Association for the Advancement of Science, 2019, https://howwerespond.aaas.org/community-spotlight/thinking-outside-the-box-how-davenport-uses-marshes-to-combat-floods-and-climate-change/。

19. Meghna Babbar-Sebens et al., "Spatial Identification and Optimization of Upland Wetlands in Agricultural Watersheds," *Ecological Engineering* 52 (2013): 130-42.

20. 2015年8月，作者与亨克·奥文克的采访。

21. Cynthia Barnett, *Blue Revolution: Unmaking America's Water Crisis* (Beacon Press, 2011), 47-49.

22. Erica Gies, "Cities Are Finally Treating Water as a Resource, Not a

Nuisance," *Ensia*, September 1, 2015, https://ensia.com/features/cities-are-finally-treating-water-as-a-resource-not-a-nuisance/.

23. Hui Li et al., "Sponge City Construction in China: A Survey of the Challenges and Opportunities," *Water* 9, no. 9 (2017): 594.（编按：所引文献数据来自中华人民共和国国家统计局编：《中国统计年鉴—2015》，中国统计出版社2015年版。）

24. *World Urbanization Prospects: The 2018 Revision* (United Nations Department of Economic and Social Affairs/Population Division, 2018), https://population.un.org/wup/Publications/Files/WUP2018-Report.pdf.

25. John Bongaarts, "IPBES, 2019: Summary for Policymakers of the Global Assessment Report on Biodiversity and Ecosystem Services of the Intergovernmental Science-Policy Platform on Biodiversity and Ecosystem Services," 2019, 680-81.

26. *Demographia World Urban Areas, 17th Annual Edition* (Demographia, June 2021), http://demographia.com/db-worldua.pdf.

27. Annalise G. Blum et al., "Causal Effect of Impervious Cover on Annual Flood Magnitude for the United States," *Geophysical Research Letters* 47, no. 5 (2020).

28. 本章的部分内容改写和更新自 Erica Gies, "Sponge City Revolution," *Scientific American*, December 2018.（编按：数据录自北京全市最大降雨点房山区河北镇，当日全市平均降雨量170毫米，城区平均降雨量225毫米，参见新华社2012年7月22日报道：《截至22日凌晨的特大暴雨已致北京约190万人受灾》。）

29. Dong Jiang, Gang Liu, and Yongping Wei, "Monitoring and Modeling Terrestrial Ecosystems' Response to Climate Change 2016," *Advances in Meteorology*, January 2016, article 5984595, 165-82.

30. Chris Zevenbergen, Dafang Fu, and Assela Pathirana, "Transitioning to Sponge Cities: Challenges and Opportunities to Address Urban Water Problems in China," *Water* 10, no. 9 (2018): 1230.

31. 2020年10月2日，作者与克里斯·泽文伯根的采访。

32. United Nations, *The World's Cities in 2018: Data Booklet* (Department of Economic and Social Affairs, Population Division, 2018), "Annex Table," 13–16. （编按：关于海绵城市的目标，原书所引资料和表述有误，编者根据国发办〔2015〕75号文件《国务院办公厅关于推进海绵城市建设的指导意见》进行了校准。）

33. Steven Lee Myers, Keith Bradsher, and Chris Buckley, "As China Boomed, It Didn't Take Climate Change into Account. Now It Must," *New York Times*, July 26, 2021.

34. 2018年9月6日，作者与尼尔·柯克伍德的采访。

35. 2019年5月20日，作者与杰克·丹杰蒙德的采访。

36. 2018年6月14日，作者与瑞安·佩克尔的采访。

37. Erica Gies, "As Floods Increase, Cities Like Detroit Are Looking to Green Stormwater Infrastructure," *Ensia*, April 16, 2019, https://ensia.com/features/flooding-increase-cities-live-with-water-green-stormwater-infra -structure/.

38. 2018年6月14日，佩克尔与作者的采访。

39. Erica Gies, "Sponge City Revolution," *Scientific American*, December 2018, https://ericagies. com/wp-content/uploads/2020/04/Sponge-City-Revolution-Gies-SciAm.pdf.

40. 2018年11月6日，Robin Grossinger（San Francisco Estuary Institute 的历史生态学家）与作者的采访。

41. 2018年6月14日，兰迪·达尔格伦（加州大学戴维斯分校的土壤科学家，对中国有广泛的研究）与作者的采访。达尔格伦的见解是基于他 2002 年中国旅行以来的个人观察。由于没有私人土地所有权，政府可以快速发展基础设施项目。亦可参阅：Jingjing Wang, Yurong Zhang and Yuanfeng Wang, "Environmental Impacts of Short Building Lifespans in China Considering Time Value," *Journal of Cleaner Production* 203 (2018): 696–707。

42. "Revitalizing Kazan's Prime Waterfront, Russia," World Architects, https://www. worldarchitects. com/en/turenscape-haidian-district-beijing/project/revitalizing-kazans-prime-waterfront-russia.

43. Hui Li et al., "Sponge City Construction in China," 594.

44. Steven Lee Myers, "After Covid, China's Leaders Face New Challenges from Flooding," *New York Times*, August 21, 2020, https://www.nytimes.com/2020/08/21/world/asia/china-flooding-sichuan-chongqing.html. （编按：参见中国新闻网2020年8月13日报道《今年洪涝灾害造成6346万人次受灾因灾死亡失踪219人》。）

45. 中华人民共和国审计署办公厅：《长江经济带生态环境保护审计结果》，参见 http://www.audit.gov.cn/n5/n25/c123511/content.html。

46. 2018年6月14日，作者与兰迪·达尔格伦的采访。

47. 2021年6月14日，Stephanie Chiorean（费城水务部的环境专职科学家及规划师）与作者的邮件。

48. Christopher A. Lowry et al., "Identification of an Immune-Responsive Mesolimbocortical Serotonergic System: Potential Role in Regulation of Emotional Behavior," *Neuroscience* 146, no. 2 (2007): 756–72.

49. Andrew Nikiforuk, "How a Famous Tree Scientist Seeks Well-Being in Nature during the Pandemic," *Tyee*, December 31, 2020, https://thetyee.ca/News/2020/12/31/Tree-Scientist-Seeks-Nature-Well-Being-Pandemic/.

50. E. Spotswood et al., *Re-oaking Silicon Valley: Building Vibrant Cities with Nature*, SFEI Contribution No. 825 (San Francisco Estuary Institute, 2017), http://www.sfei.org/documents/re-oaking-silicon-valley.

51. "Outdoor Water Use in the United States," US Environmental Protection Agency, last updated February 14, 2017, https://19january2017snapshot.epa.gov/www3/watersense/pubs/outdoor.html.

52. Maleea Acker, "Why Are We in Trouble?," *Focus on Victoria*, November 2019. https://www.focusonvicto ria. ca/commentary/why-are-we-in-trouble-r33/.

53. Jacob G. Mills et al., "Relating Urban Biodiversity to Human Health with the 'Holobiont' Concept," *Frontiers in Microbiology* 10 (2019): 550.8.

54. *First Light VR*, 2018, http://lisajackson.ca/Biidaaban-First-Light-VR.

第八章

1. David Ellison et al., "Trees, Forests and Water: Cool Insights for a Hot World," *Global Environmental Change* 43 (2017): 51-61.

2. Wangari Maathai, *Unbowed, A Memoir* (Anchor Books, 2006).

3. Emilio F. Moran et al., "Sustainable Hydropower in the 21st Century," *Proceedings of the National Academy of Sciences* 115, no. 47 (2018): 11891-98.

4. Erica Gies,"Investors Are Grabbing a Japan-Size Chunk of the Developing World for Food and Water," *TakePart*, August 28, 2015, http://www.takepart. com/article/2015/08/28/land-grabs-secure-water-rich-countries-cost-poor.

5. "Land Matrix," Land Matrix Initiative, https://landmatrix.org/map.

6. "Global Warming: Severe Consequences for Africa," Africa Renewal, March 2019, https://www.un.org/africarenewal/magazine/december-2018-march-2019/global-warming-severe-consequences-africa.

7. Daphne H. Liu and Adrian E. Raftery, "How Do Education and Family Planning Accelerate Fertility Decline?," *Population and Development Review*, July 23, 2020.

8. C. Pons et al., *Inequalities in Women's and Girls' Health Opportunities and Outcomes: A Report from Sub-Saharan Africa* (World Bank Group, 2016), https://www. isglobal. org/documents/10179/5808952/Report+Africa. pdf.

9. *Watershed Management for Potable Water Supply: Assessing the New York City Strategy* (National Research Council, National Academies Press, 2000).

10. "Providing Sustainable Sanitation and Water Services to Low-income Communities in Nairobi," World Bank, February 19, 2020, https://www.worldbank.org/en/news/feature/2020/02/19/providing-sustainable-sanitation-and-water-services-to-low-income-communities-in-nairobi.

11. "Kenya's Informal Settlements Need Safe Water to Survive Covid-19," United Nations Human Rights, April 6, 2020, https://www.ohchr.org/EN/NewsEvents/Pages/COVID19_RighttoWaterKenya.aspx.

12. "The Value of Water: Making a Business Case for One of Kenya's Most Vital Resources," Resilient Food Systems, April 16, 2021, https://resilientfoodsystems.co/news/the-value-of-water-making-a-business-case-for-one-of-kenyas-most-vital-resources.

13. 2021年6月11日，克雷格·雷舍尔，私人谈话。

14. Maathai, *Unbowed*, 38.

15. 2020年3月31日，作者与克雷格·雷舍尔的采访。

16. T. Paul Cox, "Watersheds: A Common Destiny for Survival," *New Agriculturalist*, January 2012, http://www. new-ag. info/en/focus/focusItem. php?a=2363.

17. *Africa Energy Outlook 2019* (International Energy Agency, November 2019), https://www.iea.org/reports/africa-energy-outlook-2019.

18. Maathai, *Unbowed*, 255, 261, 281.

19. "Kenya: Sengwer Evictions from Embobut Forest Flawed and Illegal," Amnesty International, May 15, 2018,https://www.amnesty.org/en/latest/news/2018/05/kenya-sengwer-evictions-from-embobut-forest-flawed-and-illegal/.

20. Brondizio et al., Global Assessment Report on Biodiversity; Richard Schuster et al., "Vertebrate Biodiversity on Indigenous-Managed Lands in Australia, Brazil, and Canada Equals that in Protected Areas," *Environmental Science & Policy* 101 (2019): 1–6.

21. 长穗巴豆木：学名 *Croton macrostachyus*，有药用价值。

22. Credo Mutwa, a Southern African Sangomas, or witch doctor, transcribed in "Reptiles—African Folklore" (module 5, component 3, Trees, Reptiles and the Natural World—African Folklore Course, Wildlife Campus, n. d.), http://www. wildlifecampus. com/Courses/AfricanFolklorebyCredoMutwa/TreesReptilesandtheNaturalWorld/Reptiles/220.pdf.

23. "China's Tree-Planting Could Falter in a Warming World," *Nature*, September 23, 2019, https://media.nature.com/original/magazine-assets/d41586-019-02789-w/d41586-019-02789-w.pdf.（编按："绿色长城"即中国的三北防护林工程。）

24. E. Dinerstein et al., "A Global Deal for Nature: Guiding Principles, Milestones, and Targets," *Science Advances* 5, no. 4 (2019).

25. Eneas Salati et al., "Recycling of Water in the Amazon Basin: An Isotopic Study," *Water Resources Research* 15, no. 5 (1979): 1250–58.

26. Roni Avissar and David Werth, "Global Hydroclimatological Tele-connections Resulting from Tropical Deforestation," *Journal of Hydrometeorology*, April 1, 2005.

27. Confidence Duku and Lars Hein, "The Impact of Deforestation on Rainfall in Africa: A Data-Driven Assessment," *Environmental Research Letters* 16 (2021).

28. Anastassia M. Makarieva et al., "Where Do Winds Come From? A New Theory on How Water Vapor Condensation Influences Atmospheric Pressure and Dynamics," *Atmospheric Chemistry and Physics* 13, no. 2 (2013): 1039–56.

29. Fred Pearce, "Weather Makers," *Science*, June 19, 2020, https://science.sciencemag.org/content/368/6497/1302.summary.

30. 2020年11月12日，作者与道格拉斯·希尔的采访。

31. R. B. Jackson et al., "Trading Water for Carbon with Biological Sequestration," *Science*, December 23, 2005.

32. Will Parrish, "Logging for Water," *Monthly*, August 1, 2016, http://www.themonthly.com/feature1608.html.

33. J. A. Biederman et al., "Recent Tree Die-Off Has Little Effect on Streamflow in Contrast to Expected Increases from Historical Studies," *Water Resources Research* 51 (2015): 9775–89.

第九章

1. K. Arkema et al., "Coastal Habitats Shield People and Property from Sea-Level Rise and Storms," *Nature Climate Change* 3 (2013): 913–18.

2. 本章的一些材料改写自 Erica Gies, "Fortresses of Mud: How to Protect San Francisco Bay from the Rising Seas," *Nature*, October 9, 2018, https://www.nature.com/articles/d41586-018-06955-4.

3. IUCN, "Issues Brief: Blue Carbon" (International Union for Conservation of Nature, November 2017), https://www. iucn. org/sites/dev/files/ blue_carbon_issues_brief.pdf. 请注意，内陆湿地也可以吸收碳。事实上，2016年的一项研究发现，美国大陆的内陆湿地非常广泛，它们储存的碳几乎是沿海湿地的10倍。A. Nahlik and M. Fennessy, "Carbon Storage in US Wetlands," *Nature Communications* 7 (2016): article 13835.

4. Kerrylee Rogers et al., "Wetland Carbon Storage Controlled by Millennial-Scale Variation in Relative Sea-Level Rise," *Nature* 567, no. 7746 (2019): 91–95.

5. Andy Steven et al., "Coastal Development: Resilience, Restoration and Infrastructure Requirements," World Resources Institute, 2020, www.oceanpanel. org/blue-papers/coastaldevelopment-resilience-restoration-and-infrastructure-requirements.

6. Michael Oppenheimer et al., "Sea Level Rise and Implications for Low Lying islands, coasts and communities," in *Special Report on the Ocean and Cryosphere in a Changing Climate* (Intergovernmental Panel on Climate Change, 2019).

7. Ho Huu Loc et al., "Intensifying Saline Water Intrusion and Drought in the Mekong Delta: From Physical Evidence to Policy Outlooks," *Science of The Total Environment* 757 (2021).

8. "How Long Have Sea Levels Been Rising? How Does Recent Sea Level Rise Compare to That over the Previous Centuries?," NASA Earth Data, https://sealevel.nasa.gov/faq/13/how-long-have-sea-levels-been-rising-how-does-recent-sea-level-rise-compare-to-that-over-the-previous/.

9. J. P. Kossin, "A Global Slowdown of Tropical-Cyclone Translation Speed," *Nature* 558 (2018): 104–7.

10. William Sweet et al., *2019 State of U.S. High Tide Flooding with a 2020 Outlook* (NOAA Technical Report NOS CO-OPS 092, National Oceanic and Atmospheric Administration, July 2020), https://tidesandcurrents.noaa.gov/publications/Techrpt_092_2019_State_of_US_High_Tide_Flooding_with_a_2020_Outlook_30June2020.pdf.

11. K. M. Befus et al., "Increasing Threat of Coastal Groundwater Hazards from Sea-Level Rise in California," *Nature Climate Change* 10 (2020): 946–52.

12. 约翰·布儒瓦现在是圣克拉拉谷水区的管理和规划副主管。

13. G. Griggs et al., *Rising Seas in California: An Update on Sea-Level Rise Science* (California Ocean Science Trust, April 2017).

14. M. Monroe et al., *Baylands Ecosystem Habitat Goals* (US Environmental Protection Agency and S. F. Bay Regional Water Quality Control Board, 1999), 328.

15. "State of the Estuary, 2019 Update," San Francisco Estuary Partnership, 2019, https://www.sfestuary.org/our-estuary/soter/.

16. William H. Thomes, *On Land and Sea* (Laird & Lee, 1892).

17. Thomes, *On Land and Sea*, 185.

18. Thomes, *On Land and Sea*, 189.

19. S. Dusterhoff et al., *Sediment for Survival: A Strategy for the Resilience of Bay Wetlands in the Lower San Francisco Estuary* (San Francisco Estuary Institute, 2021).

20. 2020年12月3日，作者与戴夫·海辛的采访。

21. Dusterhoff et al., *Sediment for Survival*.

22. Scott A. Wright and David H. Schoellhamer, "Trends in the Sediment Yield of the Sacramento River, California, 1957–2001," *San Francisco Estuary and Watershed Science* 2, no. 2 (2004).

23. Powell Greenland, *Hydraulic Mining in California: A Tarnished Legacy* (A. H. Clark, 2001), 244.

24. "Prevented Bay Fill," Save the Bay, https://savesfbay. org/impact/prevented–bay–fill.

25. California State Senator Bob Wieckowski, "Wieckowski to Present Check for Alameda Creek Project," press release, September 25, 2019, https://sd10. senate. ca. gov/news/2019–09–25–wieckowski–present–check–alameda–creek–restoration–project.

26. Doan Van Binh et al., "Long–Term Alterations of Flow Regimes of the Mekong River and Adaptation Strategies for the Vietnamese Mekong Delta," *Journal of Hydrology: Regional Studies* 32 (2020).

27. S. A. Kulp and B. H. Strauss, "New Elevation Data Triple Estimates of Global Vulnerability to Sea–Level Rise and Coastal Flooding," *Nature Communications* 10, no. 4844 (2019).

28. 2020年3月，柬埔寨宣布将推迟计划中的2座（总共11座）干流水坝的建设，直到2030年之后。

29. G. M. Kondolf, Z. K. Rubin, and J. T. Minear, "Dams on the Mekong: Cumulative Sediment Starvation," *Water Resources Research* 50 (2014): 5158–69.

30. Sepehr Eslami et al., "Projections of Salt Intrusion in a Mega–delta under Climatic and Anthropogenic Stressors," *Communications Earth and Environment*, July 15, 2021, https://www. nature. com/articles/s43247–021–00208–5.

31. "Mekong Dam Monitor," Stimson Eyes on Earth, https://monitor. mekongwater.org/.

32. Chu Thai Hoanh, Diana Suhardiman, and L. A. Tuan, "Irrigation Development for Rice Production in theMekong Delta, Vietnam: What's Next?" (paper presented at the 28th International Rice Research Conference, Hanoi, November 8–11, 2010).

33. O. Neusser, Trouble Underground—Land Subsidence in the Mekong Delta (Deutsche Gesellschaft für Internationale Zusammenarbeit [GIZ] GmbH, 2019).

34. 旧金山河口研究所正在研究一个类似的概念，它称之为"自然的管辖权"，即将湾区划分为自然流域和海湾出口，这样生活在其中的人们就可以共同努力解决洪水和咸水入侵的问题。

35. N. T. Hai et al., "Towards a More Robust Approach for the Restoration of Mangroves in Vietnam." *Annals of Forest Science* 77, no. 1 (2020): 1–18.

36. M. Spalding et al., *Mangroves for Coastal Defence: Guidelines for Coastal Managers & Policy Makers* (Wetlands International and the Nature Conservancy, 2014), 22.

37. IUCN, "Issues Brief: Blue Carbon."

38. 2021年3月18日—25日，作者与 Nguyen Thi Bich Thuy（位于

越南的荷兰气候与发展基金的执行经理）的私人谈话。

39. 2020年12月4日，作者与布伦达·戈登的采访。

40. B. R. Couvillion et al., *Land Area Change in Coastal Louisiana (1932 to 2016)*, Scientific Investigations Map 3381, US Geological Survey, https://doi.org/10.3133/sim3381.

41. 路易斯安那州所需的沉积物大约是旧金山湾区的16倍。Sara Sneath, "Louisiana needs sand to rebuild its coast. Old oil and gas pipelines are blocking the way," *Washington Post*, August 5, 2021.

42. 2020年10月28日，约书亚·吉斯，私人谈话。

第十章

1. "New York's Sea Level Has Risen 9" since 1950," SeaLevelRise.org, https://sealevelrise.org/states/new-york/. 这里的数字是美国陆军工兵部队海平面变化曲线计算器对巴特里的最可能的预测，https://cwbi-app.sec.usace.army.mil/rccslc/slcc_calc.html。

2. *Recommendations to Improve the Strength and Resilience of the Empire State's Infrastructure* (NYS 2100 Commission), https://www.cakex.org/sites/default/files/documents/NYS2100.pdf.

3. Anne Barnard, "The $119 Billion Sea Wall That Could Defend New York ... or Not," *New York Times,* January 17, 2020.

4. "Buyout & Acquisition Programs," New York Governor's Office of Storm Recovery, https://stormrecovery.ny.gov/housing/buyout-acquisition-programs.

5. 2021年3月3日，作者与利兹·科斯洛夫的采访。

6.　S. A. Kulp and B. H. Strauss, "New Elevation Data Triple Estimates of Global Vulnerability to Sea-Level Rise and Coastal Flooding," *Nature Communications* 10, no. 4844 (2019).

7.　A. R. Siders, Miyuki Hino, and Katharine J. Mach, "The Case for Strategic and Managed Climate Retreat," *Science* 365, no. 6455 (2019): 761-63.

8.　路易斯安那州的可怕情况导致了这样的计划。2019年，该州发布了一份蓝图，将人们从沿海地区拉回来，并在内陆腾出空间。参阅：Louisiana's Strategic Adaptations for Future Environments, https://lasafe.la.gov/home/。

9.　Josh Halliday, "One in 10 New Homes in England Built on Land with High Flood Risk," *Guardian*, February 19, 2020, https://www.theguardian.com/environment/2020/feb/19/one-in-ten-new-homes-in-england-built-on-land-with-high-flood-risk.

10.　Senate Bills 610 and 221.

11.　Jack Healy and Sophie Kasakove, "A Drought So Dire That a Utah Town Pulled the Plug on Growth," *New York Times*, July 20, 2021.

12.　Kris A. Johnson et al., "A Benefit-Cost Analysis of Floodplain Land Acquisition for US Flood Damage Reduction," *Nature Sustainability* 3, no. 1 (2020): 56-62.

13.　Christopher Flavelle, "U.S. Flood Strategy Shifts to 'Unavoidable' Relocation of Entire Neighborhoods," *New York Times*, August 26, 2020.

14.　Christopher Flavelle, "Canada Tries a Forceful Message for Flood Victims: Live Someplace Else," *New York Times*, September 10, 2019; Kimberley Molina, "'We have no choice': Flooded Gatineau Residents Mull Buyouts," *CBC News*, May 22, 2019.

15. 2021年3月4日，作者与赛德斯的采访。

16. *Underwater: Rising Seas, Chronic Floods, and the Implications for US Coastal Real Estate* (Union of Concerned Scientists, June 2018), https://www.ucsusa.org/sites/default/files/attach/2018/06/underwater-analysis-full-report.pdf.

17. Nathan Rott, "California Has a New Idea for Homes at Risk from Rising Seas: Buy, Rent, Retreat," *All Things Considered*, NPR, March 21, 2021.

18. Anna V. Smith, "Tribal Nations Demand Response to Climate Relocation," *High Country News*, April 1, 2020.

19. 2020年7月17日，作者与尼古拉斯·品特的采访。

20. Nicholas Pinter and James C. Rees, "Assessing Managed Flood Retreat and Community Relocation in the Midwest USA," *Natural Hazards*, February 13, 2021.

21. David Conrad, *Higher Ground: A Report on Voluntary Property Buyouts in the Nation's Floodplains* (National Wildlife Federation, 1998), https://www.nwf.org/~/media/PDFs/Water/199807_HigherGround_Report.ashx.

22. B. I. Cook et al., "Spatiotemporal Drought Variability in the Mediterranean over the Last 900 Years," *Journal of Geophysical Research: Atmospheres* 121 (2016): 2060-74.

23. Francesco Femia and Caitlin E. Werrell, "Syria: Climate Change, Drought, and Social Unrest," Center for Climate and Security, Briefer No. 11, February 29, 2012, https://climateandsecurity.files.wordpress.com/2012/04/syria-climate-change-drought-and-social-unrest_briefer-11.pdf.

24. Erica Gies, "The Unseen Trigger behind Human Tragedies," *TakePart*, October 12, 2016, http://www.takepart.com/feature/2016/10/24/

hidden-connections-climate-change.

25. Oliver-Leighton Barrett, "Central America: Climate, Drought, Migration and the Border," Center for Climate and Security, April 17, 2019, https://climateandsecurity. org/2019/04/centralamerica-climate-drought-migration-and-the-border/.

26. A. Park Williams et al., "Large Contribution from Anthropogenic Warming to an Emerging North American Megadrought," *Science*, April 17, 2020.

27. Ian James and Rob O'Dell, "Megafarms and Deeper Wells Are Draining the Water beneath Rural Arizona—Quietly, Irreversibly," *Arizona Republic*, December 5, 2019, https://www.azcentral.com/in-depth/news/local/arizona-environment/2019/12/05/unregulatedpumping-arizona-groundwater-dry-wells/2425078001/.

28. UK Parliament, *Coastal Flooding and Erosion, and Adaptation to Climate Change: Interim Report* (UK Commons Select Committee on Environment, Food and Rural Affairs, 2019), https://publications. parliament. uk/pa/cm201919/cmselect/cmenvfru/56/5604.htm.

29. *National Flood and Coastal Erosion Risk Management Strategy for England* (UK Environment Agency, 2020), https://assets. publishing. service. gov. uk/government/uploads/system/uploads/attachment_data/file/920944/023_15482_Environment_agency_digitalAW_Strategy.pdf.

30. 2020年3月13日，作者与皮特·休斯的采访。

31. Chichester and District Archaeology Society, "Medmerry Beach Archaeology," June 17, 2020, YouTube video, 29 minutes, 41 seconds, https://www.youtube.com/watch?v=fk9J263vXyo.

32. Toru Higuchi et al., "Medmerry Realignment Scheme: Design and

Construction of an Earth Embankment on Soft Clay Foundation," in *From Sea to Shore—Meeting the Challenges of the Sea* (ICE Publishing, 2014).

33. Ben McAlinden, "Managed Realignment at Medmerry, Sussex," Institution of Civil Engineers, September 28, 2015, https://www. ice. org. uk/ knowledge-and-resources/case-studies/managed-realignment-at-medmerry-sussex.

34. 2020年4月8日，作者与皮帕·刘易斯（英国环境署，环境项目经理）的采访。

35. 2020年11月27日，作者与大卫·拉斯布里奇的采访。

36. 2021年6月8日，皮帕·刘易斯给作者的邮件。

37. 2020年12月4日，作者与罗温娜·贝克的采访。

38. "Medmerry Coastal Flood Defence Scheme," UK Environment Agency, March 2014, https://www. gov. uk/government/publications/medmerry-coastal-flood-defence-scheme/medmerry-coastal-flood-defence-scheme.

39. Richard Davies, "Flood Defences at Medmerry, UK," FloodList, November 15, 2013, http://floodlist. com/europe/united-kingdom/flood-defences-medmerry.

40. 2020年12月8日和10日，作者与伊丽莎白·英格利希的采访。

41. John Simerman, "Lower 9th Ward Is Still Reeling from Hurricane Katrina's Damage 15 Years Later," *NOLA.com*, Aug. 29, 2020, https://www.nola. com/news/katrina/article_a192c350-ea0e-11ea-a863-2bc584f57987.html.

42. "Only 11 Years Left to Prevent Irreversible Damage from Climate Change, Speakers Warn during General Assembly High-Level Meeting," United Nations, March 28, 2019, https://www.un.org/press/en/2019/ga12131.

doc.htm.

43. 英格兰坎布里亚大学可持续发展、环境和经济学教授Jem Bendell就这个话题写了一篇著名的文章；参阅Benell, "To Criticise Deep Adaptation, Start Here," Open Democracy, August 31, 2020, https://www.opendemocracy.net/en/oureconomy/criticise-deepadaptation-start-here/.